国家级特色专业·通信工程·核心课程规划教材

光纤通信系统与网络
（第4版）

胡 庆　殷 茜　张德民　编著

电子工业出版社
Publishing House of Electronics Industry
北京·BEIJING

内 容 简 介

本书系统介绍了现代光纤通信系统与网络的基本结构、概念、原理、性能指标和关键技术，主要内容包括典型光纤通信系统的原理、光纤传输原理及传输特性、光纤通信基本器件工作原理及性能指标、光纤通信系统及设计等。同时根据光纤通信网络的最新进展，配合"全光网、全IP化"大趋势，介绍了SDH/MSTP光同步网络、WDM/OTN光传送网络、PTN分组传送网络、城域与接入光网络、现代光通信系统及全光网等原理及实用技术。

全书注重理论与实践、设计与工程的结合，精选了一些当前最新的实例进行分析，并且以形象直观的图表形式来配合文字叙述，有助于读者学习。为了配合教学和学习，每章都精选一定数量的习题。本书可作为各高等院校工科通信与信息工程类专业课教材，也可供科研和工程技术人员参考。

未经许可，不得以任何方式复制或抄袭本书之部分或全部内容。
版权所有，侵权必究。

图书在版编目（CIP）数据

光纤通信系统与网络 / 胡庆，殷茜，张德民编著. —4版. —北京：电子工业出版社，2019.8
国家级特色专业·通信工程·核心课程规划教材
ISBN 978-7-121-36880-6

Ⅰ.①光… Ⅱ.①胡… ②殷… ③张… Ⅲ.①光导纤维通信系统－高等学校－教材②光纤通信－通信网－高等学校－教材 Ⅳ.①TN929.11

中国版本图书馆 CIP 数据核字（2019）第 120904 号

责任编辑：张　京
印　　刷：天津千鹤文化传播有限公司
装　　订：天津千鹤文化传播有限公司
出版发行：电子工业出版社
　　　　　北京市海淀区万寿路 173 信箱　邮编 100036
开　　本：787×1 092　1/16　印张：15.75　字数：403 千字
版　　次：2006 年 9 月第 1 版
　　　　　2019 年 8 月第 4 版
印　　次：2021 年 7 月第 5 次印刷
定　　价：45.00 元

凡所购买电子工业出版社图书有缺损问题，请向购买书店调换。若书店售缺，请与本社发行部联系，联系及邮购电话：（010）88254888，88258888。
质量投诉请发邮件至 zlts@phei.com.cn，盗版侵权举报请发邮件至 dbqq@phei.com.cn。
本书咨询联系方式：davidzhu@phei.com.cn。

前　言

　　信息传输是信息社会的三大标志之一，光纤传输技术的发展，决定着整个通信网络的发展。为了适应光纤通信技术发展的快速性，知识更新强烈的需求性，编著者融合了 30 多年的教学经验、科研成果、工程实践及光纤通信自身发展的多样性，对本教材进行再次修订。在这次修订编写过程中，主编人员重新梳理理论知识点之间的衔接关系，进而缩减部分理论分析的难度和减少传统成熟技术知识的篇幅，同时根据光纤通信的最新进展，重点增补当前光网络的现代实用新技术内容，如基于 SDH 的 MSTP、光传送网（OTN）、分组传送网 PTN（IP RAN）、城域与接入光网络、现代光通信系统和智能光网络（ASON）等应用技术。力求给读者一个比较全面的、系统的、从理论到实际的光纤通信系统与网络的完整框架。

　　本书比较全面、系统地讲述了现代光纤通信系统与网络的基本原理、基本技术、系统设计等。全书共 10 章：第 1~4 章主要介绍光纤通信系统所包含的基础内容，即光纤通信发展现状、光纤传输原理及传输特性、光纤通信基本器件和光纤通信系统构成原理及设计方法；第 5 章介绍了 SDH/MSTP 光同步网络；第 6 章讨论了 DWDM/OTN 光传送网络；第 7 章介绍了 PTN 分组传送网络；第 8 章介绍了城域与接入光网络，重点是城域、光互联网络和 APON/GPON/EPON 接入技术；第 9 章介绍了现代光通信系统，即相干光通信、光孤子通信、自由空间光通信和光量子通信；第 10 章介绍了现代全光网络，包括全光通信网的结构、智能光网络（ASON）、光分组交换网路、光突发交换网路等。

　　本书第 1~6 章、第 9~10 章由胡庆修订，第 7 章由张德民修订，第 8 章由殷茜修订。全书由胡庆统稿，由张德民审核。在本书编写及修订期间，得到了刘鸿、周忠伦、刘文晶、王微昕等同志的大力协助，在此一并表示感谢。

　　为适应当前高校课程门类多、课时压缩的教学特点，本书在概念和原理的讲述上力求严谨、准确、精练，理论适中，注重实用，主要面向工科院校，尽量少用繁杂的数学推导。

　　本书可作为高等学校电子信息类专业本科生教材，也可供研究生、科技工作者和工程技术人员参考。

　　由于编著者水平有限，书中难免存在疏漏和错误，恳请读者批评指正。

编著者

2019 年 6 月

目 录

第1章 光纤通信概论 (1)
1.1 光纤通信系统发展现状 (1)
1.1.1 光纤通信特点及发展简史 (1)
1.1.2 光纤通信系统及发展现状 (4)
1.2 光纤通信网络发展现状 (6)
1.2.1 通信网概念 (6)
1.2.2 光纤通信网络模型 (7)
1.2.3 光纤通信网络现状 (8)
1.3 光纤通信发展与演变趋势 (10)
1.3.1 光纤、光缆发展与演变趋势 (10)
1.3.2 光纤通信系统发展与演变趋势 (11)
1.3.3 光纤通信网络发展与演变趋势 (11)
1.4 现代光通信技术特点与进展 (13)
1.4.1 相干光通信技术特点与进展 (13)
1.4.2 光孤子通信技术特点与进展 (14)
1.4.3 光时分复用通信技术特点与进展 (14)
1.4.4 光码分复用通信技术特点与进展 (16)
1.4.5 光量子通信特点与进展 (16)
1.4.6 自由空间光通信技术特点与进展 (17)
习题1 (18)

第2章 光纤传输原理及传输特性 (19)
2.1 光纤和光缆的结构及类型 (19)
2.1.1 光纤结构及类型 (19)
2.1.2 光缆结构及类型 (22)
2.1.3 光缆型号、规格及特性 (26)
2.2 光纤传输原理分析 (28)
2.2.1 射线理论分析光纤的传输原理 (28)
2.2.2 波动理论分析光纤的传输原理 (31)
2.3 光纤的结构参数 (37)
2.3.1 几何参数 (37)
2.3.2 数值孔径 (38)
2.3.3 模场直径 (38)

2.3.4　截止波长 ………………………………………………………………………（38）
2.4　光纤的传输特性 …………………………………………………………………………（39）
　　2.4.1　损耗特性 ………………………………………………………………………（39）
　　2.4.2　色散特性 ………………………………………………………………………（42）
　　2.4.3　光纤双折射及偏振特性 ………………………………………………………（46）
　　2.4.4　光纤非线性效应 ………………………………………………………………（47）
习题2 ……………………………………………………………………………………………（50）

第3章　光纤通信基本器件 …………………………………………………………………（52）

3.1　光源器件 …………………………………………………………………………………（52）
　　3.1.1　半导体激光器的结构及原理 …………………………………………………（52）
　　3.1.2　分布反馈式和可调谐式半导体激光器 ………………………………………（58）
　　3.1.3　半导体激光器的主要特性 ……………………………………………………（61）
　　3.1.4　半导体发光二极管（LED）……………………………………………………（65）
　　3.1.5　半导体发光二极管的主要特性 ………………………………………………（65）
3.2　光检测器件 ………………………………………………………………………………（66）
　　3.2.1　PD 光电二极管 …………………………………………………………………（66）
　　3.2.2　PIN 光电二极管 ………………………………………………………………（67）
　　3.2.3　APD 雪崩光电二极管 …………………………………………………………（68）
　　3.2.4　光电二极管的主要特性 ………………………………………………………（68）
3.3　光纤放大器 ………………………………………………………………………………（71）
　　3.3.1　EDFA 的结构及原理 …………………………………………………………（71）
　　3.3.2　EDFA 的主要特性 ……………………………………………………………（73）
3.4　光纤连接器 ………………………………………………………………………………（75）
　　3.4.1　光纤连接器的结构与种类 ……………………………………………………（75）
　　3.4.2　光纤连接器的主要性能指标 …………………………………………………（76）
3.5　光分路耦合器和波分复用器 ……………………………………………………………（77）
　　3.5.1　光分路耦合器 …………………………………………………………………（77）
　　3.5.2　波分复用器 ……………………………………………………………………（79）
3.6　光隔离器与光环行器 ……………………………………………………………………（84）
　　3.6.1　光隔离器 ………………………………………………………………………（84）
　　3.6.2　光环行器 ………………………………………………………………………（85）
3.7　光衰减器和光开关 ………………………………………………………………………（86）
　　3.7.1　光衰减器 ………………………………………………………………………（86）
　　3.7.2　光开关 …………………………………………………………………………（87）
3.8　偏振控制器 ………………………………………………………………………………（88）
习题3 ……………………………………………………………………………………………（89）

第4章 光纤通信系统及设计 (90)

4.1 两种数字传输体制 (90)
- 4.1.1 准同步数字传输体制（PDH） (90)
- 4.1.2 同步数字传输体制（SDH） (91)

4.2 光发射机 (91)
- 4.2.1 光源调制 (91)
- 4.2.2 光发射机的结构及原理 (94)
- 4.2.3 光发射机的主要技术指标 (100)

4.3 光接收机 (100)
- 4.3.1 光接收机的结构及原理 (100)
- 4.3.2 光接收机的噪声分析 (103)
- 4.3.3 光接收机的主要技术指标 (106)

4.4 光中继器 (108)

4.5 光模块 (108)
- 4.5.1 光模块常用种类 (108)
- 4.5.2 光模块功能及组成原理 (108)
- 4.5.3 光收发模块型号及参数 (109)

4.6 系统的性能指标 (110)
- 4.6.1 误码性能 (110)
- 4.6.2 抖动和滑动性能 (112)
- 4.6.3 可靠性 (114)

4.7 光纤通信系统的设计 (115)
- 4.7.1 系统总体设计考虑 (115)
- 4.7.2 系统中继距离设计预算 (116)

习题 4 (120)

第5章 SDH/MSTP 光同步网络 (122)

5.1 SDH 的基本概念 (122)
- 5.1.1 光传输网络发展与演变 (122)
- 5.1.2 基本概念与帧结构 (123)
- 5.1.3 SDH 的复用映射结构 (125)

5.2 SDH 的基本网络单元设备 (126)
- 5.2.1 终端复用器（TM）和分插复用器（ADM） (127)
- 5.2.2 再生中继器（REG） (128)
- 5.2.3 数字交叉连接器（DXC） (128)

5.3 SDH 传送网 (128)
- 5.3.1 传送网分层与分割 (128)
- 5.3.2 SDH 网络结构 (130)

5.3.3　SDH自愈环网原理 ………………………………………………………（131）
　　5.3.4　SDH网络管理 ……………………………………………………………（133）
5.4　基于SDH的MSTP …………………………………………………………………（134）
　　5.4.1　MSTP的概念 ………………………………………………………………（134）
　　5.4.2　MSTP的功能块模型及实现 ………………………………………………（135）
　　5.4.3　MSTP技术应用 ……………………………………………………………（139）
习题5 ………………………………………………………………………………………（140）

第6章　DWDM/OTN光传送网络 …………………………………………………（141）

6.1　DWDM的基本概念 …………………………………………………………………（141）
　　6.1.1　波分复用定义及在传输网中的位置 ………………………………………（141）
　　6.1.2　DWDM系统模型 ……………………………………………………………（143）
　　6.1.3　实用DWDM系统的构成 …………………………………………………（144）
6.2　DWDM的基本网络单元设备 ………………………………………………………（146）
　　6.2.1　光终端复用设备（OTM） …………………………………………………（146）
　　6.2.2　光线路放大设备（OLA） …………………………………………………（152）
　　6.2.3　光分插复用设备（OADM） ………………………………………………（153）
　　6.2.4　光交叉连接设备（OXC） …………………………………………………（154）
6.3　DWDM网络结构与保护 ……………………………………………………………（155）
　　6.3.1　DWDM网络结构 ……………………………………………………………（155）
　　6.3.2　DWDM自愈环网原理 ………………………………………………………（156）
　　6.3.3　DWDM网络管理 ……………………………………………………………（158）
　　6.3.4　DWDM光网络在长途干线的应用 …………………………………………（160）
6.4　OTN光传送网 ………………………………………………………………………（161）
　　6.4.1　基本概念与分层结构 ………………………………………………………（161）
　　6.4.2　OTN的帧结构与开销 ………………………………………………………（165）
　　6.4.3　OTN的复用映射结构 ………………………………………………………（167）
6.5　OTN的基本网元和组网保护 ………………………………………………………（170）
　　6.5.1　OTN新增网元 ………………………………………………………………（170）
　　6.5.2　OTN组网保护 ………………………………………………………………（172）
习题6 ………………………………………………………………………………………（173）

第7章　PTN分组传送网络 …………………………………………………………（175）

7.1　PTN的基本概念 ……………………………………………………………………（175）
　　7.1.1　PTN的基本概念及特点 ……………………………………………………（175）
　　7.1.2　PTN的标准 …………………………………………………………………（177）
　　7.1.3　PTN与MSTP、以太网和IP/MPLS的性能比较 …………………………（177）
7.2　PTN网络体系结构 …………………………………………………………………（179）
　　7.2.1　PTN的分层结构 ……………………………………………………………（179）

7.2.2　PTN 的功能平面……………………………………………………………（180）

　7.3　PTN 网元结构……………………………………………………………………（181）

　　　7.3.1　PTN 网元分类………………………………………………………………（181）

　　　7.3.2　PTN 网元的功能结构…………………………………………………………（182）

　　　7.3.3　PTN 的业务承载与数据转发……………………………………………………（183）

　7.4　PTN 组网应用及保护机制…………………………………………………………（184）

　　　7.4.1　PTN 组网应用…………………………………………………………………（185）

　　　7.4.2　PTN 网络保护机制……………………………………………………………（187）

　习题 7……………………………………………………………………………………（189）

第 8 章　城域与接入光网络……………………………………………………………（190）

　8.1　城域光网络…………………………………………………………………………（190）

　　　8.1.1　城域光网络的结构………………………………………………………………（190）

　　　8.1.2　城域光网络的特点………………………………………………………………（191）

　8.2　光互联网络…………………………………………………………………………（192）

　　　8.2.1　光互联网的概念…………………………………………………………………（192）

　　　8.2.2　光互联网的体系结构……………………………………………………………（194）

　8.3　接入光网络…………………………………………………………………………（195）

　　　8.3.1　光纤接入网的界定………………………………………………………………（195）

　　　8.3.2　光纤接入网基本网元设备………………………………………………………（197）

　　　8.3.3　光纤接入网的拓扑结构…………………………………………………………（199）

　8.4　无源光网络（PON）接入网………………………………………………………（200）

　　　8.4.1　PON 的技术种类…………………………………………………………………（200）

　　　8.4.2　APON、GPON、EPON 接入技术比较…………………………………………（202）

　8.5　EPON 系统结构及原理……………………………………………………………（203）

　　　8.5.1　EPON 系统结构…………………………………………………………………（203）

　　　8.5.2　EPON 系统的工作原理…………………………………………………………（204）

　　　8.5.3　EPON 帧结构……………………………………………………………………（205）

　　　8.5.4　EPON 关键技术…………………………………………………………………（207）

　　　8.5.5　EPON 基本网络单元设备………………………………………………………（208）

　8.6　光纤接入网的应用…………………………………………………………………（210）

　　　8.6.1　xPON 接入网应用………………………………………………………………（210）

　　　8.6.2　TDD+TDM+TDMA 的 PON 的 OAN…………………………………………（211）

　习题 8……………………………………………………………………………………（213）

第 9 章　现代光通信系统………………………………………………………………（214）

　9.1　相干光通信系统……………………………………………………………………（214）

　　　9.1.1　相干光通信系统的基本原理……………………………………………………（214）

　　　9.1.2　相干光通信系统的关键技术……………………………………………………（216）

  9.1.3　相干光通信系统的优点及前景……………………………………………(216)
 9.2　光孤子通信系统………………………………………………………………(217)
  9.2.1　光孤子通信系统的基本原理…………………………………………(217)
  9.2.2　光孤子通信系统的关键技术…………………………………………(218)
  9.2.3　光孤子通信系统的优点及前景………………………………………(218)
 9.3　自由空间光通信系统…………………………………………………………(219)
  9.3.1　FSO 通信系统的基本原理……………………………………………(219)
  9.3.2　FSO 通信系统的关键技术……………………………………………(220)
  9.3.3　FSO 通信系统的优点及前景…………………………………………(221)
 9.4　光量子通信系统………………………………………………………………(221)
  9.4.1　光量子通信系统的基本原理…………………………………………(222)
  9.4.2　光量子通信系统的关键技术…………………………………………(223)
  9.4.3　光量子通信系统的优点及前景………………………………………(225)
 习题 9……………………………………………………………………………………(226)

第10章　现代全光网络………………………………………………………………(227)

 10.1　全光网络概述…………………………………………………………………(227)
  10.1.1　全光网络的基本概念及特点…………………………………………(227)
  10.1.2　全光网络中的关键技术………………………………………………(228)
  10.1.3　全光网络的结构………………………………………………………(229)
 10.2　智能光网络（ASON）………………………………………………………(230)
  10.2.1　ASON 的概念及体系结构……………………………………………(230)
  10.2.2　ASON 的特点及连接类型……………………………………………(231)
  10.2.3　ASON 的结构…………………………………………………………(232)
 10.3　光分组交换网络………………………………………………………………(233)
  10.3.1　光分组交换的概念……………………………………………………(235)
  10.3.2　光分组交换技术的原理………………………………………………(235)
  10.3.3　光分组交换网络的结构………………………………………………(236)
 10.4　光突发交换网络………………………………………………………………(237)
  10.4.1　光突发交换的概念……………………………………………………(237)
  10.4.2　光突发交换技术的原理………………………………………………(237)
  10.4.3　光突发交换网络的结构………………………………………………(238)
 习题 10…………………………………………………………………………………(239)

参考文献………………………………………………………………………………(240)

第 1 章　光纤通信概论

从诞生光纤通信以来，一场持续的革命一直改变着整个世界的通信领域。人们所需的高清晰、高可靠、远距离、大容量通信成为了现实。今天的光纤通信已渗透到电信网络、数据网络、有线电视（CATV）网络、光互联网络和物联网等信息网络中，可以说，目前光纤通信已成为信息传输最重要的方式之一。

现如今，只有对光纤通信系统与网络的传输性能和工作原理有足够的理解才能以较少的投入获得高质量的通信。信息的高速传输使人们"决策帷幄中，致胜千里外"已不再是幻想。

1.1　光纤通信系统发展现状

1.1.1　光纤通信特点及发展简史

光纤通信是利用光导纤维（简称光纤）传输光波信号的通信方式。由于光纤的传光性能优异，传输带宽极宽，现在已形成了以光纤通信为主，微波、卫星和电缆通信为辅的信息传输网络格局。

通信发展始终在追求两大目标，一是远距离传输，二是大容量通信。众所周知，无论是无线电通信，还是有线电通信都是以电磁波为载体进行的，而电磁波的频谱很宽，其分布情况如图 1-1 所示。由图可见，无线电通信所用载波波段在波长为几厘米至几千米范围内。由通信原理可知，信道容量与载波频率的百分之十成正比例增大，所以人们一直在探索将更高频率的电磁波作为载波用于通信技术。光纤通信中所用的光载波属于电磁波的范畴，主要包括紫外线、可见光和红外线，光波与无线电波相似，其波长在微米（μm）级，频率非常高，约为 10^{14} Hz 量级，其频率比传统的"微波"段还高 $10^4 \sim 10^5$ 倍。光纤通信中所用的光纤属于介质光波导的范畴，其基础材料是 SiO_2 的一种介质。目前光纤通信使用的工作波长为 0.85～2.00 μm，采用的典型中心波长为 0.85 μm、1.31 μm、1.55 μm 和 1.625 μm。

光纤通信与电缆或微波等通信方式相比，主要区别有二，一是用很高频率的光波作载波；二是用光纤作为传输介质。光纤具有传输容量大、传输损耗小、质量轻、不怕电磁干扰等一系列优点。基于此，光纤通信有以下明显的优势。

（1）由于光波频率高，可供利用的频带极宽，尤其适合高速宽带信息的传输，在高速通信干线、宽带综合业务通信网络中，发挥着越来越大的作用。

（2）由于光纤的传输损耗很低，现已做到 0.2 dB/km 以下，因而可以大大增加通信无中继距离，这对于长途干线和海底传输十分有利。在采用了先进的相干光通信、光放大器和光孤子通信技术之后，无中继通信距离可提高到几百千米，甚至上千千米。

（3）光纤传输是限制在光纤纤芯内的，光能几乎不会向外辐射，因此不存在光缆中各光纤之间信号串扰，很难被窃听，信号传输质量高，保密性好。

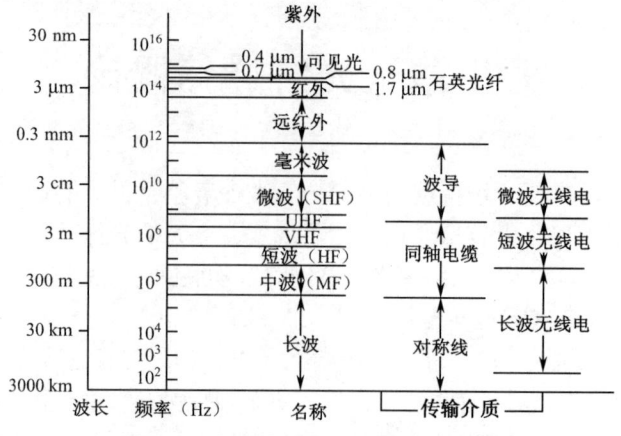

图 1-1　电磁波谱与传输媒质的关系

（4）光纤抗电磁干扰能力很强，这对于电气铁路和高压电力线附近的通信极为有利，也不怕雷击和其他工业设备的电磁干扰，因此在一些要求防爆的场合使用光纤通信是十分安全的。

（5）光纤几何尺寸小，细如发丝，可绕性好，可多根成缆，便于敷设。光纤质量轻，特别适用于飞机、轮船、卫星和宇宙飞船。

（6）光纤的化学性能稳定，耐化学侵蚀、抗高温、不打火花，适用于特殊环境。

（7）光纤是石英玻璃拉制成形的，原料资源丰富，节约有色金属。

应该指出，光纤通信也有一些缺点，如光纤的连接操作技术要求高、需专用设备等，现已在一定程度上得到克服，它不影响光纤通信的实用。表 1.1 和表 1.2 分别列出了光纤与电缆、波导这几种传输介质的特性比较和光纤的特点及应用场合。

表 1.1　光纤与电缆、波导的特性比较

传输介质	频率带宽	衰减系数/（dB/km）	一般传输距离/km	敷设安装	接续
市话对称电缆	4 kHz	1.64（线径 0.4mm）	1～5	方便	方便
5 类双绞线	100 MHz	24（dB/100m）	(90～100) m	方便	方便
细同轴电缆	30 MHz	4.1 (dB/100m)	180 m.	方便	较方便
粗同轴电缆	800 MHz	7.1 (dB/100m)	500 m	方便	较方便
微波波导	2～24 GHz	0.015～0.3 (dB/m)	<100 m	特殊	特殊
单模光纤	≥10～100 GHz	0.2（注1）～0.36（注2）	>50	方便	特殊

注 1：当光波波长为 1.55 μm 时的值。

注 2：当光波波长为 1.31 μm 时的值。

表 1.2　光纤的特点及其应用场合

光纤特点	应用场合
低衰减、宽频带	公用通信、计算机通信、有线电视图像传输
尺寸小、质量轻	飞机、导弹、航空航天、舰船内的通信控制
抗电磁干扰	电力及铁道通信，交通控制信号，核电站通信
耐化学侵蚀	油田、炼油厂、矿井等区域的通信
应变传感特性	光纤桥梁工程结构实时监测

众所周知，光早已用于远距离通信，如烽火台、信号灯等，但早期所用光通信方法是原始的、落后的和不太可靠的。现代光通信概念是 1880 年提出的，A.G 贝尔研究出一个可以在可见光束上，两百多米距离内传送话音的光电话机装置，其原理是用振动的话音声波调制太阳光源，将已调光波通过镜面反射入大气传输至终端，终端接收机将连续话音光信号通过光电池还原，这个想法是真正意义上的光通信。但遗憾的是，此技术不能实用，究其原因有二：一是没有可靠的、高强度的光源；二是没有稳定的、低损耗的传输介质，所以无法得到高质量的、大容量的光通信。

1960 年，美国人梅曼（T.H.Maiman）发明了第一台相干振荡光源——红宝石激光器。激光（Light Amplification by Stimulated Emission of Radiation, Laser）是基于物质原子、分子内能的变化而构成的光波振荡器。激光的频率成分单纯、方向性好、光束发散角小，几乎是一束平行的光束。之后出现的气体和固体激光器，因体积大、效率低，不适宜在通信中使用。

1962 年半导体激光器出现，为光通信光源实用化带来了希望。1970 年，首次研制出在室温下连续工作的双异质结半导体激光器，为实用化通信光源奠定了基础。

1966 年，英籍华裔科学家高锟（C.K.Kao）发表了一篇题为《光频率介质纤维表面波导》的论文，开创性地提出光导纤维在通信上应用的基本原理，由此高锟教授荣获 2009 年诺贝尔物理学奖。

1970 年，美国康宁公司的 Maurer 等人首次研制出阶跃折射率多模光纤，其在波长为 630 nm 处的衰减系数小于 20 dB/km；同年美国贝尔实验室的 Hayashi 等人研制出室温下连续工作的 GaAlAs 双异质结注入式激光器。正是光纤和激光器这两个科研成果的同时问世，拉开了光纤通信的序幕。到 20 世纪 70 年代末，在 1 310 nm 波长上，光纤衰减系数已降至 4 dB/km；在 1 550 nm 波长上，降至 0.20 dB/km，已接近理论值。与此同时，为促进光纤通信系统的实用化，人们又及时地开发出适用于长波长的光源（激光器、发光二极管）和光检测器。应运而生的光纤成缆、光无源器件和性能测试及工程应用仪表等技术的日趋成熟，都为光纤通信作为新的通信方式奠定了坚实的基础。

1976 年，美国西屋电气公司在亚特兰大成功地进行了世界上第一个传输距离为 110 km 的 44.736 Mbit/s 光纤通信系统的现场实验，使光纤通信向实用化迈出了第一步。

我国自 20 世纪 70 年代初就已开始了光纤通信技术的研究，1977 年，武汉邮电科学研究院（现烽火公司）研制成功中国第一根阶跃折射率分布的、波长为 850 nm、衰减系数为 3 dB/km 的多模光纤。后来又研制成功单模光纤、特殊光纤及光通信设备。

1987 年年底，建成第一个国产的长途光通信系统，由武汉至荆州，全长约 250 km，传输 34 Mbit/s 信号，光缆采用架空方式。

1988 年起，国内光纤通信系统的应用由多模光纤转为单模光纤。

1993 年，我国与日本、美国三方投资建设的第一条大容量海底光缆正式开通，全长 1 250 km，传输速率 560 Mbit/s，可提供 7 560 条电路，相当于原有的中日海底同轴电缆的 15 倍。

1999 年我国完成了"八纵八横"通信光缆工程，全长约 80 000 km。它作为整个国家南北东西的主干通信网，使我国光纤通信水平迈上了新台阶。

近年，着力解决全网瓶颈——将光纤接入网作为通信接入网的一部分，直接面向用户。提出"光进铜退"策略，即将光纤引入到千家万户，保证亿万用户的多媒体信息畅通无阻地进入信息高速公路。在网络传输的高速化方面，目前商用系统的速率已从 155.520 Mbit/s 增加到 10 Gbit/s，不少已达到 40 Gbit/s，另外，速率达 160 Gbit/s 和 640 Gbit/s 的传输试验也获得成功。

光纤通信技术的问世与发展给世界通信业带来了一场变革。特别是近 40 年，光纤通信的研究和开发非常迅速：技术上不断更新换代，通信能力（传输速率和中继距离）不断提高，应用范围不断扩大。到目前为止光纤通信的发展可以粗略地分为四个阶段：

第一阶段（1966—1976 年），从基础研究到商业应用的开发时期。在这个时期，实现了短波长（0.85 μm）低速率（34 Mbit/s 或 45 Mbit/s）多模光纤通信系统，无中继传输距离约 10 km。

第二阶段（1976—1986 年），以提高传输速率和增加传输距离为研究目标，大力推广应用的大发展时期。在这个时期，实现了工作波长为 1 310 nm、传输速率为 140~565 Mbit/s 的单模光纤通信系统，无中继传输距离为 50~100 km。

第三阶段（1986—1996 年），以超大容量和超长距离为目标、全面深入开展新技术研究的时期。在这个时期，实现了 1 550 nm 色散移位单模光纤通信系统。采用外调制技术，传输速率可达 2.5~10 Gbit/s，无中继传输距离可达 100~150 km。

第四阶段（1996—近年），主要研究光纤通信新技术，例如，超大容量的密集波分复用技术使最高速率达到 256×40 Gbit/s=10 Tbit/s 和超长距离的光孤子通信技术等。

目前人们正涉足第五阶段光纤通信系统的研究和开发，至少具有四大特征：超宽带——单根光纤传输容量 Tbit/s 以上；超长距离——光放大距离可达数千千米；光交换——克服电交换瓶颈；智能化——智能光网络技术。光通信发展史如表 1.3 所示。

表 1.3 光通信发展史

古代光通信	烽火台、夜间信号灯、水面上的航标灯
1880 年	美国人贝尔发明了光电话（光源为阳光，接收器为硒管，传输介质为大气）
20 世纪 60 年代	1960 年，美国发明了第一台红宝石激光器，并进行了透镜阵列传输光的实验 1961 年，制成氦-氖（He-Ne）气体激光器 1962 年，制成砷化镓半导体激光器 1966 年，英籍华人高锟就光缆传输的前景发表了具有历史意义的论文，此时光纤损耗约为 1 000 dB/km
20 世纪 70 年代	1970 年，美国康宁公司研制成功损耗为 20 dB/km 的石英光纤 1970 年，美国贝尔实验室和日本 NEC 公司先后研制成功室温下连续振荡的 GaAlAs 双异质结半导体激光器
20 世纪 80 年代	提高传输速率，增加传输距离，大力推广应用，光纤通信在海底通信获得应用
20 世纪 90 年代	掺铒光纤放大器（EDFA）的应用迅速得到了普及，密集波分复用（DWDM）系统实用化
21 世纪	先进的调制技术、超强 FEC 纠错技术、电子色散补偿技术、偏振复用相干检测技术，以及有源和无源器件集成模块大量问世，出现了以 40 Gbit/s 和 100 Gbit/s 为基础的 DWDM 系统应用

1.1.2 光纤通信系统及发展现状

1. 光纤通信系统模型

光纤通信系统可以传输数字信号，也可以传输模拟信号，还可以承载话音、图像、数据和多媒体业务等各类信息。目前实用的光纤通信系统，采用的是强度调制（IM）-直接检波（DD）的实现方式，由光发射机、光纤传输线路、光接收机和各种光器件等构成，如图 1-2 所示，现主要用于长途骨干网、本地网及光纤接入网。

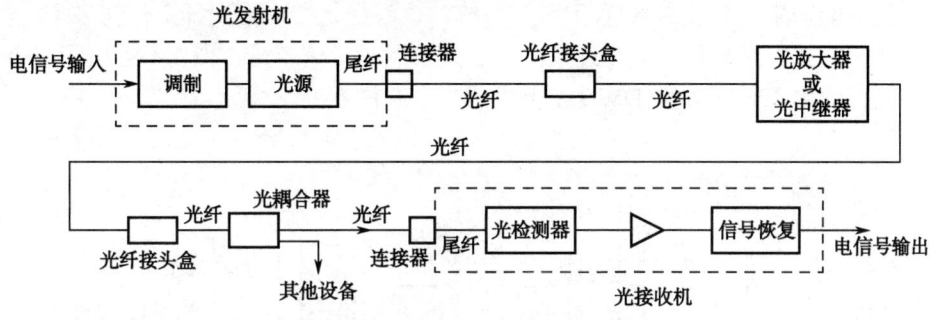

图 1-2 光纤通信系统构成示意图

图 1-2 中所示的是一个方向的传输系统，反方向传输系统的结构与之相同。光纤通信系统可分为三个基本单元，即光发射机、光纤线路和光接收机。光发射机由将带有信息的电信号转换成光信号的转换装置和将光信号送入光纤的传输装置组成。光源是其核心部件，由激光器（Laser Diode，LD）或发光二极管（Light Emission Diode，LED）构成。光纤在实际应用中一般以光缆形式存在，完成光信号传送。光接收机由光检测器（如光电二极管 PIN 或 APD）、放大电路和信号恢复电路组成。光接收机的作用是实现光/电转换，即把来自光纤的光信号还原成电信号，经放大、整形、再生恢复原形。

对于长距离的光纤线路，除了光纤作为传输线传送光信号，中途还需要设置光放大器或光中继器，光放大器起光波信号放大的作用，弥补长距离传输光信号的衰减；光中继器是将光纤长距离衰减和畸变后的微弱光信号放大、整形、再生成具有一定强度的光信号，继续送向前方，以保证良好的传输质量。在光纤线路中还包括大量的有源、无源光器件、连接器件、光耦合器件，它们分别起着各种设备与光纤之间的连接作用和用于需要将传输的光分路或合路的场合等功能。

2．光纤通信系统的现状

（1）模拟光纤通信系统的现状

传输模拟信号的光纤通信系统称为模拟光纤通信系统，模拟光纤通信系统的典型应用场景是工业控制的单路电视系统和光纤有线电视（CATV）的多路传输系统。此外，模拟光纤传输还应用于光纤测量、光纤传感等领域，而且随着光无线通信技术的日益成熟，模拟光纤传输技术应用逐步趋于萎缩。

（2）数字光纤通信系统的现状

传输数字信号的光纤通信系统称为数字光纤通信系统，数字光纤通信系统有 PDH 和 SDH 两种传输体制。我国采用的 PDH 传输体制的速率分四级，即基群速率为 2.048 Mbit/s，2 次群速率为 8.448 Mbit/s，3 次群速率为 34.368 Mbit/s，4 次群速率为 139.264 Mbit/s。SDH 传输体制的速率，是按同步传输模块 STM-N 系列来分的，即 STM-N（N=1, 4, 16, 64）的速率为 155.520×N Mbit/s，亦即 STM-1 速率是 155.520 Mbit/s，STM-4 速率是 622.080 Mbit/s。根据所需传输容量选择同步数字传输系列等级，一般大中城市市内中继光纤通信系统选用 STM-64；小城市（镇）和乡村中继光纤通信系统既可选用 STM-4 或 STM-16，也可选用 PDH

传输体制的 2 次群或 3 次群；长途干线光纤通信系统常用掺铒光纤放大器（EDFA）为光中继器，单一光波长的数字光纤通信系统，长途传输可用光中继器，如图 1-3 所示。还可以采用多波长复用的密集波分复用（DWDM）系统，该系统是在一根光纤上传输多个光波长信道的光纤通信方式，充分利用了光纤带宽，有效扩展了通信容量，图 1-4 给出了一个 32 波分复用系统，即由 32×STM-64 DWDM 组成的光纤通信系统。

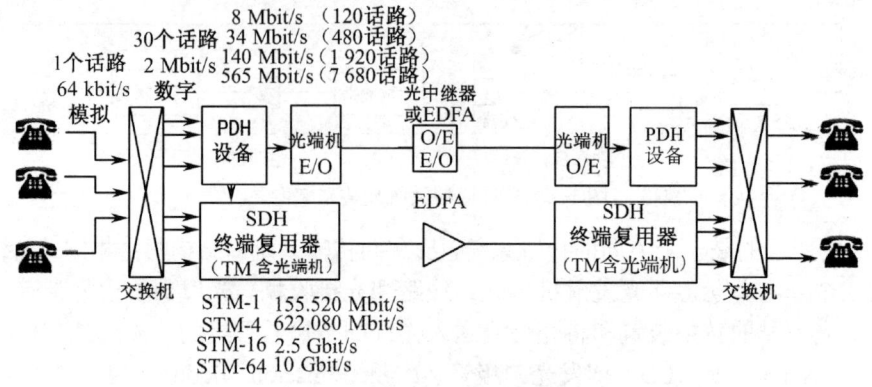

图 1-3 数字光纤通信系统原理图

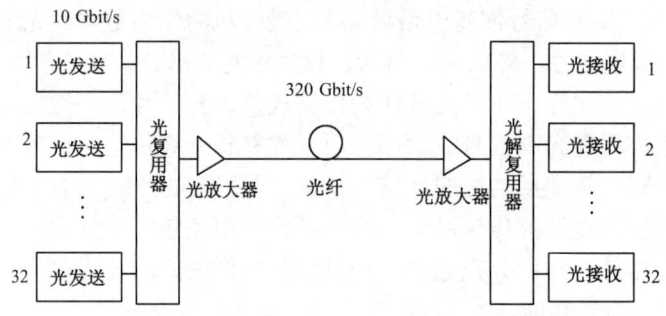

图 1-4 32×STM-64 DWDM 光纤通信系统原理图

1.2 光纤通信网络发展现状

1.2.1 通信网概念

两用户间需要通信时，利用通信系统来完成，也就是说，欲让 A、B 两地的用户互相通信，必须在他们之间建立一个通信系统。对于离散分布的 n 个用户，若要让其中任意两个用户能互相通信，最简单的方法是用通信系统把各用户分别一一连接起来，这就需要建立 $n(n-1)/2$ 个通信系统。此时，若自高空向地面俯视，可以看到有很多传输设备与传输线路纵横交错地分布在大地上，犹如罩着一个鱼网，故称为"通信网"。通信网的基本结构如图 1-5 所示，图中圆点代表网络上的节点，节点既可以是终端节点，如电话机、电视机和计算机等，也可以是网络节点，如交换机、传输设备、路由器和中继器等。节点之间由传输线连接在一起。通信网的基本结构主要有网孔形、星形、复合形、环形和总线形等，如图 1-5 所示。将各类网型结合起来,网络的结构就会合理得多。

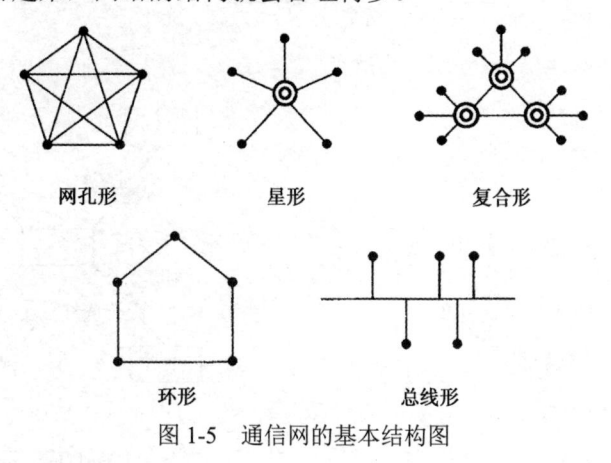

图 1-5 通信网的基本结构图

1.2.2 光纤通信网络模型

光纤通信网从电信的业务来分,有电话网、电报网、传真网、图像通信网、广播电视网及计算机数据网(局域网、城域网和广域网)等;按服务区域范围分为:长途骨干网、国际长途网、本地网、用户接入网,以及局域网、城域网和广域网等。

一个完整的光纤通信网络由用户终端设备、光传输设备、在电路域内或光路域内交换/选路的节点设备和相应的信令、协议、标准、资费制度与质量标准等软件构成。

用户终端设备是以用户线为传输信道将各种话音、图像、数据等媒体信息变成电信号的终端设备,也称为终端节点。

光传输设备是为用户终端和业务网提供传输服务的电信终端,主要包括数字复用、解复用设备和光收、发信机设备。

交换/选路的节点设备用于完成用户群内的各个用户终端之间通信线路的汇聚、转接和交换,并控制信号的流向。交换设备的种类有:源于电话通信的程控电话交换机、源于数据通信的分组交换机、源于下一代网络(NGN)宽带通信的软交换机、IP多媒体子系统 IMS及全光通信中的光交换机等。

信令系统是通信网的神经系统。比如,电话要接通,必须传递和交换必要的信令,完成各种呼叫处理、接续、控制与维护管理等功能。信令系统可使网络作为一个整体而正常运行,有效完成任何用户之间的通信。

协议是通信网中用户与用户、用户与网络资源、用户与交换中心间完成通信或服务所必须遵循的预先约定的规则和共同"语言"。这种语言能使通信网正确控制、合理运行。

标准是由权威机构建议的协议,是通信网应遵守的条款。

光纤通信网络的基本结构拓扑图如图 1-6 所示。

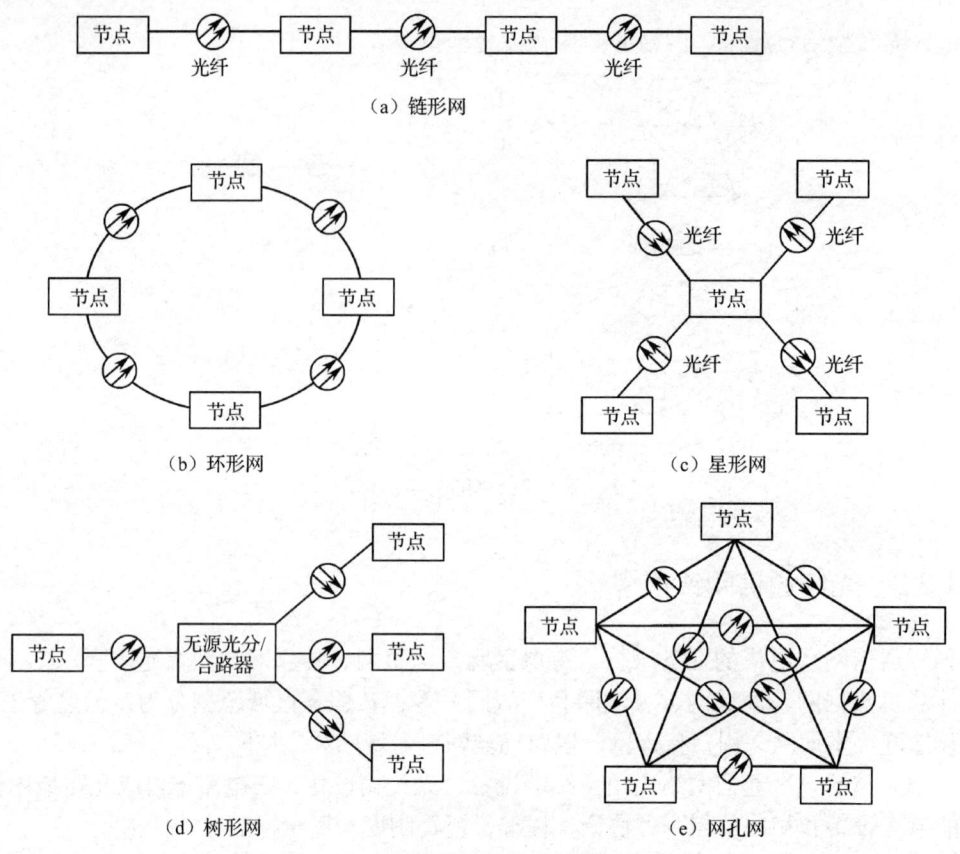

图 1-6 光纤通信网的基本结构拓扑图

1.2.3 光纤通信网络现状

光纤通信网络不仅适用于电信业务网,而且也广泛适用于有线电视网、计算机局域网、光互联网等信息网络。

1. 光纤通信在长途骨干网、本地网中的应用

长途骨干网、本地网中继传输主要以光纤通信系统为主,其结构如图 1-2 所示。

2. 光纤通信在用户接入网中的应用

光纤接入网是指在用户接入网中采用光纤作为主要传输媒质来实现用户信息传送的应用形式。光纤接入网的主要优点是可以传输宽带业务,如高速数据下载业务、IPTV 业务和图像传送业务等,且传输质量好、可靠性高。网径一般在 20 km 以内,不需要中继器等。图 1-7 给出了一种光纤接入网的结构示意图,它将光纤引入千家万户保证多媒体信息畅通无阻。

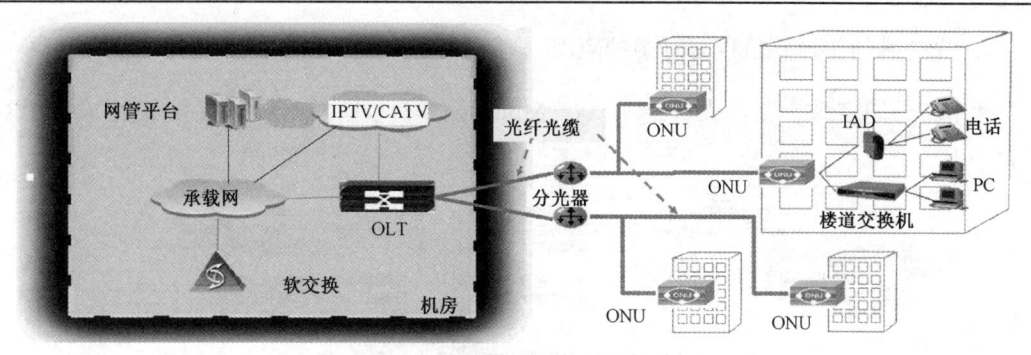

图 1-7 光纤接入网结构示意图

3. 光纤通信在电视、数据传输网中的应用

利用光纤作为 CATV（有线电视）的干线传输媒质，可大大提高信号传输质量，为多功能、大容量的信息传送提供了基础。因此，目前 CATV 网的最佳选择是光纤与同轴电缆（带宽为 75 MHz 或 1 GHz）混合（HFC）传输方式，计算机局域网也可连在如图 1-8 所示的分前端，借助光纤通信网络实现高速数据传输网络。图中 CM（Cable Modem）为电缆调制解调器；DVB 为数字视频广播；STB 为机顶盒；OR\ROT 为光纤终端盒，MOD 为影片点播。

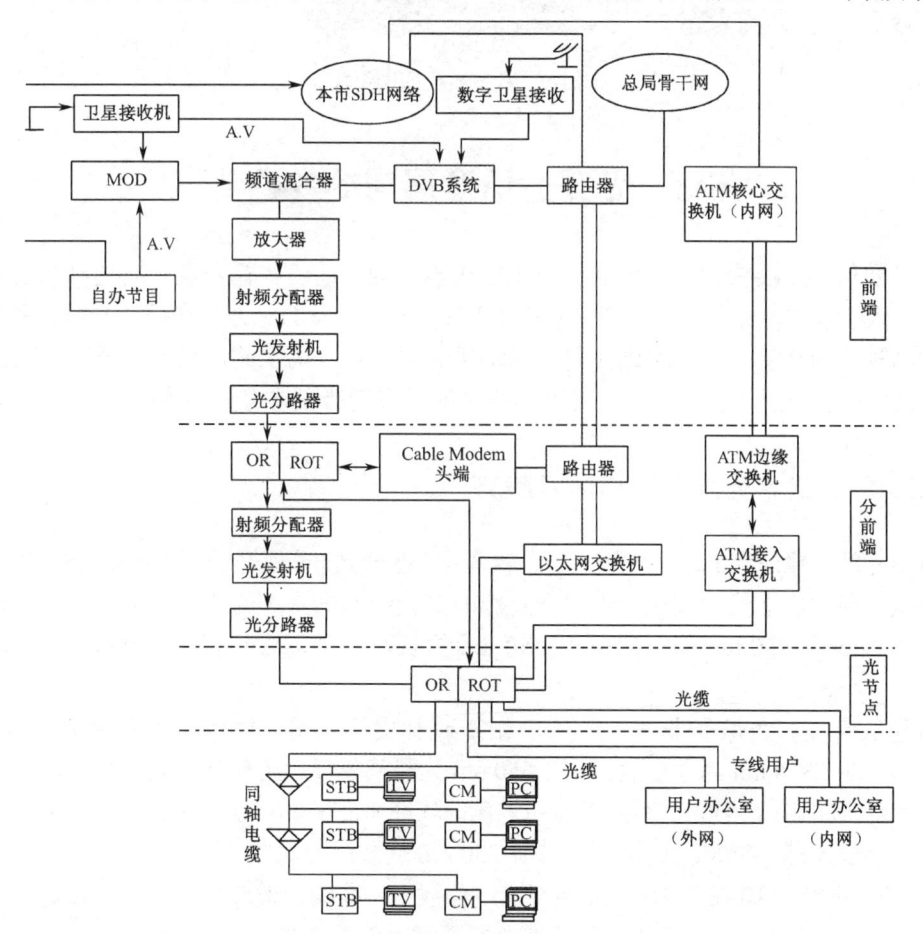

图 1-8 电视、数据传输网络结构图

4. 光纤通信在计算机校园网中的应用

利用光纤通信系统可容易地传输 1 000 Mbit/s 计算机校园网的数据信号，其组成如图 1-9 所示。

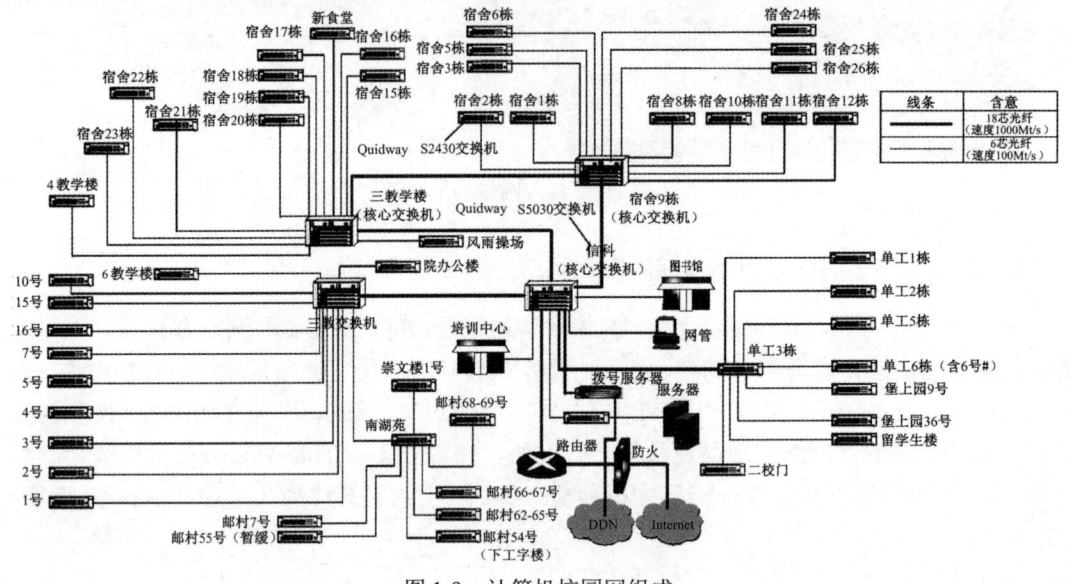

图 1-9　计算机校园网组成

1.3　光纤通信发展与演变趋势

光纤通信的发展依赖于光纤通信技术的进步，为了适应传输容量不断提高的需求和网络发展，人们为传输系统的技术近 40 年的开发做出了不懈的努力，光纤、光缆、器件、光系统的品种不断更新，性能逐渐完善，随着"光进铜退"的实施，已使光纤通信成为信息高速公路的传输重要平台。当今光纤通信技术的发展趋势主要有如下几点。

1.3.1　光纤、光缆发展与演变趋势

由于光纤传输速率的逐步高速化、大容量化（理论上，单根光纤可以提供 25THz 带宽），光纤衰减、色散、非线性效应等现象严重影响到光纤通信系统的质量，因而，人们已将光纤的工作波长由 850 nm 向 1 310～1 550 nm 的长波长移动，进而向 2 000 nm 波长区域扩展。

为降低衰减、色散和非线性效应，相继研制出了应用广泛的常规单模光纤（ITU-T G.652），其在 1 310 nm 为零色散，在 1 550 nm 为最低损耗，工作波长为 1 310 nm；色散位移单模光纤（ITU-T G.653），其低损耗和零色散均在 1 550 nm，工作波长为 1 550 nm；截止波长位移单模光纤（ITU-T G.654），其在 1 550 nm 衰减仅为 0.15 dB/km；非色散位移单模光纤（ITU-T G.655），其在 1 550 nm 损耗小，色散小，非线性效应小；宽带光传送的非零色散光纤（ITU-T G.656）；用于接入网弯曲衰减不敏感的单模光纤（ITU-T G.657）。

随着"宽带中国""互联网+"等战略的落地,尤其是光纤到户、光纤到基站、4G 的持续建设,再加上中国 5G 移动通信于 2019 年 6 月 6 日牌照的发放,我国光纤光缆产量呈现逐年增长的趋势,截至 2018 年全球光纤光缆产量为 6.31 亿芯千米,我国光纤光缆产量为 4.18 亿芯千米。随着光纤通信容量不断增大、中继距离不断增长的需求,保偏光纤是重要研究方向。采用相干光纤通信系统,可实现越洋无中继通信,但要求保持光的偏振方向不变,以保证相干探测效率,因此常规单模光纤要向着保偏光纤方向发展。

市场需求是最好的发展源动力。用户对通信的要求也从窄带电话、传真、数据和图像业务逐渐转向可视电话、电视点播、图文检索和高速数据等宽带新业务,由此而促生了光纤用户网。光纤用户网的主要传输媒介是光纤,而用户光纤光缆的特点是含纤数量要高,每缆可高达 2 000~4 000 芯,因此高密度化的带状光缆诞生了,它可减少光缆的直径和重量,又可在工程施工中便于分支和提高接续速度。

1.3.2 光纤通信系统发展与演变趋势

随着信息社会的到来,信息共享、有线电视、电视点播、电视会议、家庭办公、计算机互联网等应运而生,迫使光纤通信向高速化、大容量发展。实现高速化、大容量的主要手段是采用时分复用,波分复用和频分复用。

现代电信网的发展对光纤通信提出更高的要求,光纤通信已由以往单信道的光纤通信系统向多信道的波分复用系统发展。采用波分复用技术充分利用光纤的宽低损耗区,在不改变现有光纤通信线路的基础上,可以很容易地成倍提高光纤通信系统的容量。目前多波长复用(DWDM)加掺铒光纤放大器(EDFA)的高速光纤通信系统发展成为主流。实用的 DWDM 系统工作在 8~80 个波长,每个波长可传输 2.5 Gbit/s 或 10 Gbit/s。

光纤通信系统向相干光通信系统方向发展,成为另一个趋势。目前大多数光纤通信系统采用的是强度调制 IM—直接检测 DD 方式,在相干光通信系统中采用相干检测方式,最大的好处是可提高光接收机的检测灵敏度,从而提高光纤通信系统的无中继传输距离。

1.3.3 光纤通信网络发展与演变趋势

光纤通信网络从一开始就是为传送基于电路交换信息的用户信号,一般是 TDM 的连续码流,光同步数字传输网络 SDH 成为长途传输网的主要技术,其优势在于它不仅具有高传输容量,而且还有着灵活可靠的保护方式。随着互联网和其他宽带业务的剧增,数据信息的传送量越来越大,带宽的需求又一次去挖掘光纤带宽潜力,采用 WDM 技术增加在单根光纤中进行波分复用,它在长途骨干网中已取代了 SDH 技术。

WDM 技术不仅具有 SDH 一样灵活可靠的保护方式,而且也能够使光纤的传输容量几倍、几十倍地增加。随着可用波长数的不断增加,光放大、光交换等技术的发展,越来越多的光传输系统升级为 WDM 或 DWDM 系统。在 DWDM 技术逐渐从骨干网向城域网和接入网渗透的过程中,人们发现波分复用技术不仅可以充分利用光纤中的带宽,而且其多波长特性还具有无可比拟的光通道直接连网的优势,为进一步组成以光子交换为交换体的多波长光纤网络提供了基础,因此促使了波分复用系统由传统的点到点传输系统向光传送连网的方向发展，形成了多波长波分复用光网络，也叫光传送网（Optical Transport Network, OTN）。

在今天的全球信息量中，宽带数据业务早已取代传统电信网中话音业务的主导地位。同时，IP 技术通过数年来的发展和成熟，其应用领域不再局限于传送数据信息，已被用作传送话音、数据、视频等多媒体综合业务。VoIP、IPTV、远程教育、医疗、电子商务等新业务的涌现，也进一步证明了 Everything over IP 的时代即将到来。随着 IP 数据业务的急剧增长，一种适合 IP 业务分组化、流向流量的不确定性特点，能够提供大容量、多业务承载能力的分组传送技术成为业界关注的焦点。分组传送网（PTN）和 IP 移动承载网（ATN 或 IP ARN）技术应运而生，PTN 与 ATN，其基本概念和工作原理相似，其系列产品在网络使用定位有所区别。PTN 是 IP/MPLS 和传送网技术结合优化的产物，是端到端面向连接的传送技术，在 IP 业务和底层光传输媒质之间设置了一个 MPLS 层面，它针对分组业务流量的突发性和统计复用传送的要求而设计，以分组业务为核心并支持多业务提供，同时端到端面向连接，继承光传输的传统优势。

由此可见，随着网络化时代的到来，网络的不断演进和巨大的信息传输需求，对光纤通信提出了更高的要求，同时也促进了光纤通信技术的发展。就光纤通信网络技术而言，其发展方向有以下几点：

（1）信道容量不断增加

目前，实用化的单通道速率已由 155 Mbit/s 到 32×10 Gbit/s，160×10 Gbit/s 系统也已投入商用。在实验室，NEC 实现了 274×40 Gbit/s 系统；阿尔卡特实现了 256×40 Gbit/s 系统；西门子实现了 176×40 Gbit/s 系统。在未来的全光网络中，如能将光时分复用（OTDM）、光码分复用（OCDM）等技术与 WDM 结合起来，光纤通信容量还将大幅度的扩展。

（2）超长距离传输

目前，实用化的传输距离已由 40 km 增加到 160 km。拉曼光纤放大器的出现，为进一步增大无中继距离创造了条件。在实验室，无电中继的传输距离已从 600 km 增加到 4 000 km。

（3）光传输与光交换技术融合

实用化的点到点通信的 WDM 系统具有巨大的传输容量，还可以平滑升级扩容组建全光网络。采用光分插复用器（OADM）和光交叉连接设备（OXC）实现光联网，智能光网络 ASON。据报道，256×256 全光交叉连接设备已研制出来。

（4）光纤接入网

光纤接入网作为信息高速公路的"最后一千米"通信网的一部分，直接面向用户，通过把光纤引入千家万户，将使亿万用户的多媒体信息畅通无阻地进入信息高速公路。目前用于光纤接入网的技术有 3 种：其一，已广泛使用的基于 SDH 的多业务传送平台（MSTP），同时实现 TDM、ATM、Ethernet 及 FR、FDDI、Fiber Channel、FICON 和 ESCON 等业务的接入处理和传送，提供统一网管的多业务的接入节点设备。其二，基于 WDM 的多业务平台，其将 WDM 的每个波道分别用作各个业务的通道，用透明传输的方式支持各种业务的接入处理，如在 FE、GE 等端口中嵌入 Ethernet 2 层甚至 3 层交换功能等，使 WDM 系统既有传送能力，又有业务提供能力。其三，基于无源光网络（PON），PON 技术在德国和日本受到重视，它以 ATM 与 PON 结合形成 APON，或以 Ethernet 与 PON 结合形成 EPON，传输速率可达 155 Mbit/s 或 622 Mbit/s 甚至 1 Gbit/s，可以提供经济高效的话音、IP 数据、视频广播等多媒体传送平台，并有效地利用网络资源。

1.4 现代光通信技术特点与进展

光通信系统既有有线的光纤通信系统，也有无线的光通信系统。目前光纤通信系统中所用的光收发信机大多采用的是 IM-DD 方式，其优点是调制、解调简单，且成本低，足以满足现在的通信需求，其缺陷是受限于传输容量和距离。现代光通信技术，即相干光通信、光孤子通信、光时分复用通信、光码分复用通信和光量子通信技术，恰好弥补 IM-DD 光纤通信系统的不足。

1.4.1 相干光通信技术特点与进展

随着各种多媒体应用和互联网的普及，对光纤传输系统的通信容量和灵敏度等提出了更高的要求，而相干光通信主要利用了相干调制和外差检测技术，可以充分地利用光纤的传输带宽，有效提高系统的传输容量。

相干光通信，在发射端将要传输的电信号对光载波进行振幅、频率和相位调制（而不像 IM 调制只是改变光载波的光强度），在接收端则采用零差检测或外差检测等相干检测技术进行信息的接收。相干光通信具有以下特点。

接收机的接收灵敏度高，传输的中继距离长。在接收端相干检测可使经相干混合后的输出光电流的大小和本振光功率的乘积成正比。由于本振光功率远大于接收的信号光功率，因此可大大提高灵敏度，有利于增加光信号传输距离。

接收机的频率选择性好。可以充分利用光纤低损耗光谱区（1.25～1.6 μm），提高光纤通信系统容量。相干接收机可以使密集波分复用（DWDM）频率间隔小于 1～10 GHz，可以实现超高容量的信息传输的潜在优势。

有一定的色散补偿效应，通信容量大。

提供多种调制方式。在相干光通信中，除可以对光进行幅度调制外，还可以使用频率和相位等多种调制格式。

相干光通信的理论和实验始于 20 世纪 80 年代，英美日等国相继进行了一系列相干光通信实验。AT&T 及 Bell 公司于 1989 年和 1990 年在宾州的罗灵-克里克地面站与森伯里枢纽站间先后进行了 1.3 μm 和 1.55 μm 波长的 1.7 Gbit/s FSK 现场无中继相干传输实验，相距 35 km，接收灵敏度达到-41.5 dBm。NTT 公司于 1990 年在濑户内陆海的大分-尹予和吴站之间进行了 2.5 Gbit/s CPFSK 相干传输实验，总长 431 km。但因 EDFA 和 DWDM 技术成熟，IM-DD 系统已满足通信需要，使得相干光通信技术发展缓慢下来。然而，直接检测的 WDM 系统经过 20 年的发展和广泛应用后，新的征兆开始出现，标志着相干光传输技术的应用将再次受到重视。

相干光通信技术经过 20 年的蛰伏期，再一次受到国际学术界的关注。从 2005 年至今，美国、日本、德国、荷兰、英国、中国等每年都有相关研究文章发表。相干光通信方面的理论研究正在逐年升温，商品化研发也在缓慢进行。2006 年美国 DISCOVERY 公司推出了带宽 2.5 Gbit/s 及 10 Gbit/s 的外差检测相干光接收机，在带宽为 10 Gbit/s、误码率为 10^{-9} 时灵敏度可达-30 dBm，集成的相干接收机体积比普通计算机机箱小，便于运输和野外工作。此外，相干光通信的一大热点在于星间光链路通信。但大规模的应用也不会在短期内出现。

1.4.2 光孤子通信技术特点与进展

光孤子理论的出现，对现代光通信技术发展的两个方向（一是大容量传输，二是延长中继距离）起到了里程碑的作用，被认为是第五代光纤通信系统。

光孤子是经过长距离传输而保持形状不变的光脉冲。光孤子通信是在光纤中所传输的光信号保持其脉冲波形稳定即脉冲不展宽，从而提高系统的传输距离和容量。光孤子通信具有以下特点。

传输容量大。光孤子通信克服了色散的制约，当光强度足够大时会使光脉冲变窄，脉冲宽度不到一皮秒，可使光纤的带宽增加10～100倍，极大地提高了传输容量和传输距离。光孤子通信作为新一代光纤通信系统在洲际陆地通信和跨洋通信等超长距离、超大容量通信系统中大显身手。传输速率一般可达20 Gbit/s，最高可达100 Gbit/s以上。

光孤子传输由于波形保持不变，决定了其误码率大大低于常规光纤通信，甚至可实现误码率低于10^{-12}的无差错光纤通信。

可以不用光中继站。只要对光纤损耗进行增益补偿，就可将光信号无畸变地传输极远距离，从而免去了光电转换、整形放大、判决再生、电光转换、再重新发送等复杂过程。

1973年美国贝尔实验室的A.Hasegawa提出了将光孤子应用于光通信的设想，直到1983年，美国贝尔实验室的Mollenauer研究小组首次研制成功了第一支色心锁模孤子激光器CCL，从而进入了实验研究阶段。1991年后半导体激光器和EDFA在光孤子通信试验系统中的成功应用，使光孤子通信走向实用化。光孤子通信的这一系列进展使孤子通信系统实验已达到传输速率10～20 Gbit/s，传输距离13 000～20 000 km的水平。光孤子通信的现状与展望，如图1-10所示。图中，三个坐标分别表示传输距离、传输速率和EDFA的

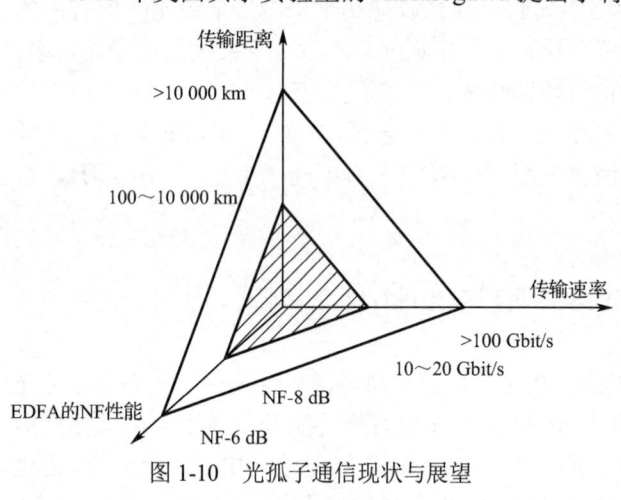

图1-10 光孤子通信现状与展望

噪声因子（NF）性能，其阴影部分表示目前的现状。

1.4.3 光时分复用通信技术特点与进展

光时分复用（Optical Time-Division Multiplexing，OTDM）和电时分复用类似，是指光域的数字信号时分复用，是把一条复用信道划分成若干个时隙，每个基带数据光脉冲流分配占用一个时隙，N个基带信道复用成高速光数据流信号进行传输。

图1-11所示的光时分复用系统原理就是将多个高速调制光信号转换为等速率光信号，

然后放在光发射器里利用超窄光脉冲进行时域复用,将其调制为更高速率的光信号然后再放到光纤里进行传输。对于限制传输速率容量的电子瓶颈就得到了有效的解决。

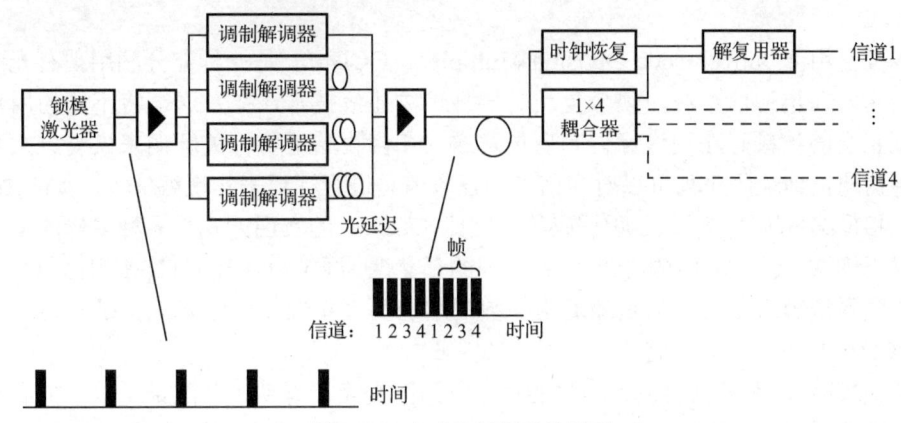

图 1-11 光时分复用系统原理

OTDM 技术被认为是长远的光网络技术。为了满足人们对信息的大量需求,将来的网络必将是采用全光交换与路由的全光网络,而 OTDM 的一些特点使它作为将来的全光网络技术方案更具吸引力。OTDM 技术具有以下特点。

可简单地接入极高的线路速率(高达几百吉比特每秒)。

支路数据可具有任意速率等级,并和现在的技术(如 SDH)兼容。

由于是单波长传输,大大简化了放大器级联管理和色散管理。

网络的总速率虽然很高,但在网络节点只需以本地的低数据速率工作。

OTDM 和 WDM 的结合可支撑未来超高速光通信网的实现。

虽然光时分复用的研究起步较晚,但 OTDM/WDM 系统已经成为未来高速、大容量光通信系统的一种发展趋势。一些发达国家投入了大量的人力物力,如德国的 SHF、日本的 NTT 和 NEC 以及美国、英国的一些研究机构等对光时分复用技术进行了广泛的研究。1988 年,贝尔实验室建成了第一个 OTDM 点到点实验室传输系统,当时的速率为 4×4 Gbit/s。1996 年到 1999 年,日本 NTT 传输系统实验室试验并实现了 100 Gbit/s 和 640 Gbit/s 的 40 km 至 1 000 km OTDM 传输系统。1997 年,英国的 TB 实验室报道了有关实现 40 Gbit/s 的 OTDM 局域网的试验研究。在中国,"九五"期间国家"863 计划"通信主题就将光时分复用技术列为重点课题,中国国内许多高校也相继投入到高速光时分复用系统的研究中。北京交通大学、清华大学和北京邮电大学先后共同承担了部分国家"863"项目,对光时分复用器、TDM/DWDM 网络接口及全光再生等方面进行了研究。从研究情况看,OTDM 主要有 3 个发展方向,第一个发展方向是研究更高速率的系统并与 DWDM 相结合。OTDM 的最高速率已达 640 Gbit/s,OTDM 和 DWDM 相结合已实现了 3 Tbit/s 的传输速率。第二个发展方向是 OTDM 实用化技术和比特间插的 OTDM 网络技术。第三个发展方向是 OTDM 全光分组网络。目前,OTDM 技术尚不成熟,还在实验阶段,加上需要较复杂的光学器件,离实用化还有一定距离,有待进一步研究,但是在将来的 Tbit/s 级通信系统中,将成为重要的通信手段。

1.4.4 光码分复用通信技术特点与进展

光码分复用（Optical Code Division Multiplex，OCDM）是一种充分利用现有光纤带宽的复用技术。在电通信领域，码分复用是一种扩频通信技术，在发送端将不同的用户信息采用相互正交的扩频码序列进行调制后再发送，在接收端采用相关解调来恢复原始数据。由于这种伪随机地址码序列可以对光信号的任意信息进行标记来实现编/解码，如光振幅编/解码、光相位编/解码、光波长编/解码等，因此 OCDM 的实现方式是多种多样的。每一种编/解码方式都要求不同的伪随机地址码序列的正交性。同 WDM 和 OTDM 相比，OCDM 并没有严格的系统容量定义，只是随着用户数的增加而系统性能不断降低，是一种干扰受限系统。OCDM 技术具有以下特点。

（1）ODCM 技术可以实现光信号的直接复用与交换，能动态分配带宽，且扩展网络容易，网管简单，因此非常适用于实时性、高突发、高速率和高保密性的通信业务。

（2）通过给用户分配码字实现多址接入，可以在无交换中心的情况下实现点到点、点到多点的通信，并且一个节点的故障不影响系统中其他节点，用户可以即时接入，时延也很小。

（3）具有很高的保密性、安全性。

（4）信号处理简单，没有像光波分复用系统那样对波长具有严格的要求，也不需要光时分复用那样严格的时钟同步，从而大大降低了收发设备的成本。

1.4.5 光量子通信特点与进展

量子通信是指利用量子纠缠效应进行信息传递的一种新型的通信方式。光量子通信主要基于量子纠缠态的理论，使用量子隐形传态（传输）的方式实现信息传递。根据实验验证，具有纠缠态的两个粒子无论相距多远，只要一个发生变化，另外一个也会瞬间发生变化，利用这个特性实现光量子通信。

经典通信其安全性和高效性与光量子通信无法比拟。通过量子态的传送完成大容量信息的传输，实现了原则上不可破译的量子保密通信。量子通信具有传统通信方式所不具备的绝对安全特性，在国家安全、金融等信息安全领域有着重大的应用价值和前景。

1993 年，美国科学家 C.H.Bennett 提出了量子通信的概念。1997 年，在奥地利留学的中国青年学者潘建伟与荷兰学者波密斯特等人合作，首次实现未知量子态的远程传输。这是国际上首次在实验上成功地把一个量子态从甲地的光子传送到乙地的光子上。实验上传输的只是表达量子信息的"状态"，作为信息载体的光子本身并不被传输。2007 年 6 月，一个由奥地利、英国、德国研究人员组成的小组在量子通信研究中创下了通信距离达 144 km 的最远纪录。而要达到更远的距离很难，因为大气容易干扰光子脆弱的量子状态。2012 年，中国科学家潘建伟等人在国际上首次成功实现百千米量级的自由空间量子隐形传态和纠缠分发，为发射全球首颗"量子通信卫星"奠定了技术基础。该成果在高损耗的地面成功传输 100 km，意味着在低损耗的太空传输距离将可以达到 1 000 km 以上，基本上解决量子通信卫星的远距离信息传输问题。2013 年 10 月，中国科学技术大学郭光灿院士领导的中科院量子信息重点实验室在高维量子信息存储方面取得重要进展，该实验室史保森教授领导的研究小组，在 2013 年首次成功地实现了携带轨道角动量、具有空间结构的单光子脉冲的存储与释放，证明了高维量子态的存储是完全可行的。2016 年 8 月 16 日，中国率先在酒泉卫星发射中心成功发射我国自主研发的世界首颗量子通信卫星"墨子号"，这标志着我国在量子通信技术方面已跻身世界前列，并且标志了人类在量子通信方面迈出的重要一步。2017 年 8 月，上海交通大学金贤敏团队成功进行了首个海水量子通信实验，观察到了光子极化量子态和量子纠缠可在海水中保持量子特性，在国际上首次通过实验验证了水下量子通信的可行性，向未来建立水下及空海一体量子通信网络迈出了重要一步。

1.4.6 自由空间光通信技术特点与进展

自由空间光（Free Space Optics，FSO）通信是指以激光光波作为载波，大气作为传输介质的光通信系统。FSO 结合了光纤通信与微波通信的优点，既具有大通信容量、高速传输的优点，又不需要铺设光纤，因此各技术强国在 FSO 通信领域投入大量人力物力，并取得了很大进展。FSO 是由两台激光通信机构成的通信系统，它们相互向对方发射被调制的激光脉冲信号（声音或数据），接收并解调来自对方的激光脉冲信号，实现双工通信。FSO 通信系统具有以下特点。

（1）减少了不必要的 E/O 转换，一条链路现在只需要 2 个 O/E 接口即可，大大降低了成本。光学系统较为简单，光纤出射的光束一般为圆高斯光，不需要整形，简化了光学系统，减小了体积，易于安装。

（2）易于升级及维护，当用户的带宽增加时，只需要对放置在室内的系统进行升级即可，免去了复杂烦琐的对准过程。

（3）基于光纤耦合的空间光通信系统能够很好地与现有的光纤通信网络结合，利用现有的比较成熟的光纤通信系统中的器件如发射接收模块，EDFA 和 WDM 中所用到的复用器和解复用器。

（4）可以与光码分多址复用技术（OCDMA）相结合，构成自由空间 OCDMA 系统，进一步扩大系统的带宽。

（5）FSO 通信与其他无线通信相比，具有不需要频率许可证、频率宽、成本低廉、保密性好、误码率低、安装快速、抗电磁干扰，组网方便灵活等优点。

正是由于这些特点，FSO 通信系统正受到电信运营商越来越多的关注与青睐。对于有线运营商，FSO 通信可以在城域光网之外提供高带宽连接，而其成本只有地下埋设光缆的 1/5。对于无线运营商，在昂贵的 E1/T1 租用线路和带宽较低的微波通信相比，该技术的每兆比特传输费用较低。在目前这个竞争激烈的环境中，FSO 通信无疑为电信运营商以较低的成本加速网络部署，提高"服务速度"并降低网络操作费用提供了可能。而且 FSO 通信技术结合了光纤技术的高带宽和无线技术的灵活、快速部署的特性，在接入层等近距离高速网的建设中大有用武之地，在目前许多企业和机构都不具备光纤线路，但又需要较高速率（如 STM-1 或更高）的情况下，FSO 通信不失为一种解决"最后一千米"瓶颈问题的有效途径。

我国卫星间光通信研究与欧洲、美国、日本相比起步较晚。目前已完成了对国外研究情况的调研分析，进行了星间光通信系统的计算机模拟分析及初步的实验室模拟实验研究，大量的关键技术研究正在进行中，与国外相比虽有一定的差距，但近些年来在光通信领域也取得了一些显著的成就。

习 题 1

1. 简述光纤通信的特点和应用。
2. 简述光纤通信系统组成及各部分功能。
3. 光纤通信与电通信方式的主要差异是什么？
4. 比较光纤通信各发展阶段的特点与差别。
5. 可通过哪些途径来提高光纤通信系统的传输容量。
6. 简述现代光通信技术的发展趋势。

第 2 章 光纤传输原理及传输特性

在光纤通信系统与网络中，光纤作为光波传输的良好介质得到了广泛的应用，光纤的传输特性对光纤通信的传输质量起决定作用。本章从应用角度介绍光纤和光缆的结构、类型、传输原理与特性。

2.1 光纤和光缆的结构及类型

在光纤通信中，长距离传输光信号所需要的光波导是一种叫做光导纤维（简称光纤）的圆柱体介质波导。所谓"光纤"就是工作在光频下的多层次的介质波导，它引导光能沿着轴线平行方向传输。而光缆由多根光纤和加强构件以及外护层构成。

2.1.1 光纤结构及类型

1. 光纤结构

光纤是由两种不同折射率的玻璃材料拉制而成的，其基本结构如图 2-1 所示。内层为纤芯，是一个透明的圆柱形介质，其作用是以极小的能量损耗传输载有信息的光信号。紧靠纤芯的外面一层称为包层，从结构上看，它是一个空心的、并与纤芯同轴的圆柱形介质，其作用是保证光全反射只发生在纤芯内，使光信号封闭在纤芯中传输。为了实现光信号的传输，要求纤芯折射率比包层折射率稍大些，这是光纤结构的关键。包层材料通常为均匀材料，其折射率为常数 n_2，一般为 1.45～1.46。纤芯的折射率可以是均匀的 n_1，也可以是沿纤芯横截面（径向）r 变化的 $n_1(r)$，一般为 1.463～1.467。另外涂覆层的直径控制在 250 μm，其作用是确保光纤不受外部压力而产生微变剪切应力。图 2-1 中，a 是纤芯的半径，b 是包层的半径，n 是表示光纤折射率大小的纵坐标，r 是光纤横截面（径向）坐标。

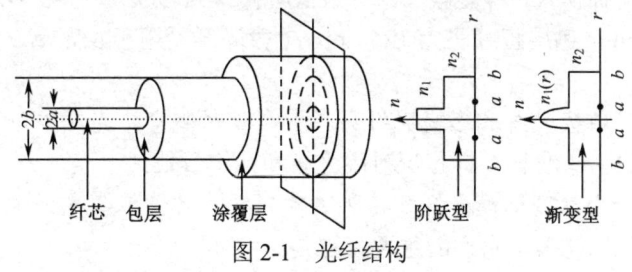

图 2-1 光纤结构

2. 光纤的类型

光纤可依据材料、波长、传导模式、纤芯折射率分布、制备方法的不同，将其分为多种，如图 2-2 所示。

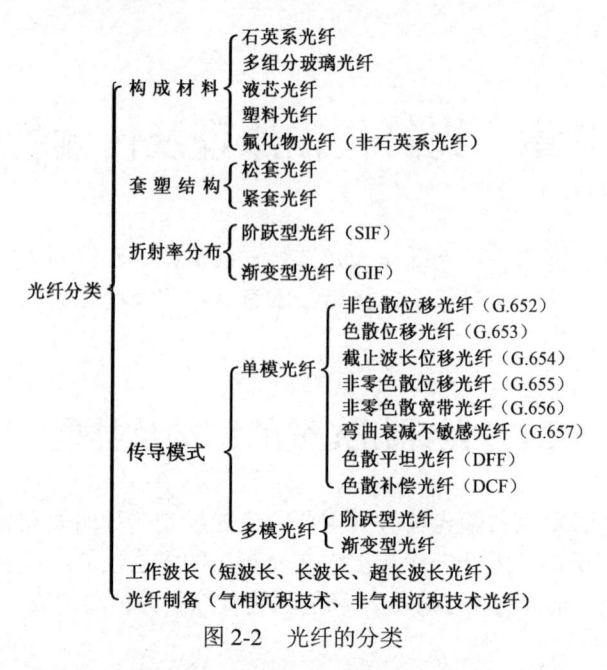

```
                    ┌ 构成材料 ┬ 石英系光纤
                    │         ├ 多组分玻璃光纤
                    │         ├ 液芯光纤
                    │         ├ 塑料光纤
                    │         └ 氟化物光纤（非石英系光纤）
                    ├ 套塑结构 ┬ 松套光纤
                    │         └ 紧套光纤
                    ├ 折射率分布 ┬ 阶跃型光纤（SIF）
                    │           └ 渐变型光纤（GIF）
    光纤分类 ───────┤
                    │           ┌ 非色散位移光纤（G.652）
                    │           ├ 色散位移光纤（G.653）
                    │           ├ 截止波长位移光纤（G.654）
                    │           ├ 非零色散位移光纤（G.655）
                    ├ 传导模式 ┬ 单模光纤 ┤ 非零色散宽带光纤（G.656）
                    │         │          ├ 弯曲衰减不敏感光纤（G.657）
                    │         │          ├ 色散平坦光纤（DFF）
                    │         │          └ 色散补偿光纤（DCF）
                    │         └ 多模光纤 ┬ 阶跃型光纤
                    │                    └ 渐变型光纤
                    ├ 工作波长（短波长、长波长、超长波长光纤）
                    └ 光纤制备（气相沉积技术、非气相沉积技术光纤）
```

图 2-2 光纤的分类

由图 2-2 可知光纤分类的方法很多，这里只重点介绍按照传导模式、纤芯折射率分布，以及按照国际电信联盟（ITU-T）对光纤标准的建议来分类。

光是一种电磁波，它沿光纤传输时可能存在多种不同的电磁场分布形式（传播模式）。能够在光纤中远距离传输的传播模式称为传导模式。根据传导模式的不同，光纤可以分为多模光纤和单模光纤两类。

1）多模光纤（Multimode Fiber，MMF）

光纤中传输的模式不止一个，即在光纤中存在多个传导模式。多模光纤的纤芯直径为 $50\sim 80~\mu m$，其横截面的折射率分布为阶跃和渐变型，包层直径为 $125~\mu m$，多模光纤适用于中距离、中容量的光纤通信系统。

2）单模光纤（Single Mode Fiber，SMF）

光纤中只传输一种模式，即基模（LP_{01} 最低阶模式）。纤芯直径很小，为 $8\sim 10~\mu m$，模场直径只有 $9\sim 10~\mu m$，包层直径仍为 $125~\mu m$。单模光纤适用于长距离、大容量的光纤通信系统。

需要指出的是，单模光纤和多模光纤只是一个相对概念。光纤中可以传输的模式数量的多少取决于光纤的工作波长、纤芯折射率分布和结构参数。

单模光纤又可分为常规单模光纤和特种单模光纤。特种单模光纤主要有双包层光纤、三角芯光纤、椭圆芯光纤等。它们的主要特点是：

（1）双包层光纤在 1 550 nm 为零色散，在 1 310~1 600 nm 为色散平坦。如图 2-3（a）所示。

（2）三角芯光纤在 1 550 nm 有微量色散，有效面积较大，适合用于 WDM 系统，如图 2-3（b）所示。

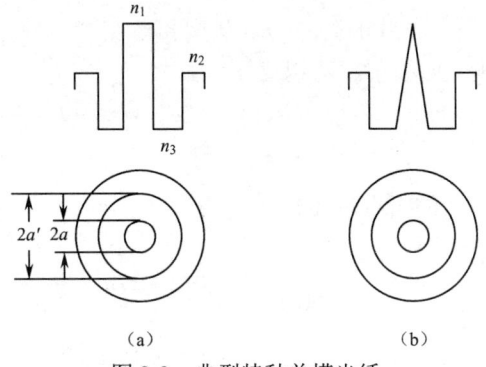

图 2-3 典型特种单模光纤

（3）椭圆芯光纤、熊猫光纤和蝴蝶光纤：具有高双折射特性，保偏状态，它们的截面结构图形如椭圆、熊猫和蝴蝶，故得名，分别如图 2-4（a）、图 2-4（b）、图 2-4（c）所示。

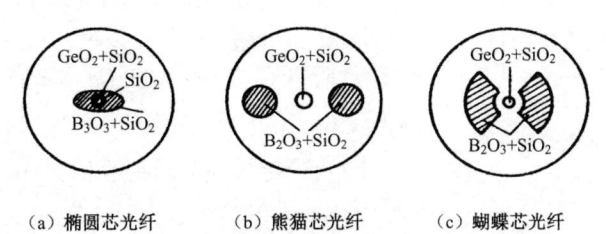

（a）椭圆芯光纤　　（b）熊猫芯光纤　　（c）蝴蝶芯光纤

图 2-4 几种保偏光纤的截面结构

按 ITU-T 给出的建议，光纤可分为多模光纤 G.651，单模光纤 G.652、G.653、G.654、G.655、G.656、G.657；还有其他相关的单模光纤，如色散平坦光纤（DFF）和色散补偿光纤（DCF）。至今已有 G.651～G.657 等系列光纤产品种类，在抑制色散上各有独到之处，各种光纤的适用范围如表 2.1 所示。

表 2.1 各种光纤适用范围

光纤类型	适用范围
G.651 光纤	工作在 850 nm 的短波长窗口，对于四次群以下的光纤通信系统较为实用。常用于局域网和数据链路
G.652 光纤	在 1 310 nm 波长性能最佳，是目前应用最广泛的光纤。主要应用在 1 310 nm 波长区开通长距离 622 Mbit/s 及其以下系统，在 1 550 nm 波长区开通 2.5 Gbit/s、10 Gbit/s 和 $n\times 2.5$ Gbit/s 波分复用系统
G.653 光纤	在 1 550 nm 工作波长衰减系数和色散系数均最小。主要用于长距离、高速率，如 10 Gbit/s 以上系统，其缺点是易受非线性影响，并产生较严重的四波混频效应（FWM），它不支持波分复用系统
G.654 光纤	在 1 550 nm 波长衰减系数最小，抗弯曲性能好。主要用于长距离海底系统
G.655 光纤	在 1 550 nm 处有低色散保证，有抑制 FWM 等非线性效应，使得其应用在 EDFA 和 DWDM 系统，传输速率在 10 Gbit/s 以上
G.656 光纤	2006 年 11 月发布了 V2.0 版（由日本 NTT 公司和 CLPAJ 公司修订）G.656 光纤的基本规范。在 1 460～1 624 nm 波长范围色散系数为 2～14 ps/nm.km，能有效抑制密集波分复用系统的非线性效应。G.656 光纤可保证通道间隔 100 GHz，40 Gbit/s 系统至少传 400 km
G.657 光纤	"G.657 弯曲衰减不敏感单模光纤光缆特性"的标准是 ITU-T 于 2006 年 11 月发布的标准。这类光纤最主要的特性是在 1 260～1 625 nm 波长具有优异的耐弯曲特性，其最小可弯曲半径等级为 10 mm、7.5 mm、5 mm 共 3 等，是常规 G.652 光纤弯曲半径的 1/4～1/2。适用于光纤接入网及终端的建筑物内的各种布线
DFF 光纤	优点是在 1 310～1 550 nm 波段内为低色散。可与 G.652 光纤配合使用，降低光纤总色散
DCF 光纤	优点是在 1 550 nm 内有很大的负色散，主要用于与 G.652 光纤配合使用由 1 310 nm 扩容升级至 1 550 nm 时进行色散补偿

按纤芯折射率分布分类，光纤可粗分为阶跃型和渐变型两种。

（1）阶跃型光纤（SIF）的折射率可以表示为：

$$n(r) = \begin{cases} n_1 & (r < a) \quad （纤芯）\\ n_2 & (b \geq r \geq a) \quad （包层）\end{cases}$$

（2）渐变型光纤（GIF）的折射率可以表示为：

$$n(r) = \begin{cases} n(0)\left[1 - 2\Delta\left(\dfrac{r}{a}\right)^g\right]^{1/2} & (r < \alpha) \quad （纤芯）\\ n(a) = n(0)[1 - 2\Delta]^{1/2} & (b \geq r \geq \alpha) \quad （包层）\end{cases}$$

式中，$n(0)$ 是 $r=0$ 时纤芯中心的折射率；g 是折射率分布指数，它取不同的值，折射率分布不同，当 $g \to \infty$，相当于阶跃型折射率分布光纤，如图 2-5 所示。r 为离开光纤轴心的距离，a 为纤芯半径（μm），Δ 为相对折射率差。对阶跃型光纤：$\Delta = (n_1^2 - n_2^2)/2n_1^2 \approx (n_1 - n_2)/n_1$；对渐变型光纤：$\Delta = [n^2(0) - n_2^2]/2n^2(0)$。图 2-6 是几种典型的光纤材料和其折射率的分布。

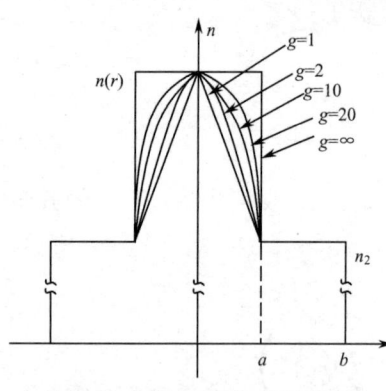

图 2-5　g 为不同值时的折射率

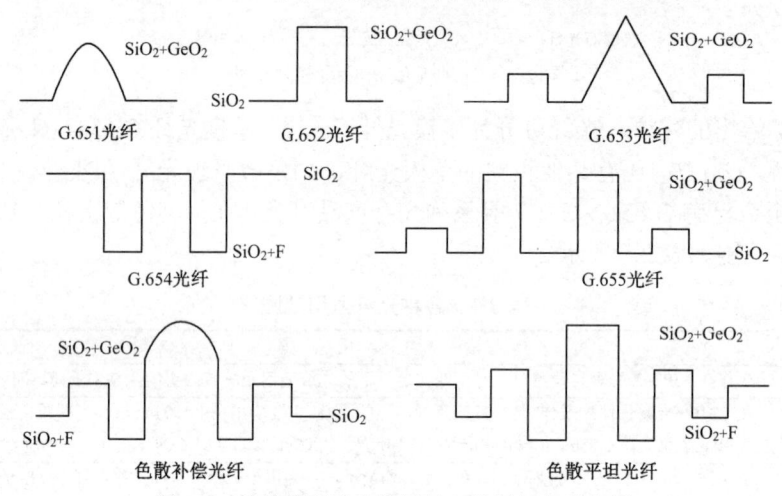

图 2-6　几种典型的光纤材料和其折射率分布图

从 G.656 光纤的应用范围可知，它适用 S、C、L 三个波段。单模光纤的波段划分如表 2.2 所示。

表 2.2　单模光纤的波段划分

O 波段（原始波段 Original）	E 波段（扩展波段，Extended）	S 波段（短波段，Short）	C 波段（常规波段，Conventional）	L 波段（长波段，Long）	U 波段（超长波段，Ultralong）
1 326～1 360 nm	1 360～1 460 nm	1 460～1 530 nm	1 530～1 560 nm	1 565～1 625 nm	1 625～1 675 nm

2.1.2　光缆结构及类型

光缆由缆芯（含光纤、加强构件、填充物）和护层等构成。

缆芯 一般将带有涂覆层的单根或多根光纤合在一起再套上一层塑料管，并与不同形式的加强件和填充物组合在一起称为缆芯。

加强构件 用于提高光缆施工的抗拉能力。在光缆中加一根或多根加强构件位于中心或绕包一周，位于光缆中心的，称为中心加强；位于分散四周或绕包一周的，称为铠装式加强。加强构件一般采用镀锌钢丝、多股钢丝绳、带有紧套聚乙烯垫层的镀锌钢丝、纺纶丝和玻璃增强塑料等。

填充物 用在光缆缆芯的空隙中注满，比如注满石油膏。石油膏是光纤防淹的最后防线，它可有效地阻止潮气及水的渗入和扩散，以延缓潮气及水对光纤传输性能的影响，同时还能减少光纤的相互摩擦。

护层 用来保护缆芯，使缆芯有效抵御一切外来的机械、物理、化学的作用，并能适应各种敷设方式和应用环境，保证光缆有足够的使用寿命。光缆护层是由内护层和外护层构成的多层组合体，内护层一般用聚乙烯（PE）和聚氯乙烯（PVC）等，外护层可根据敷设而定，可采用铝带和聚乙烯组成的 LAP 外护套加钢圆丝铠装等，起增强光缆抗拉、抗压、抗弯曲等机械保护作用。

1. 室外光缆

常用的室外光缆按其缆芯结构可分为层绞式、骨架式、中心束管式 3 种，就光纤芯数结构又有单/多芯光纤和带状式光纤，如图 2-7～图 2-10 所示。

（1）层绞式光缆

层绞式光缆是在一根松套管内放置多根光纤，多根松套管围绕中心加强件绞合成一体，如图 2-7 所示。松套管由热塑性材料（如尼龙、聚丙烯等）做成，它对一次涂覆光纤起机械缓冲保护作用。松套管内充满油膏，层绞光缆中光纤密度较高，制造工艺较简单、成熟，是目前光缆结构的主流。

（2）骨架式光缆

骨架式光缆由聚烯烃塑料绕中心加强件以一定的螺旋节距挤制而成，如图 2-8 所示。骨架槽为矩形槽，在槽中放置多根一次涂覆光纤或光纤带。这种结构的缆芯抗侧压力性能好。

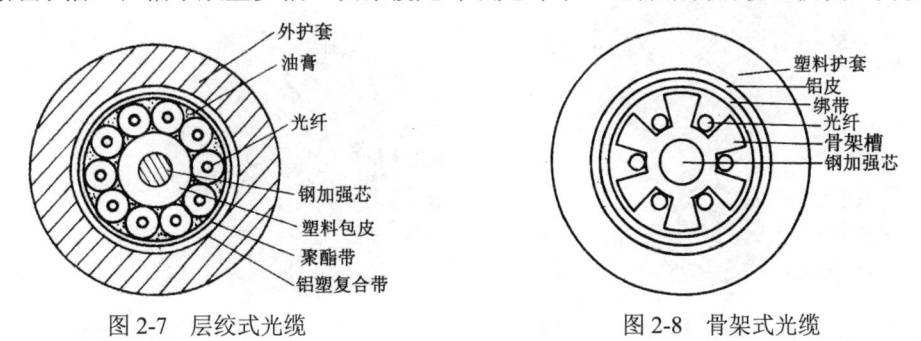

图 2-7 层绞式光缆　　　　图 2-8 骨架式光缆

（3）中心束管式光缆

中心束管式光缆是把光纤束（多根光纤）置于高强度塑料束管中，外有皱纹钢护套层，该层外还有高密度 PE 聚乙烯（HDPE）外护套，该外护套中有两根平行于缆芯的轴对称加强芯，这种结构的光纤受压小，如图 2-9 所示。

中心束管式带状光缆是把多根带状光缆单元（每根光缆带可放 4~16 芯光纤），叠合起来，形成光纤叠层，放入松套管内，可做成束管式结构，如图 2-10 所示。带状光缆可以制成数百上千芯光纤的高密度光缆，这种光缆已广泛应用于接入网中。

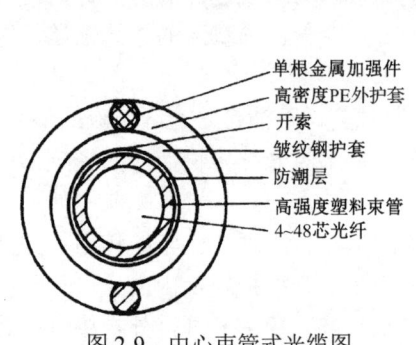

图 2-9　中心束管式光缆图

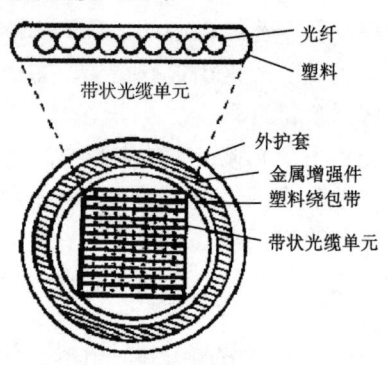

图 2-10　中心束管式带状光缆图

2．室内光缆

常用的室内光缆都是非金属的加强件，可分为 4 种类型，如图 2-11～图 2-14 所示。

（1）多用途室内光缆

多用途室内光缆是由紧套光纤和非金属加强件构成的，光纤与一根非金属中心加强件绞合形成结实的光缆。图 2-11 所示为 48 芯多用途室内光缆的结构。这种光缆的优点是：直径小、质量轻、柔软，易于敷设、维护和管理，适用于各种室内场合的需要。

（2）分支光缆

分支光缆用于各光纤的独立布线和分支，图 2-12 所示为一个 8 芯分支光缆结构。这种类型光缆主要用于短距离的传输，如大楼内向上的升井里、计算机房的地板下和光纤到桌面等。

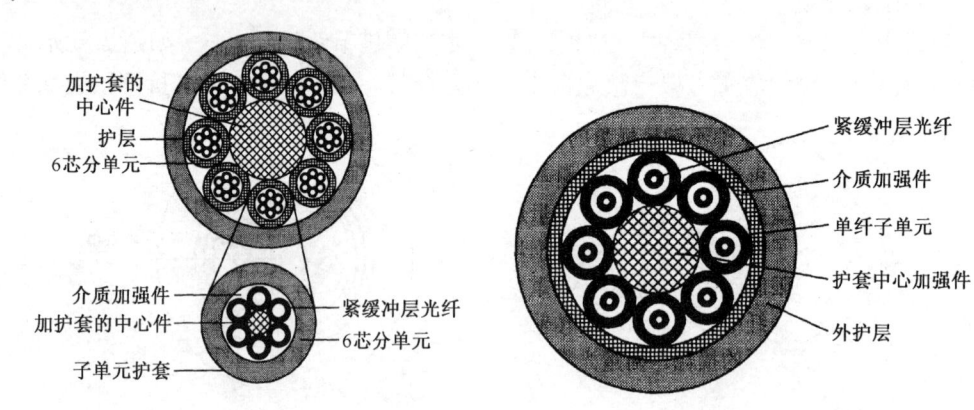

图 2-11　48 芯多用途室内光缆结构

图 2-12　8 芯分支光缆结构

（3）互连光缆

互连光缆是为计算机、过程控制和办公室布线系统等进行话言、数据、视频，图像传输设备互连所设计的光缆，其结构通常为单纤或双纤结构，图 2-13 为双纤互连光缆结构。这些光缆里的光纤常为 G.657，主要优点是连接容易、直径细、弯曲半径小。

(4) 皮线光缆

皮线光缆与互连光缆作用类似,如图 2-14 所示。目前主要用于 FTTH 入户段拉到桌面上等。皮线光缆多为单芯、双芯或四芯结构,横截面呈∞字形,加强件位于两圆中心,光纤位于∞字形的几何中心。皮线光缆内光纤采用 G.657 小弯曲半径光纤。

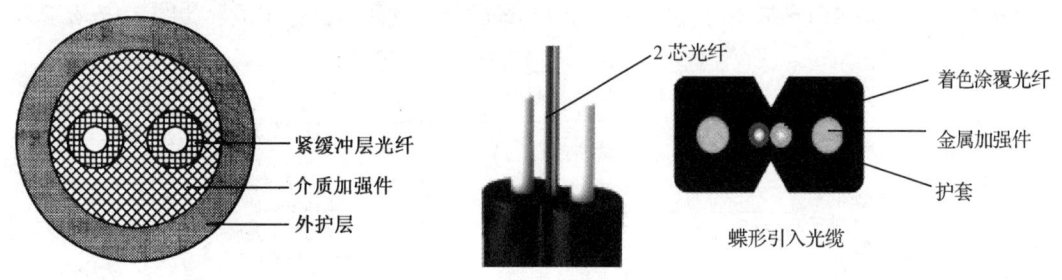

图 2-13 双纤互连光缆结构

图 2-14 2 芯入户皮线光缆结构

3. 特种光缆

常用的特种光缆主要有电力系统光缆、海底光缆和野战军用光缆等。

(1) 电力系统光缆

电力系统光缆常用的有架空地线光缆(Optical Power Ground Wire,OPGW)。把光纤放置在架空高压输电线的地线中,用以构成输电线路上的光纤通信网,这种结构形式兼具地线与通信双重功能,主要是提供电力部门传输监控变电站信息,包括内部通信。其结构如图 2-15 所示。

(2) 海底光缆

海底光缆的缆芯外护套,用钢丝铠装结构加聚乙烯外护层构成,为了能保护光缆中的光纤,还紧挨着缆芯加密封铝皮封装。加强心构件一般为钢加强心,以防止海水的高压力与敷设回收时的高张力。其结构如图 2-16 所示。

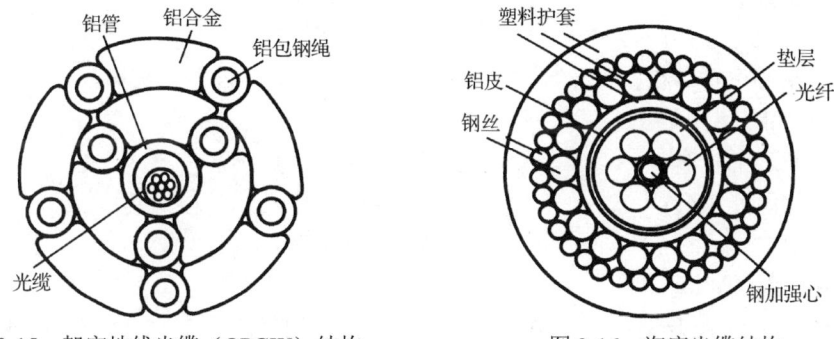

图 2-15 架空地线光缆(OPGW)结构

图 2-16 海底光缆结构

海底光缆是为将陆地型光纤传输能力延伸至无中继站的海底应用而设计的光缆。

(3) 野战军用光缆

野战军用光缆是为野战部队的战术通信、雷达车的信息传输、导弹制导、鱼雷制导等应用而设计的光缆,光缆结构形式多样,在此不多述。

总之,光纤的种类决定了光缆的传输性能,光缆的结构类型则决定了光缆的机械性能和使用环境。

2.1.3 光缆型号、规格及特性

光缆种类较多，具体型号与规格也多，根据《YD/T908—2000 光缆型号命名方法》的规定，目前光缆型号的命名由光缆型号代码和光缆中光纤的规格代码两部分组成，如图2-17所示。

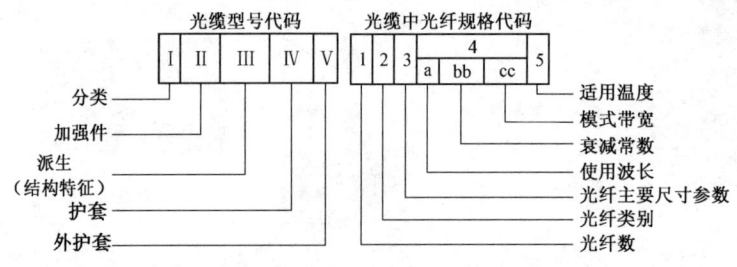

图 2-17 光缆型号代码与光纤规格代码组成图

1. 光缆型号代码及意义

（1）分类代码及意义
- GY——通信用野外光缆；
- GJ——通信用局内光缆；
- GS——通信用设备内光缆；
- GH——通信用海底光缆；
- GT——通信用特殊光缆；
- GW——通信用无金属光缆。

（2）加强件代码及意义
- 无代号——金属加强件；
- F——非金属加强件；
- G——金属重型加强件；
- H——非金属重型加强件。

（3）派生（结构特征）代码及意义
- B——扁平式结构；
- C——自承式结构；
- T——油膏填充式结构；
- D——光纤带状结构；
- G——骨架槽结构；
- Z——阻燃结构；
- X——中心束管结构；
- J——光纤紧套（被覆）结构。

（4）护套代码及意义
- Y——聚乙烯护套；
- V——聚氯乙烯护套；
- U——聚氨酯护套；
- A——铝—聚乙烯粘接护套；
- L——铝护套；
- G——钢护套。

（5）外护套代码及意义

外护套是指铠装层及铠装层外边的外护层，外护套的代码由1~2位数字组成，其含义如表2.3所示。

表 2.3 外护套的代码及含义

代码	铠装层材料	代码	外护层材料
3/33	单/双细圆钢丝铠装	1	纤维外被
4/44	单/双粗圆钢丝铠装	2	聚氯乙烯套
5	单钢带皱纹纵包铠装	3	聚乙烯套
2	双钢带铠装	4	聚乙烯套加覆尼龙套

2. 光缆中光纤规格代码及意义

（1）光纤数

光纤数是表示光缆中同一类别光纤的实际纤数的数字。

（2）光纤类别代码及意义

- J——SiO_2 系列多模 GI 光纤；
- T——SiO_2 系列多模渐变光纤；
- Z——SiO_2 系列多模准突变型光纤；
- D——SiO_2 系列单模光纤；
- X——SiO_2 纤芯、塑料包层光纤；
- S——塑料光纤。

（3）光纤主要尺寸参数及意义

用阿拉伯数（含小数点数）及以 μm 为单位表示多模光纤的纤芯/包层的直径，如 50/125，单位为 μm 或单模光纤的模场直径/包层直径，单位为 μm。

（4）传输特性代码及意义

光纤传输特性代码由使用波长的代码 a、衰减常数的代码 bb 及模式带宽的代码 cc 三组数字构成。

（5）适用温度代码及意义

- A——适用于 $-40 \sim +40$（℃）；
- B——适用于 $-30 \sim +50$（℃）；
- C——适用于 $-20 \sim +60$（℃）；
- D——适用于 $-5 \sim +60$（℃）。

3. 光缆特性

光缆的主要特性有几何参数、光学特性、传输特性、机械特性和环境特性。光缆的光学特性和传输特性主要由光缆中光纤决定，而光缆对机械特性和环境特性的要求由使用的性能指标决定。光缆的机械特性和环境特性决定光缆的使用寿命。这里重点简述光缆对机械特性和环境特性要求。

光缆的机械性能指标有拉伸、压扁、冲击、反复弯曲、扭转等受力状态，如表 2.4 所示。光缆出厂前要对机械性能指标按国标进行测试。光缆机械性能具体要求如下。

表 2.4　光缆机械性能指标

序 号	项 目	方 法	试验条件	测试状态
1	拉伸	GB 7425·2	试样有效长度为 12 m，以 10 mm/min 的拉伸速度，最大拉力至光缆标称张力，维持 1 min，然后逐渐解除拉伸	① 光纤不断裂；② 光纤损耗被监视；试验中光功计变化≤0.05 dB；试验解除后应无变化；③ 护层无可见裂纹；④ 有导电线的光缆，导电线应保持导通状态
2	压扁	GB 7425·3	试样取 5 个压点（间隔>0.5 m），每个压点的两个垂直径向各压一次，受压面积为 10 cm，最大压力至光缆标称侧压力	
3	冲击	GB 7425·4	试样取 5 个点（间隔>0.5 m）重垂落高为 1 m，冲击次数不少于 3 次	
4	反复弯曲	GB 7425·5	芯轴直径为 20 倍数缆径；张力（由产品指标定），有效长度为 1 m，由中央向左右弯曲 90°，弯曲速度为每秒钟 1 外循环，应不少于 10 个循环	
5	扭转	GB 7425·6	试样有效长度为 1 m，一端悬吊重物（重量由产品指标定，一般 100 g 左右），扭转角度为±100°，应不少于 10 个循环	

（1）抗拉伸性

光缆纵向所能承受的最大拉力取决于加强件的材料，一般要求在大于 1 km 的光缆的重量，多数光缆在 100～400 kg 范围。

（2）抗压扁性

光缆能够承受的最大侧压力取决于外护套的材料结构。多数光缆能够承受的最大侧压力在 100～400 kg/10 cm 范围内。

（3）抗冲击性

抗冲击性一般包括抗冲击、枪击和瞬间负荷增加。冲击和瞬间负荷增加是指光缆在极短时间内承受一定载荷的冲击后，光缆护套和缆内光纤损耗的变化情况。

抗枪击是指光缆在一定距离内承受铅弹射击的性能。架空光缆受猎枪射击的概率较高，为保证光纤的传输性能，要求光缆护层能为光纤提供足够的保护。

（4）抗弯曲性

抗弯曲性是指光缆的弯曲特性。当光缆在施工和使用中受外力作用产生弯曲时，缆内光纤的传输损耗要发生变化。一般光缆最小弯曲半径在 200～500 mm。

（5）扭转性

扭转性是指光缆能承受扭转角度±90°或±100°，不少于 10 个循环扭转或 10 个循环弯曲。要求扭转试验后检查光缆扭转处，应无任何破坏痕迹和永久变形。

研究光缆的环境特性主要包括光缆的温度特性、阻燃特性、护层完整性和阻水性。特别是光缆温度特性，重点关注在温度变化下的衰减、渗水、油膏滴流等问题。在我国一般要求光缆温度波动范围是低温地区 -4～+40℃，高温地区 -5～+60℃。

2.2 光纤传输原理分析

光远看是射线，近看是波或场。光纤的传输原理即光纤的导光原理。分析光纤传输的理论方法有两种，即射线理论方法和波动理论方法。在光纤的芯径远远大于工作波长，即 $2a \gg \lambda$ 时，用射线理论分析光纤导光原理是有效的，因此射线理论适用于多模光纤。而用波动理论对光纤导光原理分析时，没有附加条件，并且更严密、更精确，但计算复杂，一般没有解析结果。这里先用射线理论对光纤传输原理进行分析，并介绍一些重要的概念，然后再以波动理论进一步讨论光纤的传输原理。

2.2.1 射线理论分析光纤的传输原理

1. 基本光学定律

光独立传播定律认为，从不同光源发出的光线，以不同的方向通过介质某点时，各光线彼此互不影响，好像其他光线不存在似的。

光的直线传播和折射、反射定律认为，光在各向同性的均匀介质（折射率 n 不变）中，光线按直线传播。光在传播中遇到两种不同介质的光滑界面时，光发生反射和折射现象，如图 2-18 所示。光在均匀介质中直线传播的速度为：

$$V=c/n \tag{2.1}$$

式中，$c=3\times10^5$ km/s，是光在真空中的传播速度；n 是介质的折射率（空气的折射率为 1.002 7，近似为 1，玻璃的折射率为 1.45 左右）。

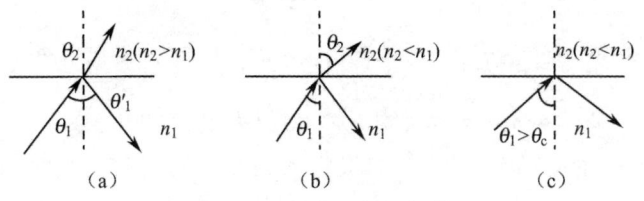

图 2-18 光的反射和折射

反射定律为反射线和入射线处于法线的两侧，且同一平面内，反射角等于入射角，即：

$$\theta_1=\theta'_1 \tag{2.2}$$

折射定律为折射线和入射线位于法线的两侧，且同一平面内，并满足：

$$n_1\sin\theta_1=n_2\sin\theta_2 \tag{2.3}$$

光在传播过程中，若从一种介质传播到另一种介质的交界面时，因两种介质的折射率不等，将会在交界面上发生反射和折射现象。一般将折射率较大的介质称为光密介质，折射率较小的称为光疏介质。在图 2-18（a）中，$n_2>n_1$，光线以 θ_1 入射角由光疏介质向光密介质入射时，将会发生折射并且入射角 θ_1 大于折射角 θ_2；当光线从光密介质向光疏介质入射时 [见图 2-18（b）]，入射角 θ_1 小于折射角 θ_2，当 $\theta_2=90°$ 时，则入射角 $\theta_1=\theta_c$（临界角），根据折射定律得出：$\theta_c=\arcsin(n_2/n_1)$，只要入射角 $\theta_1>\theta_c$，就会产生全反射，如图 2-18（c）所示。无论是反射还是折射，它们都遵循反射定律和折射定律。

2. 光纤中光的传播

当子午线（始终在一个包含光纤轴线的子午面内传播，并且一个传播周期与中心轴相交两次的光线称为子午线）在阶跃光纤中传播时，由于光纤中纤芯折射率 n_1 大于包层折射率 n_2（$n_1>n_2$,），所以在纤芯与包层界面存在着临界角 θ_c，如图 2-19 所示。当光线①以 ϕ_1 角从空气（$n_0=1$）入射到光纤端面时，将有一部分光进入光纤，此时 $n_0\sin\phi_1=n_1\sin\theta_z$。由于纤芯折射率 $n_1>n_0$ 空气，则 $\theta_z<\phi_1$，光线继续传播以 $\theta_z=(90°-\theta_1)$ 角射到纤芯和包层的界面处。若 $\theta_1<$ 临界角 $\theta_c=\arcsin(n_2/n_1)$，则入射光一部分反射，一部分通过界面进入包层，经过多次反射后，光很快被溢出而损耗掉。如果 ϕ_1 减小到 ϕ_0，如光线②，则 θ_z 也减小到 θ_{z0}，即 $\theta_{z0}=(90°-\theta_c)$，而 θ_1 增大。若 θ_1 增大到略大于临界角 θ_c 时，则此光线将会在纤芯和包层界面发生全反射，能量全部反射回纤芯。当它继续传播再次遇到芯包界面时，再次发生全反射，如此反复，光线就能从一端沿着折线传到另一端。

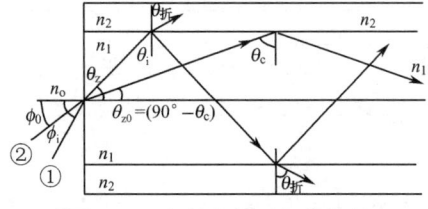

图 2-19 光纤中的子午线传播

下面分析一下 ϕ_0 要小到多少时，才能将光线由光纤的一端传到另一端。假设 $\phi=\phi_0$ 时，$\theta_z=\theta_{z0}$，$\theta_i=\theta_c$，则有：

$$n_0\sin\phi_0 = n_1\sin\theta_{z0} = n_1\sin(90°-\theta_c) = n_1\cos\theta_c$$

$$n_1\cos\theta_c = n_1\sqrt{1-\sin^2\theta_c} = n_1\sqrt{1-\left(\frac{n_2}{n_1}\right)^2} = n_1\sqrt{2\Delta} = \sqrt{n_1^2 - n_2^2} \tag{2.4}$$

式中，$\Delta = (n_1^2 - n_2^2)/2n_1^2 \approx (n_1 - n_2)/n_1$ 定义为光纤的相对折射率差。

由式（2.4）可推出 ϕ_0 为纤芯端面的最大入射角，可定义光纤数值孔径（Numerical Aperture，NA）为

$$\text{NA} = n_0\sin\phi_0 = n_1\sqrt{2\Delta} = \sqrt{n_1^2 - n_2^2} \tag{2.5}$$

NA 表征了光纤收集光的能力。由式（2.5）可见，n_1、n_2 相差越大，即 Δ 越大，光纤的数值孔径越大，光纤接收光的能力越强。TIU-T 建议光纤的 NA 为 0.18～0.23。

【例 2-1】 设某光纤纤芯折射率 n_1=1.5，光纤相对折射率差 Δ=0.01，试求该光纤的数值孔径和最大入射角。

解：由数值孔径的定义有：

$$\text{NA} = n_0\sin\phi_0 = n_1\sqrt{2\Delta} = 1.5\sqrt{2\times 0.01} \approx 0.21$$

从而可求得最大入射角近似为：

$$\phi_0 = \arcsin(\text{NA}) \approx 12.2°$$

当子午线在渐变型光纤中传波时，传播轨迹是自聚焦的。渐变型光纤纤芯的折射率 $n(r)$ 随光纤半径 r 的增加而逐渐减小，因此可将纤芯分成若干层折射率，直到等于包层的折射率，而每一层的厚度很薄，趋于 0，折射率在每一层中近似为常数，邻层的折射率有一阶跃差，但相差很小。在图 2-20 中，给出了渐变型光纤中的一个子午面及分层示意，各层之间的折射率满足以下关系：$n(r_0)>n(r_1)>n(r_2)>n(r_3)>\cdots>n(r)$。若一光射线在光纤端面 r_0 处，以 ϕ_0 角入射，射线到各层折射率分布光纤中，以传播入射角 θ_1 射到 1、2 层的分界面时，由于光线是从光密介质射向光疏介质，其折射角 θ_1' 将比 θ_1 大；由图 2-20 可知，此光线又以 $\theta_2=\theta_1'$ 为新的入射角在 2、3 层界面发生折射；依此类推，随着 $n(r)$ 的减小，其入射角将会逐渐增大，即有：$\theta_1<\theta_2<\theta_3<\theta_4<\theta_5\cdots$，直到某一界面处入射角大于临界角时，光线在此处发生全反射。由于中心轴下方的折射率分布和上方完全一样，随后又产生全反射，折回中心轴，继而又重新以 θ_1 角入射到 1、2 层界面，周而复始，这样光线就能从一端传输到另一端了。

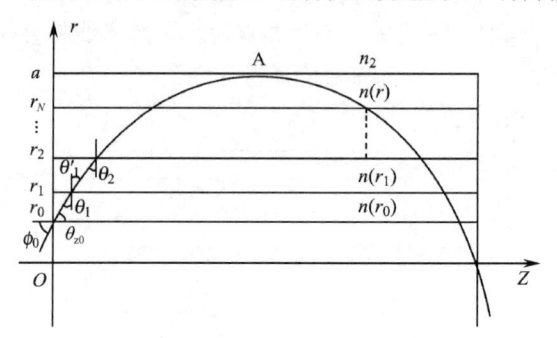

图 2-20 渐变型光纤中的子午面及分层示意

下面再分析一下被分成 N 层的渐变型光纤的导光条件，即入射光线必须在 N 层前的界

面上发生全反射，或最迟也必须在 N 层与包层界面上发生全反射。因此，若在光纤端面选择 ϕ_0 角入射，致使保证随着 r 增大纤芯内各层的入射角 θ_i 逐渐增大，并一定能使第 N 层与包层界的入射角之间满足 $\theta_N \geq \theta_c$。

根据光线的折射和全反射定律，有：

$$n(r_0)\sin\theta_1 = n(r_1)\sin\theta_2 = n(r_2)\sin\theta_3 = \cdots = n(r)\sin\theta \tag{2.6}$$

同理得出：

$$n(r_0)\sin(90°-\theta_{z0}) = n(r_1)\sin(90°-\theta_{z1}) = n(r_2)\sin(90°-\theta_{z2}) = \cdots = n(r)\sin(90°-\theta_z)$$

从上式可得：

$$n(r_0)\cos\theta_{z0} = n(r_1)\cos\theta_{z1} = \cdots = n(r)\cos\theta_z$$

射线上任一点符合下列关系：

$$n(r_0)\cos\theta_{z0} = n(r)\cos\theta_z$$

在转折点 A 处，射线与光纤轴平行，则有

$$\cos\theta_z = 1, \quad n(r) = n_2$$

式中，n_2 为包层的折射率。从而有

$$n(r_0)\cos\theta_{z0} = n_2, \quad \cos\theta_{z0} = n_2/n(r_0)$$

设 θ_{z0} 所对应的 ϕ_0 为最大入射角，又由于：

$$n_0 \sin\phi_0 = n(r_0)\sin\theta_{z0} = n(r_0)\sqrt{1-\cos^2\theta_{z0}} = n(r_0)\sqrt{1-\frac{n_2^2}{n^2(r_0)}}$$

从而求出光纤的本地数值孔径为

$$\mathrm{NA}(r_0) = n_0 \sin\phi_0 = n(r_0)\sqrt{1-\frac{n_2^2}{n^2(r_0)}} = \sqrt{n^2(r_0) - n_2^2} \tag{2.7}$$

在渐变折射率光纤中，相对折射率指数差定义为：

$$\Delta = \frac{n^2(0) - n_2^2}{2n^2(0)} \tag{2.8}$$

式中，$n(0)$、n_2 分别是 $r=0$ 处和纤芯与包层界面上的折射率。

由此可见，要使光线全部限制在光纤纤芯中，ϕ_0 角必须满足式（2.7）的关系，即 ϕ_0 角的大小只与入射点的折射率和包层折射率有关，而与中间各层的折射率无关；在光纤的轴线上，折射率最大，数值孔径也最大。

如果 N 趋于无穷大，每层的厚度趋于零，相邻层之间的折射率趋于连续变化，此时图 2-20 的传播轨迹应是一条斜率连续变化的曲线。

综上所述，光纤之所以能够导光，就是利用纤芯折射率略高于包层折射率的特点，使落在数值孔径角 ϕ_0 内的光线都能收集到光纤中，并都能在纤芯包层界面处以内形成全反射，从而将光限制在光纤中传播，这就是光纤的导光原理。

2.2.2　波动理论分析光纤的传输原理

波动理论的基础是波动方程，波动方程由麦克斯韦方程组作电磁分离而得到。

波动理论对光在光纤中传输作出详细情况的分析，根据求解麦克斯韦方程的不同，又

可分为严格矢量分析法和近似的标量分析法,本节只介绍阶跃光纤的标量分析法。

如果光波做简谐振荡,由波动方程可以推出阶跃光纤的矢量亥姆霍兹方程:

$$\nabla^2 \boldsymbol{E} + k_0^2 n^2 \boldsymbol{E} = 0 \qquad (2.9\text{-a})$$

$$\nabla^2 \boldsymbol{H} + k_0^2 n^2 \boldsymbol{H} = 0 \qquad (2.9\text{-b})$$

式中,$\boldsymbol{E}$ 是矢量电场强度;$\boldsymbol{H}$ 是矢量磁场强度;$k_0 = 2\pi/\lambda$ 是真空中波数;λ 是真空中的光波长;n 是介质的折射率。矢量亥姆霍兹方程在任何正交坐标系中都是适用的,在分析时可将矢量方程简化为直角坐标系中任一分量标量亥姆霍兹方程。下面先从横向电场 E_y、H_y 分量的标量亥姆霍兹方程入手,再通过场的横向(非传输方向)分量与纵向分量的关系,求出其他场分量。

1. 标量解法

当光纤的包层和纤芯折射率差别极小时,该光纤就称为弱导光纤。由于实用光纤属于弱导光纤,因此光纤中传输的波非常接近 TEM 波,其 E_z 和 H_z 非常小,因此可先求横向场分量,再求纵向场分量 E_z 和 H_z(实际光纤中除传输 TEM 波外,还传输 TM、TE 波,故存在 E_z、H_z 分量)。同时定义阶跃光纤的圆柱坐标系如图 2-21 所示。

若在弱导光纤中横向电场偏振方向与 y 轴一致,且在传输过程中保持不变,可用一个标量来描述,则横向电场满足标量亥姆霍兹方程:

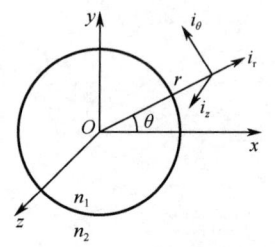

图 2-21 光纤的坐标系

$$\nabla^2 E_y + k_0^2 n^2 E_y = 0 \qquad (2.10\text{-a})$$

式中,E_y 为电场在直角坐标系 y 轴的分量。选用圆柱坐标系 (r, θ, z) 使 z 轴与光纤轴线一致。将式(2.10-a)在圆柱坐标系中展开,得到横向电场 E_y 的亥姆霍兹方程为:

$$\frac{\partial^2 E_y}{\partial r^2} + \frac{1}{r}\frac{\partial E_y}{\partial r} + \frac{1}{r^2}\frac{\partial^2 E_y}{\partial \theta^2} + \frac{\partial^2 E_y}{\partial z^2} + k_0^2 n^2 E_y = 0 \qquad (2.10\text{-b})$$

可以利用变量分离法求解 E_y。

(1)将 E_y 写成三个变量乘积形式,即设试探函数为:

$$E_y = AR(r)\Theta(\theta)Z(z) \qquad (2.11\text{-a})$$

式中,$R(r)$、$\Theta(\theta)$、$Z(z)$ 分别是 r、θ、z 的函数,且分别表示 E_y 随三个坐标参数变化的情况;A 是常数。常规解法应将 E_y 函数形式代入式(2.10-b)中,设法求出 $R(r)$、$\Theta(\theta)$、$Z(z)$ 的解,从而得到 E_y 的解。但这种求法比较复杂,现只根据物理概念,可直接写出 $\Theta(\theta)$ 和 $Z(z)$ 的形式,再通过方程求解 $R(r)$。

(2)根据物理概念,写出 $\Theta(\theta)$ 和 $Z(z)$ 的形式。$Z(z)$ 表示导波沿光纤轴 z 向的变化规律,因导波是沿 z 向传播的,它沿该方向呈行波状态。用 β 表示其轴向相位常数,则:

$$Z(z) = A\mathrm{e}^{-\mathrm{j}\beta z} \qquad (2.11\text{-b})$$

$\Theta(\theta)$ 表明 E_y 沿圆周方向的变化规律,它沿 θ 方向是以 2π 为周期的简谐函数(正弦或余弦函数),因而可写成:

$$\Theta(\theta) = \begin{cases} \cos m\theta \\ \sin m\theta \end{cases} \qquad (2.11\text{-c})$$

当 θ 变化 2π 时,场又重复原来的数值,$m=0, 1, 2, 3, \cdots$。为了在边界上匹配,纤芯和包层中的 $\Theta(\theta)$ 函数应按同样规律变化。

(3) 求出 $R(r)$ 的形式,$R(r)$ 描述导波沿 r 方向的变化规律。将式(2.11)代入式(2.10-b),并考虑纤芯和包层中的折射率为 n_1 和 n_2,a 为纤芯半径,则得:

$$r^2 \frac{d^2 R(r)}{dr^2} + r \frac{dR(r)}{dr} + [(k_0^2 n_1^2 - \beta^2)r^2 - m^2]R(r) = 0 \qquad r \leqslant a \qquad (2.12\text{-a})$$

$$r^2 \frac{d^2 R(r)}{dr^2} + r \frac{dR(r)}{dr} + [(k_0^2 n_2^2 - \beta^2)r^2 - m^2]R(r) = 0 \qquad r \geqslant a \qquad (2.12\text{-b})$$

式(2.12)是有 $R(r)$ 的二阶常微分方程。方程中 $(n^2 k_0^2 - \beta^2)$ 是常数,解此方程即为 $R(r)$。

由于纤芯折射率 n_1 大于包层的折射率 n_2($n_1 > n_2$),使得纤芯与包层中的场有一定差别,且导波相位常数 β 也有变化,即对于导波的 β 为 $k_0 n_2 < \beta < k_0 n_1$,在纤芯中为 $k_0^2 n_1^2 - \beta^2 > 0$,在包层中 $k_0^2 n_2^2 - \beta^2 < 0$。因此方程有不同形式的解。取什么解要根据物理意义来确定。导波在光纤纤芯中应是振荡解,故取第一类贝塞尔函数;在包层中应是衰减解,故取第二类修正的贝塞尔函数,于是 $R(r)$ 的解可写为:

$$R(r) = J_m[(k_0^2 n_1^2 - \beta^2)^{1/2} r] \qquad r \leqslant a \qquad (2.13\text{-a})$$

$$R(r) = K_m[(\beta^2 - k_0^2 n_2^2)^{1/2} r] \qquad r \geqslant a \qquad (2.13\text{-b})$$

式中,J_m 为 m 阶第一类贝塞尔函数;K_m 为 m 阶第二类修正的贝塞尔函数。这两种函数的曲线如图 2-22 所示。

(a) 第一类贝塞尔函数曲线

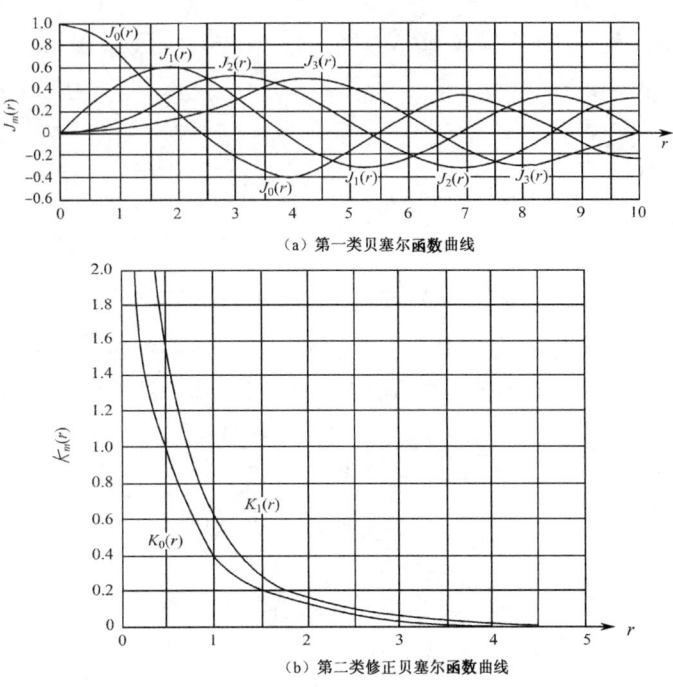

(b) 第二类修正贝塞尔函数曲线

图 2-22 贝塞尔函数和修正的贝塞尔函数曲线

为了使分析具有一般性,先引入几个重要的无量纲参数。

在纤芯和包层中,令:

$$U = (k_0^2 n_1^2 - \beta^2)^{1/2} a \qquad (2.14\text{-a})$$

$$W = (\beta^2 - k_0^2 n_2^2)^{1/2} a \tag{2.14-b}$$

式中，U 是导波径向归一化相位常数，表明在纤芯中导波沿径向场的分布规律；W 是导波径向归一化衰减常数，表明在包层中导波沿径向场的衰减规律。

由 U 和 W 可引出光纤的另一个参数，如令：

$$V = (U^2 + W^2)^{1/2} = (n_1^2 - n_2^2)^{1/2} k_0 a = \sqrt{2\Delta} n_1 k_0 a \tag{2.15}$$

亦即：
$$V = \sqrt{2\Delta} n_1 k_0 a = \frac{2\pi n_1 a \sqrt{2\Delta}}{\lambda_0}$$

由式（2.15）可知，V 是与光纤的结构参数（a, Δ, n_1）及工作波长（包含在 $k_0 = 2\pi/\lambda_0$ 中）相关的无量纲重要参数，V 叫作归一化频率。光纤的很多特性都与 V 有关。

（4）横向电场 E_y 的标量解。将 $R(r), \Theta(\theta), Z(z)$ 代入式（2.11-a），并考虑到式（2.14）的关系，式（2.11-a）变成：

$$E_{y1} = \mathrm{e}^{-\mathrm{j}\beta z} \cos m\theta \, A_1 J_m(Ur/a) \qquad r \leq a \tag{2.16-a}$$

$$E_{y2} = \mathrm{e}^{-\mathrm{j}\beta z} \cos m\theta \, A_2 K_m(Wr/a) \qquad r \geq a \tag{2.16-b}$$

式中 $\Theta(\theta)$ 取了余弦函数。

利用光纤的边界条件可确定式中的常数。首先根据边界条件找出 A_1、A_2 之间的关系。在 $r=a$ 处，因 $E_{y1} = E_{y2}$，可得 $A_1 J_m(U) = A_2 K_m(W) = A$，将此式代入式（2.16）中，得：

$$E_{y1} = A\mathrm{e}^{-\mathrm{j}\beta z} \cos m\theta \, J_m(Ur/a)/J_m(U) \qquad r \leq a \tag{2.17-a}$$

$$E_{y2} = A\mathrm{e}^{-\mathrm{j}\beta z} \cos m\theta \, K_m(Wr/a)/K_m(W) \qquad r \geq a \tag{2.17-b}$$

根据平面电磁波 TEM 的性质，$Z_0 = \sqrt{\mu_0/\varepsilon}$，$Z = Z_0/n = -E_y/H_x$。光纤中的电磁波近似为 TEM 波，于是 H_x 的表示式为：

$$H_{x1} = -\frac{n_1}{Z_0} E_{y1} = -\frac{E_{Y1}}{Z_1} \qquad r \leq a \tag{2.18-a}$$

$$H_{x2} = -\frac{n_2}{Z_0} E_{y2} = -\frac{E_{Y2}}{Z_2} \qquad r \geq a \tag{2.18-b}$$

式中，Z_0、$Z_1 = Z_0/n_1$、$Z_2 = Z_0/n_2$ 分别是自由空间波阻抗、纤芯和包层波阻抗。

由麦克斯韦方程组，可求出纵向场 E_z、H_z 与横向场 E_y、H_x 之间的关系：

$$E_z = \left(\frac{\mathrm{j}}{\omega\varepsilon}\right)\frac{\mathrm{d}H_x}{\mathrm{d}y} = \frac{\mathrm{j}Z_0}{k_0 n^2}\frac{\mathrm{d}H_x}{\mathrm{d}y} \tag{2.19-a}$$

$$H_z = \left(\frac{\mathrm{j}}{\omega\mu_0}\right)\frac{\mathrm{d}E_y}{\mathrm{d}x} = \frac{\mathrm{j}}{Z_0 k_0}\frac{\mathrm{d}E_y}{\mathrm{d}x} \tag{2.19-b}$$

将 E_y、H_x 代入式（2.19），即可求出 E_z、H_z。有了电磁场的纵向分量 E_z、H_z，可以通过麦克斯韦方程组导出电磁场横向分量 E_r、H_r 和 E_θ、H_θ 的表达式。具体的方程组较复杂，这里不再给出，请参阅相关文献。

2．标量解的特征方程

要确定光纤中导波的特性，一是需要确定参数 U、W 和 β 之间的关系，式（2-14）已给出；二是需要找出 U、W 的另一个关系式，就是特征方程。

特征方程是先用前面推出的横向场 E_y、H_x 表达式,再用边界条件求出。在 $r=a$ 处,$E_{z1}=E_{z2}$,对于弱导光纤,$n_1 \approx n_2$,可忽略 n_1 和 n_2 之间的微小差别,则可得

$$\begin{cases} U\dfrac{J_{m+1}(U)}{J_m(U)} = W\dfrac{K_{m+1}(W)}{K_m(W)} & (2.20\text{-a}) \\ U\dfrac{J_{m-1}(U)}{J_m(U)} = -W\dfrac{K_{m-1}(W)}{K_m(W)} & (2.20\text{-b}) \end{cases}$$

根据贝塞尔函数的递推公式可以证明,式(2.20)中的两式是相等的,因而可选其一求解。由于式(2.20)是超越方程,须用数值法求解,很复杂,故下面只讨论它在截止和远离截止两种情况下的解。

3. 光纤的标量模 LP_{mn} 及其特性

LP_{mn} 模是指弱导光纤中传播的模式近似为 TEM 的波,它具有横向场 (x, y) 极化方向不变(线极化)的特点,可认为它是线性偏振模,用 LP_{mn} 来表示,下标 m、n 的值表明各模式的场型特征。不同的模式,有不同的场结构(图案),但如果它们具有相同的传输常数 $\beta=k_z$ 值,则认为这些模式是简并的。LP_{mn} 由 $HE_{m+1, n}$ 和 $EH_{m-1, n}$ 模线性叠加而成,例如 LP_{0n} 模由 HE_{1n} 模得到;LP_{1n} 模由 HE_{2n},TM_{0n} 和 TE_{0n} 模线性组合而得;LP_{2n} 模由 HE_{3n} 模和 EH_{1n} 模线性组合获得,依此类推。

(1)LP_{mn} 模的截止条件 V_c

当 LP_{mn} 中某一模式出现了辐射即该模式已不能沿光纤有效传输,则定义该模式截止或导波截止。在光纤中,以径向归一化衰减常数 W 来衡量某一模式是否截止。对于导波远离截止即传播模,场在纤芯外包层的衰减很大,电磁能量就集中在纤芯中,此时,$W>0$ 或 $W \to \infty$;当场在包层中不衰减,这表明该模式穿出包层变成了辐射模,此时传播模被截止,即在包层中的衰减常数 $W=0$,表示导波截止,将"W"记作"W_c"(即 $W_c=0$)。

当 $W_c=0$ 时,截止条件下 LP_{mn} 模的 U_c 和 V_c,可得下列关系:

$$V_c^2 = U_c^2 + W_c^2 = U_c^2 \quad \text{或} \quad V_c = U_c \quad (2.21)$$

如果求出 U_c,即可决定 V_c,称此时的 V_c 为归一化截止频率。

由 $W_c=0$ 代入式(2.20-b),可得到截止条件下的特征方程为:

$$U_c J_{m-1}(U_c)/J_m(U_c) = -W_c K_{m-1}(W_c)/K_m(W_c) = 0 \quad (2.22)$$

当 $U_c \neq 0$ 时,则必须得:

$$J_{m-1}(U_c = \mu_{mn}) = 0$$

在 LP_{mn} 模的归一化截止频率 $V_{cmn}=U_{cmn}=\mu_{mn}$ 时,若 $m=0$,从 LP_{0n} 模的特征方程:$J_{-1}(U_c)=J_1(U_c)=0$,可解出:$n=1,2,3,\cdots$ 的 $V_{c0n}=U_{c0n}=\mu_{0n}=0, 3.831\ 71, 7.015\ 59, 10.173\ 47,\cdots$,见图 2-23。如 LP_{01} 模的 $U_c=0$,$V_c=0$,意味着该模式无截止波长、无截止情况。此模称为基模。第二个归一化截止频率较低的模式是 LP_{11} 模,称为二阶模,其 $V_c=U_c=2.404\ 8$。其他模式的 $V_c=U_c$ 值更大,基模以外的模式统称为高次模。表 2.5 列出了部分较低阶 LP_{mn} 模截止时的 U_c 值。

表 2.5 截止情况下的 LP_{mn} 模的 $V_c=U_c$ 值

n \ m	0	1	2
1	0	2.404 8	3.831 7
2	3.831 7	5.520 1	7.015 6
3	7.015 6	8.653 7	10.173 5

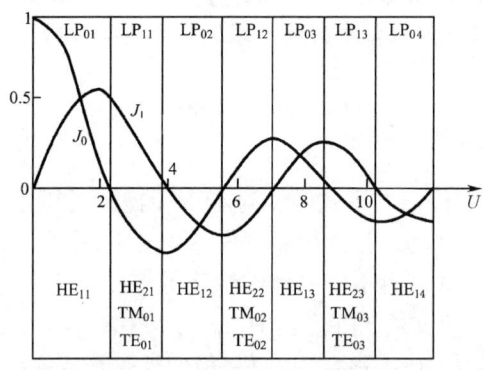

图 2-23 $m=0,1$ 模式的 U 值变化范围

对某一光纤，每个模式都对应有一个归一化截止频率 V_c，通过 V_c 可分析判断光纤允许哪些模式在其中传输，若 $V>V_c$ 时，此模式可传输；若 $V<V_c$ 时，此模式就截止。同理，对某一光纤，每个模式都对应有一个截止波长 λ_c，当工作波长 $\lambda<\lambda_c$ 时，该模式可以传输；当 $\lambda>\lambda_c$ 时，该模式就截止了。由归一化截止频率 V_c，可求出该模式的截止波长 λ_c：

$$V_c=2\pi n_1(2\Delta)^{1/2}a/\lambda_c \tag{2.23}$$

$$\lambda_c=2\pi n_1(2\Delta)^{1/2}a/V_c \tag{2.24}$$

注意，在阶跃光纤中，对某一模式而言，无论光纤中什么参数发生变化，它的 V_c 是不变的，但该模式的 λ_c 却会因光纤不同而不同。

通常把只能传输一种模式的光纤称为单模光纤，单模光纤只传输一种模式即基模 LP_{01} 或 HE_{11}。LP_{01} 模的 V_c 为零是最小值，其 λ_c 为无穷是最大值；LP_{11} 模的 V_c 为次最小值，其 λ_c 为次最大值。要保证单模传输，需要二阶模截止，即让光纤的 V 小于二阶模 LP_{11} 的归一化截止频率 V_c，从而可得：

$$0(LP_{01})<V<V_c(LP_{11})=2.404\ 8$$

这一重要关系称为"单模传输条件"。

以上用波动理论分析光纤的导光原理针对的是阶跃光纤，有关渐变光纤的波动理论解法，由于渐变光纤的折射率随 r 而变，用波动理论求解变得很困难。迄今为止，只对平方律折射率分布光纤才有标量近似解。在此不叙述。

（2）LP_{mn} 模的传导条件

根据电磁场理论，当 LP_{mn} 模的归一化频率 V 大于 LP_{mn} 模所对应归一化截止频率 V_c 时，LP_{mn} 模可以传导，即 LP_{mn} 模的传导条件是 $V>V_c$。

光纤中 U 和 W 值与 V 值有关，即光纤中的场也随 V 值而变。当 V 值很大时，在极限情况，$V\to\infty$ 时，因 $V=2\pi n_1(2\Delta)^{1/2}a/\lambda_0$，有 $a/\lambda_0\to\infty$。此时光波相当于在折射率为 n_1 的无

限大空间（$a \to \infty$）中传播，其相位常数 $\beta \to k_0 n_1$，于是有：

$$W = (\beta^2 - k_0^2 n_2^2)^{1/2} a = k_0 (n_1^2 - n_0^2)^{1/2} a = \frac{2\pi (n_1^2 - n_0^2)^{1/2} a}{\lambda_0} \to \infty$$

因此，当 $V \to \infty$ 时可推出 $W \to \infty$，从参数的物理意义可看出场完全集中在纤芯中，包层中场为零，对应的衰减常数 $W \to \infty$。

对应一对确定的 m, n 值，就有一确定的 U 值，从而就有确定的 W 及 β 值。随之就对应着一确定的场分布和传输特性。这个独立的场分布称为光纤中的一个模式，即为标量模（LP_{mn}）。如 $m=0$，$n=1$，对应模式为 LP_{01}；如 $m=0$，$n=2$，为 LP_{02} 模，如图 2-24 所示。余者依次类推。m 代表贝塞尔函数的阶数，可取值 0，1，2，3，…；n 代表根的序号，可取值 1，2，3，…。

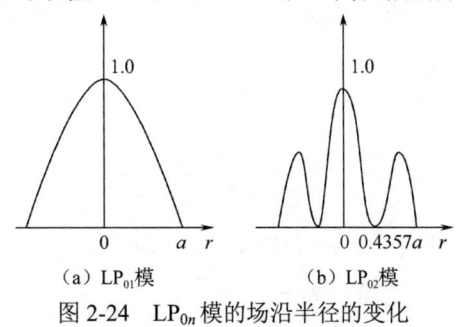

（a）LP_{01} 模　　（b）LP_{02} 模

图 2-24　LP_{0n} 模的场沿半径的变化

2.3　光纤的结构参数

光纤的结构参数主要有光纤的几何参数、数值孔径、模场直径和截止波长等。这些参数与光纤横截面径向 r 有关，与光纤的长度及传输状态无关。

2.3.1　几何参数

光纤的几何参数与工程应用有紧密的联系，为了使光缆线路实现光纤的低损耗连接，光纤制造厂商按照 ITU-T 及 IEC（国际电工委员会）的建议，对光纤的几何参数进行了严格的控制和筛选。

多模光纤的几何参数包括：纤芯直径、包层直径、纤芯不圆度、包层不圆度、纤芯与包层的同心度等；单模光纤的几何参数为包层直径、包层不圆度、纤芯与包层的同心度误差（模场与包层的同心度误差）等。

1）纤芯直径与包层直径

纤芯直径，主要是对多模光纤的要求。ITU-T 规定多模光纤的纤芯直径为 (50 ± 3) μm。

包层直径是指裸纤的直径。无论多模光纤、单模光纤，ITU-T 规定通信用光纤的包层直径均为 (125 ± 3) μm。

2）纤芯/包层同心度和不圆度

同心度是指纤芯中心和包层中心之间距离与芯径（$2a$）之比。

不圆度包括芯径的不圆度和包层的不圆度，用下式表示：

$$N_c = (D_{max} - D_{min})/D_{co} \tag{2.25}$$

式中，D_{max} 和 D_{min} 分别是纤芯（包层）的最大直径和最小直径；D_{co} 是纤芯（包层）的标准直径。光纤的不圆度严重时将影响连接时的对准效果，增大接头损耗。因此，ITU-T 规定：光纤同心度误差小于 6%，单模光纤的模场中心和包层中心之间距离误差在 1 310 nm 波长不大于 1 μm，纤芯不圆度小于 6%；包层不圆度（包括单模）小于 2%。

2.3.2 数值孔径

数值孔径是多模光纤的重要参数之一，它表征了多模光纤接收光的能力，同时对光源耦合效率、光纤微弯损耗的敏感性和带宽有着密切的关系，数值孔径大，容易耦合，微弯敏感小，带宽较窄。对单模光纤，ITU-T 没有把数值孔径作为正式参数。阶跃型光纤的数值孔径的定义为：

$$NA = \sqrt{n_1^2 - n_2^2} \tag{2.26}$$

式中，n_1 为阶跃光纤纤芯的折射率；n_2 为包层的折射率。而渐变型光纤的本地数值孔径为：

$$NA = \sqrt{n^2(r) - n_2^2} \tag{2.27}$$

2.3.3 模场直径

模场直径是单模光纤特有的一个参数。模场是指光纤的纤芯区域中基模 LP_{01} 模的电场强度随光纤横截面径向 r 变化的分布，如图 2-25 所示。模场直径用来描述基模 LP_{01} 近场光斑的分布大小，设 LP_{01} 模的电场强度分布为 $E(r) = E_0 \exp(-r^2/W_0^2)$，取其最大值的 E_0/e 处所对应光纤 LP_{01} 模横截面径向 r 上两点之间的宽度为模场直径，用 $2W_0$ 表示。模场直径估算为：$2W_0 = 2\lambda / \pi n_1 \sqrt{\Delta}$。

如 $\lambda = 1.31$ μm，$n_1 = 1.5$，$\Delta = 0.36\%$，

$2W_0 = 2\lambda / (\pi n_1 \sqrt{\Delta}) = 2 \times 1.31 / (3.14 \times 1.5 \times \sqrt{0.36\%}) = 9.27$ μm。

单模光纤之所以用模场直径的概念，而不用纤芯的几何尺寸作为特征参数，是因为单模光纤中的场并不是完全集中在纤芯中，而是有相当部分的能量在包层中。模场直径是描述单模光纤中光能量集中的程度的。从工程角度而言，模场直径失配的光纤连接损耗较大。ITU-T 规定模场直径为 $(9 \sim 10) \pm 1$ μm。

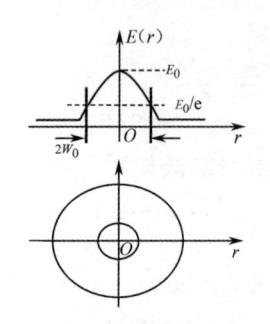

图 2-25 基模近场功率分布图

2.3.4 截止波长

单模光纤的截止波长是指光纤二阶模 LP_{11} 截止时的波长。只有当工作波长 λ 大于单模光纤截止波长 λ_{ct} 时，才能保证光纤工作在单模传输状态。阶跃光纤的理论截止波长 λ_{ct} 为

$$\lambda_{ct} = \frac{2\pi}{V_c} n_1 a \sqrt{2\Delta} \tag{2.28}$$

式中，V_c 为 LP_{11} 模的归一化截止频率，对于阶跃光纤 $V_c=2.405$，n_1 为纤芯的折射率；a 为光纤半径；Δ 为相对折射率差。

【例 2-2】 已知某阶跃光纤参数的 $\Delta=0.003$，$n_1=1.46$，光波工作波长 $\lambda=1.31~\mu m$，求单模传输时光纤应具有的纤芯半径 a。

解：单模传输条件为：$V<2.405$ 或 $\lambda>\lambda_{ct}=\dfrac{2\pi}{V_c}n_1a\sqrt{2\Delta}=\dfrac{2\pi}{2.405}n_1a\sqrt{2\Delta}$

可得

$$a<\dfrac{2.405\lambda}{2\pi n_1\sqrt{2\Delta}}=\dfrac{2.405\times1.31~\mu m}{2\pi\times1.46\sqrt{2\times0.003}}=4.44~\mu m$$

$$\lambda_{cc}=0.8\lambda_{ct}+0.19~(\mu m) \tag{2.29}$$

单模光纤截止波长是单模光纤特有的基本参量，理论和实践证明，光纤截止波长与光纤的长度和弯曲状态有关。判断一根光纤是否单模传输，只要比较工作波长 λ 与截止波长 λ_{ct} 大小关系，如果 $\lambda>\lambda_{ct}$，则为单模传输，该光纤只能传输 LP_{01} 模；如果 $\lambda>\lambda_{ct}$，则不是单模传输，除传输 LP_{01} 模外，还有其他高阶模。

在实际应用中，有 4 种截止波长：理论截止波长（λ_{ct}）、2 m 光纤截止波长（λ_c）、22 m 成缆光纤截止波长（λ_{cc}）、20 m 跳线光缆光纤的截止波长（λ_{cj}）。目前常用的截止波长为理论截止波长 λ_{ct}。

2.4 光纤的传输特性

光信号经过一定距离的光纤传输后会产生衰减和畸变，使输入的光信号脉冲和输出的光信号脉冲不同，其表现为光脉冲的幅度会衰减和脉冲波形会被展宽。产生该现象的原因是光纤中存在损耗和色散。损耗和色散限制了光纤的传输距离和传输容量。本节主要介绍光纤中引起光信号能量衰减和畸变的各种特性，包括损耗、色散和非线性效应。

2.4.1 损耗特性

光纤对光信号在传输中产生的衰减作用称为光纤损耗，并随着距离增长光的强度随之减弱，其规律为：

$$P(z)=P(0)10^{-\alpha(\lambda)z/10} \tag{2.30}$$

式中，$P(0)$ 为输入光纤的光功率，即 $z=0$ 处的注入光功率；$P(z)$ 为传输距离 z 处的光功率；$\alpha(\lambda)$ 为波长 λ 处的光纤衰减系数。当 $z=L$ 时，光纤衰减系数为：

$$\alpha(\lambda)=\dfrac{10}{L}\lg\dfrac{P(0)}{P(L)}\quad(dB/km) \tag{2.31}$$

当工作波长为 λ 时，在光纤上两个相距 L（km）的总衰减 $A(\lambda)$，用公式表示为：

$$A(\lambda)=\alpha(\lambda)\times L\quad(dB) \tag{2.32}$$

造成光纤损耗的原因很多，如图 2-26 所示。光纤损耗的产生机理非常复杂，简要地说主要有吸收损耗、散射损耗和附加损耗，如表 2.6 所示。

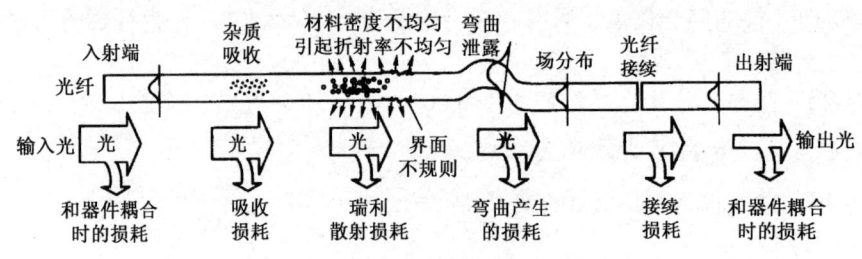

图 2-26 实用光纤传输线的各种损耗

表 2.6 光纤的传输损耗

光纤本身的传输损耗	吸收损耗	材料杂质吸收	过渡金属正离子吸收（Cu^{2+}，Fe^{2+}，Cr^{2+}，Co^{2+}，Ni^{2+}，Mn^{2+}，V^{2+}，Po^{2+}）在可见光与近红外波段吸收；OH^{-1}根负离子吸收（OH^{-1}的吸引峰在 0.95 μm，1.23 μm，1.37 μm）
		材料固有吸收（基本材料本征吸引）	紫外区吸引（电荷转移波段）
			近红外区吸引（分子振动波段）
	散射损耗	波导结构散射（制作不完善造成）	折射率分布不均匀引起的散射
			光纤芯径不均匀引起的散射
			纤芯与包层界面不平引起的散射
			晶体中气泡及杂物等引起的散射
		材料固有散射	瑞利散射 受激拉曼散射 } 光学非线性效应引起 受激布里渊散射
光纤使用时引起的传输附加损耗	接续损耗（包括活动接续和固定接续）		固有因素：芯径失配、折射率分布失配、数值孔径失配、同心度不良等
			外部因素：纤芯位置的横向偏差、纤芯位置的纵向偏差（活接头存在，熔接头没有）、光纤的轴向角偏差、光纤端面受污染
	弯曲损耗		在敷设和连接光缆时，光纤的弯曲半径小于允许弯曲半径所产生的损耗
	微弯曲损耗		光纤轴产生微米级弯曲引起的损耗

另外还有非线性损耗，它是在 DWDM 系统中，当光纤中传输的光强大到一定程度时就会产生受激拉曼散射、受激布里渊散射和四波混频等非线性现象，使输入光能量转移到新的频率分量上产生的散射损耗。

1. 吸收损耗

吸收损耗是光波通过光纤材料时，一部分光能被消耗（吸收）转换成其他形式的能量而形成的。吸收损耗主要包括：本征吸收、杂质吸收（OH 离子）和结构缺陷吸收。本征吸收分红外吸引和紫外吸收。红外吸收是指光通过 SiO_2 构成石英玻璃时分子共振引起的光能吸收现象。例如：SiO_2 的吸收峰分别为 9.1 μm、12.5 μm、21.3 μm。如在 9.1 μm 的吸收损耗高达 10^{10} dB/km。对掺锗的石英光纤系列，若不考虑掺锗浓度对损耗的影响，可以"dB/km"为单位用下面的经验公式估算红外吸收的损耗系数：

$$\alpha_{ir} = 7.81 \times 10^{11} \times e^{-48.28/\lambda}$$

其中 λ 是工作波长，单位为 μm，当 λ=1.55 μm 时，α_{ir}≈0.02 dB/km，其影响较小。但当 λ=1.70 μm 时，α_{ir}≈0.32 dB/km。可见红外吸收影响了工作波长向更长波长方向发展。

紫外吸收是光波照射激励电子跃迁至高能级时吸收的能量。这种吸收发生在紫外波长区，故通常称为紫外吸收。对掺锗的光纤，若$\Delta<0.4\%$，可以"dB/km"为单位用如下经验公式估算紫外吸收的损耗系数：

$$\alpha_{uv} = 1.47 \times 10^{-2} \times B \times e^{4.63/\lambda}$$

式中，B是掺锗的重量百分比，当$\lambda=1.31$ μm，$B=3.5\%$时，$\alpha_{uv}\approx 1.75\times 10^{-2}$ dB/km。但当$\lambda=0.60$ μm时，$\alpha_{uv}\approx 1.00$ dB/km。可见紫外吸收随λ减少和掺锗浓度增加而增加。

杂质吸收是玻璃材料中含有铁、铜等过渡金属离子和OH离子，在光波激励下由离子振动产生的电子阶跃吸收光能而产生的损耗。

2. 散射损耗

散射损耗是由于材料的不均匀使光散射将光能辐射出光纤外的损耗。光纤的散射损耗主要有瑞利散射、米氏散射、受激布里渊散射、受激拉曼散射、附加结构缺陷散射、弯曲散射和泄漏等。

光纤制造时，由于熔融态玻璃分子的热运动引起其内部结构的密度不均匀和折射率起伏故对光产生散射，比光波长小得多的粒子引起的散射称为瑞利散射；与光波同样大小的粒子引起的散射称为米氏散射。

引起光纤损耗的散射主要是瑞利散射，瑞利散射具有与短波长的$1/\lambda^4$成正比的性质，即：$\alpha_R=A/\lambda^4$。对掺锗的光纤而言，$A\approx 0.63$ dBμm^4/km。对于λ分别为0.85 μm、1.31 μm和1.55 μm时，则α_R约分别为1.3 dB/km、0.3 dB/km和0.1 dB/km。除瑞利散射损耗较大外，其他散射损耗只有瑞利散射损耗的百分之一。

3. 附加损耗

附加损耗属于来自外部的损耗或应用损耗，如在成缆、施工安装和使用运行中使光纤扭曲、侧压等造成光纤宏弯和微弯所形成的损耗等。微弯是在光纤成缆时随机性弯曲产生的，所引起的附加损耗一般很小，光纤宏弯曲损耗是最主要的。在光缆接续和施工过程中，不可避免地出现弯曲，它的损耗原理如图2-27所示。

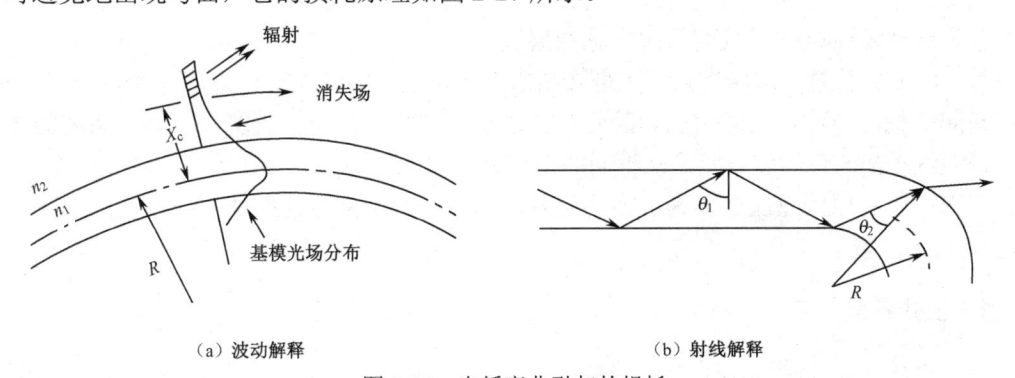

(a) 波动解释　　　　　　　　　　　(b) 射线解释

图2-27　光纤弯曲引起的损耗

以"dB/km"为单位，宏弯曲损耗系数α_T可近似表示为：

$$\alpha_T = C_1 e^{-C_2 R}$$

式中，C_1，C_2是与曲率半径R无关的常数。光纤宏弯曲程度越大，曲率半径越小，损耗越大。当弯曲程度不大时,其弯曲损耗可以忽略,但当弯曲半径 R 小到某一值时,宏弯曲损耗将不能忽略,此时的弯曲半径为临界弯曲半径 R_c,其估算公式为:

$$R_c \approx \frac{3n_1^2 \lambda}{4\pi(n_1^2 - n_2^2)^{3/2}}$$

可以看到,大的纤芯、包层折射率差,有小的临界弯曲半径。例如 n_1=1.5,Δ=0.2%,λ=1.55 μm,则 R_c=975 μm,显然该值是相当小的。在施工过程中严格规定了光缆的允许弯曲半径,一般要求光缆的弯曲半径为 15 倍光缆直径,把弯曲损耗降低到可忽略不计的程度。

随着光纤制造技术的提高,杂质吸收、结构不完善等产生的损耗已降到很小。因此,目前高质量的光纤,其损耗已达到或接近理论计算值。图 2-28 为光纤中光功率损耗系数随波长变化的频谱曲线。从图中可知 3 个低损耗窗口:0.85 μm、1.3 μm、1.55 μm,分别对应于光纤损耗约为 2 dB/km、0.5 dB/km、0.2 dB/km。

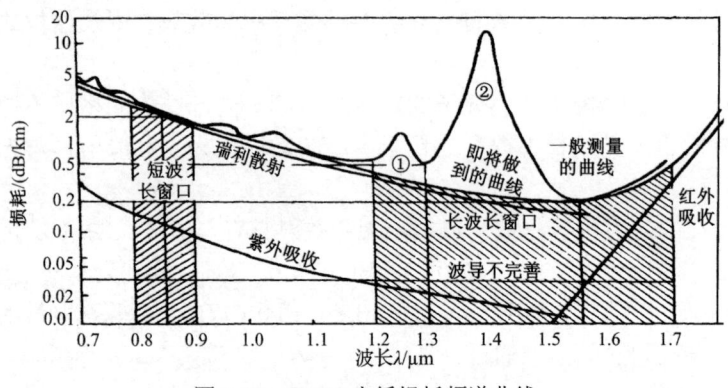

图 2-28 G.652 光纤损耗频谱曲线

2.4.2 色散特性

在物理学中,色散是指不同颜色的光经过透明介质后被分散开的现象。

在光纤中,信号的不同模式或不同频率在传输时具有不同的群速度,因而信号达到终端时会出现传输时延差,从而引起光脉冲展宽或信号畸变,这种现象统称为色散。对于数字信号,经光纤传播一段距离后,色散会引起光脉冲展宽,严重时,前后脉冲将互相重叠,形成码间干扰,导致误码率增加。因此,色散决定了光纤的传输带宽,限制了系统的传输速率或中继距离。色散和带宽是从不同的角度来描述光纤的同一特性的。

根据产生的原因色散可分为:模式色散、材料色散、波导色散和偏振模色散。下面分别进行介绍。

1. 模式色散

模式色散 $\Delta \tau_M$ 是指光在多模光纤中传输,因不同模式沿光纤轴向传播的速度是不同的,它们到达终端时,必定会有先有后,出现时延差,从而引起脉冲宽度展宽与畸变,形成模式色散,如图 2-29 所示。

以阶跃型多模光纤为例,对其最大模式色散进行估算。在多模阶跃光纤中,传输最快和最慢的两条光线分别是沿轴心传播的光线①和以临界角θ_c入射的光线②，如图2-30所示。因此，在阶跃型多模光纤中最大色散是光线②所用时间τ_{max}和光线①所用时间τ_{min}到达终端的时间差$\Delta\tau_{max}$为

$$\Delta\tau_{max} = \tau_{max} - \tau_{min}$$

根据几何光学，设在长为L的光纤中，光线①和②沿轴方向传播的速度分别为c/n_1和$c/n_1\sin\theta_c$。因此光纤的模式色散为：

$$\Delta\tau_M = \Delta\tau_{max} = L/\left(\frac{c}{n_1}\sin\theta_c\right) - L/(c/n_1) = \frac{Ln_1}{c}\left(\frac{n_1}{n_2}-1\right) \approx \frac{Ln_1}{c}\Delta \quad (2.33)$$

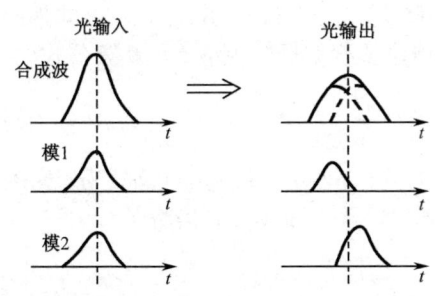

图2-29 模式色散的脉冲展宽

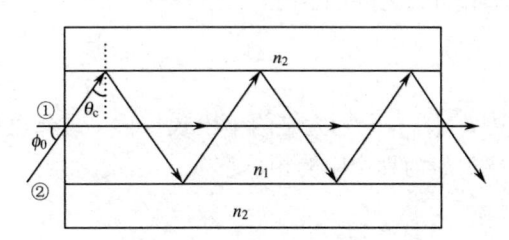

图2-30 多模阶跃光纤的模式色散

由图可以看出，最大时延差与L、Δ成正比，使用弱导光纤（$n_1 \approx n_2$，$\Delta \approx n_1-n_2)/n_1$）有助于减少模式色散。例如$\Delta=1\%$，石英光纤的$n_1=1.5$，光纤长1 km，根据式（2.33）可求得该光纤的模式色散$\Delta\tau_{max}=50$ ns。由此可见，当光纤的L长度越长，Δ越大，模式色散就越严重。

2．材料色散

材料色散$\Delta\tau_m$是由于构成纤芯材料对不同光波长λ呈现不同折射率而造成的，波长短则折射率大，使得光的传输速度随波长的变化而变化，从而造成传输的时延差。目前光纤通信中使用的光源不是单色光，它具有一定的光谱宽度$\Delta\lambda$，这样不同波长的光波传输速度不同，从而产生时延差，引起脉冲展宽。材料色散引起的脉冲展宽与光源的光谱宽度、材料色散系数D_m和光传输长度L成正比，所以在系统使用时尽可能选择光谱线宽窄的光源。

【例2-3】 设某光纤在1.31 μm波长的最大材料色散系数$D_m=3.5$ ps/(nm·km)，如用一中心波长为1.31 μm的半导体激光器产生传输光波，其谱线宽度$\Delta\lambda=4$ nm，试求出该光传输1km长度光纤的材料色散。

解：材料色散为：

$$\Delta\tau_m = D_m \times \Delta\lambda \times L = 3.5 \times 4 \times 1 = 0.014 \text{ ns} = 14 \text{ ps}$$

3．波导色散

波导色散$\Delta\tau_w$是指光纤的波导结构对不同波长的光信号产生的色散。波导色散与包层直径大小、光纤的折射率分布等多方面的原因有关，这种波导色散通常很小，一般忽略不计。波导色散的计算式为：

$$\Delta\tau_w = D_w \times \Delta\lambda \times L \quad (2.34)$$

式中，D_w 为波导色散系数，单位为 ps/（nm·km）；$\Delta\lambda$ 为光谱宽度，单位为 nm；L 为光传输长度，单位为 km。

4．偏振模色散（PMD）

对于理想单模光纤，由于只传输一种模式（基模 LP_{01} 或 HE_{11} 模），故不存在模式色散，但存在偏振模色散。偏振模色散是单模光纤特有的一种色散，偏振模色散的产生是由于单模光纤中实际上传输的是两个相互正交的偏振模，它们的电场各沿 x，y 方向偏振，分别记作 LP^x_{01} 和 LP^y_{01}，其相位常数 β_x，β_y 不同（$\beta_x \neq \beta_y$），相应的群速度不同，它们沿光纤传输产生时延差，导致脉冲的展宽，即引起偏振模色散（PMD），如图 2-31 所示。图中 $\Delta\tau$ 即为两个偏振模分量之间的群时延差（DGD），也称为 PMD。单位长度偏振模色散 $\Delta\tau_0$ 计算公式如下：

$$\Delta\tau_0 = \tau_x - \tau_y = \frac{d\beta_x}{d\omega} - \frac{d\beta_y}{d\omega} = \frac{d\Delta\beta}{d\omega} \approx \frac{\Delta\beta}{\omega} \approx \frac{1}{c}(n_x - n_y) \quad (2.35)$$

式中，τ_x，τ_y 分别为这两个模式传输单位长度所用的时间；$\Delta\beta = \beta_x - \beta_y = n_x k_0 - n_y k_0$，$\omega$ 为光的角频率；k_0 为真空中的相位常数；n_x，n_y 分别为 LP^x_{01}，LP^y_{01} 模的等效折射指数。

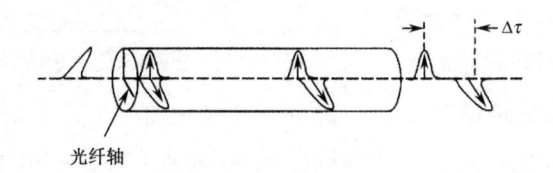

图 2-31 偏振模色散

造成单模光纤 PMD 的内在原因是纤芯的椭圆度和残余内应力，引起相互垂直的本征偏振以不同的速度传输，进而造成数字系统的光脉冲展宽和模拟系统的信号失真，传输速率受限。造成单模光纤 PMD 的外在原因则是成缆和敷设时的各种作用力，即压力、弯曲、扭转及光缆连接等。

偏振模色散通常较小，在速率不高的光纤通信系统中可以忽略不计。对于工作在零色散（材料色散和波导色散之和为零）波长的单模光纤，偏振模色散将成为最后的极限。

人们已认识到 PMD 对大容量数字和模拟通信系统的影响是严重的。若要 10 Gbit/s 以上的高速系统能正常工作，光脉冲展宽必须限制在一定范围，即 L 长度光纤链路的最大 DGD_L 应该在 30%光脉冲宽度以下。实验证明，当光路的光功率代价 P_p 特定值，L 长度光纤链路的最大 DGD_L 有对应容限。例如，对于 10 Gbit/s 系统，其光脉冲宽度为 100 ps，当 P_p 为 1 dB 时，DGD_L 最大容限为 30 ps；对于 40 Gbit/s 系统，其光脉冲宽度只有 25 ps，当 P_p 为 1 dB 时，DGD_L 最大容限只能为 10 ps 以下，若超出 10 ps 的脉冲展宽则会使接收端无法正确地恢复原信号。由此可知，高于 40 Gbit/s 速率的系统，对光纤 PMD 值的要求成为至关重要的考虑因素。而 PMD 值是随机变化的，它与光纤制作过程、光缆成缆过程、光缆敷设过程、外界温度变化等有关。实际上常用总群时延差 DGD_L 的平均值，即 PMD 系数（PMD_C）来表征光纤光缆的 PMD 特性。

PMD 与光纤的平均总双折射（$\Delta\beta = \beta_x - \beta_y$）和平均偏振模耦合长度 h 存在重要关系：

当光纤长度很短时（$L \ll h$），PMD 近似与光纤长度 L 成正比，其计算公式如下：

$$PMD_L = DGD_L = PMD_C \times L \quad (ps) \quad (2.36)$$

当光纤长度 L 足够长时（$L \gg h$，典型值为 2 km 以上），此时由于沿光纤产生足够多模式耦合,快和慢的偏振模之间伴随着能量交换,这将会降低脉冲展宽，采用统计推算得到 PMD 与长度的平方根成正比，其计算公式如下：

$$\text{PMD}_L = \text{DGD}_L = \text{PMD}_C \times \sqrt{L} \quad (\text{ps}) \tag{2.37}$$

式中，L 为光纤长度（km）；PMD_L（或 DGD_L）为长度 L 光纤的总偏振模色散（或偏振模总群时延差）（ps）；PMD_C 为光纤的 PMD 系数（单位为 $\text{ps}/\sqrt{\text{km}}$）。

PMD_C 的典型值在 $0.1 \sim 1 \, \text{ps}/\sqrt{\text{km}}$ 之间。在 PMD_C 和 DGD_L 之间存在一种换算关系，从 DGD_L 最大容限可计算出对应 PMD_C 的要求。如在 400 Gbit/s 的高速系统中,传输 100 km 后，PMD_C 限制在 $0.1 \, \text{ps}/\sqrt{\text{km}}$ 以内。一般系统对 PMD 系数最大设计值为 $0.5 \, \text{ps}/\sqrt{\text{km}}$。

综上所述，在多模光纤中存在着模式色散、材料色散和波导色散三种色散，而且这三种色散之间存在：模式色散 $\gg$ 材料色散 $>$ 波导色散的大小关系。在单模光纤中，模式色散为零，其色散主要是材料色散、波导色散和偏振模色散，而且材料色散占主导，波导色散较小，偏振模色散一般可以忽略。因此光纤色散可表示为：

多模光纤色散：$\Delta \tau = (\Delta \tau_M^2 + \Delta \tau_m^2 + \Delta \tau_w^2)^{1/2}$ (2.38)

单模光纤色散：$\Delta \tau = (\Delta \tau_m^2 + \Delta \tau_w^2 + \Delta \tau_0^2)^{1/2}$ (2.39)

不过单模光纤一般只给出色散系数 D，其中包含了材料色散和波导色散的共同影响。

5. 光纤的带宽

在常规速率光纤传输系统中，光纤的色散特性可以用脉冲展宽 $\Delta \tau$、光纤的带宽 B_0 和光纤的色散系数 D 三个物理量来描述。

脉冲展宽 $\Delta \tau$ 是光脉冲经过传输后在时间坐标轴上展宽的程度，是色散特性在时域的描述。而带宽 B_0 是这一特性在频域描述。在频域中对于调制信号而言，光纤可以被看成是一个低通滤波器。当调制信号的高频分量通过它时，就会受到严重衰减。ITU-T 建议 1 km 的光纤带宽计算公式为：

$$B_0 = \frac{\varepsilon \times 10^6}{D \times \Delta \lambda \times 1} \quad (\text{MHz}) \tag{2.40}$$

单位长度光纤的脉冲展宽量 $\Delta \tau$ 与色散系数 D 的关系为：

$$\Delta \tau = D \times \Delta \lambda \times 1 \tag{2.41}$$

L（km）的光纤带宽计算公式为：

$$B_L \approx \frac{B_0}{L} = \frac{\varepsilon \times 10^6}{D \times \Delta \lambda \times L} \quad (\text{MHz}) \tag{2.42}$$

其中，D 的单位为 ps/nm.km；$\Delta \tau$ 的单位为 ps；光源谱宽 $\Delta \lambda$ 的单位为 nm；光纤带宽 B_0 的单位为 MHz；常数 $\varepsilon = 0.115$（多纵模激光器），$\varepsilon = 0.306$（单纵模激光器）。

在 DWDM 高速光纤传输系统中，着重考虑 PMD 对光纤的距离影响情况，可由下列公式分析：

$$L = \left[\frac{1}{10\text{PMD}_C \times B_L}\right]^2 \quad \text{或} \quad B_L = \frac{1}{10\text{PMD}_C \sqrt{L}} \tag{2.43}$$

其中，PMD_C 为 PMD 系数（$\text{ps}/\sqrt{\text{km}}$），$B_L$ 为传输速率（bit/s），L 为光纤中继距离（km）。

2.4.3 光纤双折射及偏振特性

双折射与偏振是单模光纤特有的现象。理想的单模光纤存在电场沿 x, y 方向上的线偏振模 LP_{01}^x 和 LP_{01}^y，该两模式有相同的相位常数 $\beta_x=\beta_y$，它们是相互简并的。但实际光纤总有某种程度的不完善。如纤芯椭圆变形，光纤横向不对称应力，光纤弯曲等，使两模式之间的简并被破坏（$\beta_x \neq \beta_y$）。这种现象叫作模式双折射。由于双折射的存在，将引起光波的偏振态沿光纤长度发生变化，使得两个正交的偏振模式的群速度不同，从而产生时延差，导致脉冲展宽，引起偏振模色散（PMD），使光纤带宽变窄。另一方面可以利用双折射，制成保偏光纤，为相干光纤通信提供新的传输光纤。

1. 线双折射参数

可用下列参数说明单模光纤线双折射特性。

线双折射率 $\Delta\beta_L$ 定义为两正交线偏振模的相位常数之差。

$$\Delta\beta_L = \beta_x - \beta_y$$

归一化双折射率 B 是线双折射率与真空中的相位常数 k_0 之比。

$$B = \Delta\beta_L / k_0 = (\beta_x - \beta_y)/k_0 = n_x - n_y = \Delta n_{\text{eff}}$$

式中，Δn_{eff} 是等效折射指数差，$k_0 = 2\pi/\lambda$，λ_0 为真空中的工作波长。

拍长 L_B 定义为偏振态完成一个周期变化的光纤长度，如图 2-32 所示。在一个拍长上，两正交偏振光的相位差变化 2π，因而有 $\Delta\beta_L \times L_B = 2\pi$，即有：

$$L_B = 2\pi / \Delta\beta_L = \lambda_0 / B$$

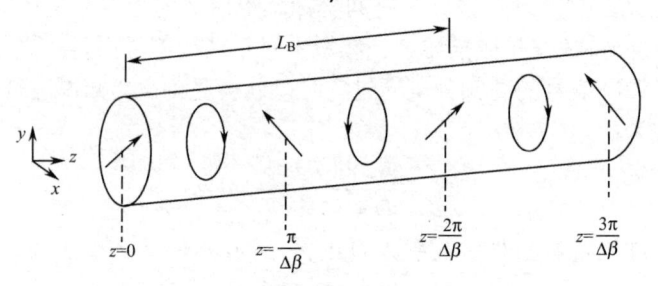

图 2-32 光纤双折射的偏振态在一个拍长上的演化

可见，双折射越严重，拍长越短。如光纤的拍长小于某种外界干扰的长度周期，就可抵御这种干扰而保持偏振状态。常用光纤的 B 在 $10^{-6} \sim 10^{-7}$ 范围，有时以此为界，大于该值的称为高双折射光纤，低于该值的称为低双折射光纤。保偏光纤 B 则在 $10^{-3} \sim 10^{-5}$ 范围，为高双折射光纤。

消光比 η 和功率耦合系数 h：如在光纤输入端激发 x 方向的线偏振模，其功率为 P_x，由于耦合，在光纤的输出端出现了 y 方向的线偏振模，其功率为 P_y。用消光比 η 和功率耦合系数 h 来表示这一对正交线偏振模的耦合作用。

$$\eta = \tan(hL) = P_x / P_y$$

式中，L 是光纤长度。这两个参数说明光纤的保偏能力，η，h 越大光纤的保偏能力越强。

2. 线双折射的成因

引起光纤线双折射的原因很多，大致可归为两种。一种是由于光纤截面的非圆形，如光纤纤芯的椭圆化，另一种是由于非对称内部应力。前者叫几何双折射，后者叫应力双折射。下面简单介绍这两种双折射。

典型的几何双折射是光纤纤芯椭圆变形形成的阶跃折射指数分布。其光纤截面如图 2-33 所示，长轴 $2a$ 在 x 方向；短轴 $2b$ 在 y 方向。椭圆度 $e=1-(b/a)^2$。由于纤芯的椭圆变形，基模 LP_{01}^x 和 LP_{01}^y 模的相位常数 $\beta_x \neq \beta_y$，线双折射率 $\Delta\beta_L=\beta_x-\beta_y$。

当椭圆度 $e \ll 1$，归一化频率 $V \approx 2.4$ [V 值按平均光纤芯径 $(a+b)/2$ 计算] 的情况下，双折射率为：

$$\Delta\beta_L \approx (e^2/2)(\Delta/2)^{3/2}$$

可见 $\Delta\beta_L$ 随纤芯的椭圆度和光纤相对折射指数差的增大而增大，如要得到低双折射光纤，对光纤纤芯的椭圆度要求很严格。

光纤中的应力双折射是由光纤受应力作用引起了弹性形变而造成的。光纤材料本身是各向同性介质，不同方向的电场分量所遇到的折射指数相同。当光纤受非对称应力时，将引起弹性变形，同时引起折射指数的变化，使材料变为各向异性，从而呈现出双折射。图 2-34 给出了两个应力双折射的例子。

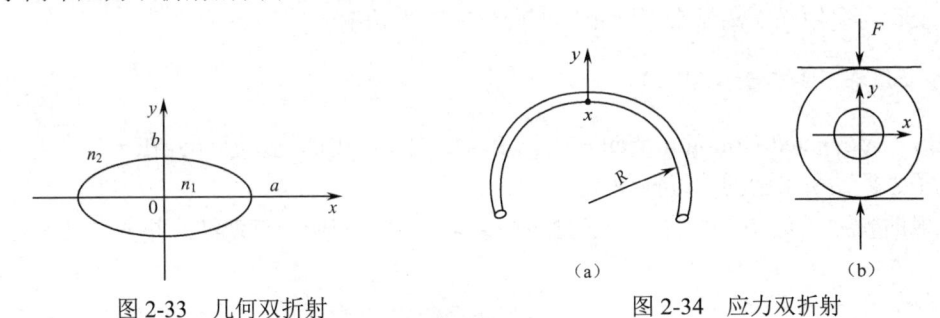

图 2-33　几何双折射　　　　图 2-34　应力双折射

图 2-34（a）表示光纤弯曲引起非对称应力双折射的情况，弯曲曲率半径为 R。图 2-34（b）表示光纤在 y 方向受侧向压力引起非对称应力双折射。

利用这两种效应都可构成光纤元件如光纤型延迟器。

2.4.4　光纤非线性效应

当今在带有掺铒光纤放大器的密集波分复用大容量、高速度的光纤通信系统中，光纤中传输的工作波长多、功率大（大于 10 mW），可能引起信号与光纤的相互作用而产生各种非线性效应，如果不适当抑制，这些非线性效应会引起附加衰减、色散、相邻信道串扰等。

光纤的非线性可分为两类：受激散射和折射率扰动。

1. 受激散射

受激散射是指光场把部分能量转移给非线性介质。非线性受激散射发生在光信号与光纤中的声波或系统振动相互作用的调制系统中，包括受激拉曼散射和受激布里渊散射。

1）受激拉曼散射（SRS）

SRS（Stimulated Raman Scattering）是光纤介质中分子间的振动对入射光（称为泵浦光）的相互作用，而使入射光产生散射。设入射光频率为ω_p，光纤介质分子间振动频率为ω_v，则散射光频率从ω_p移动了ω_v，使散射光频率为$\omega_S=\omega_p-\omega_v$和$\omega_{aS}=\omega_p+\omega_v$，这种现象称为受激拉曼散射。所产生的频率为$\omega_S$的散射光称为斯托克斯波（Stokes），频率为$\omega_{aS}$的散射光叫反斯托克斯波。对斯托克斯波可用物理概念来描述：一个入射光子消失，产生了一个频率下移光子（Stokes波）和一个有适当能量和动量的光子，使能量和动量守恒。

对典型的单模光纤，受激拉曼散射产生的最低阈值泵浦光功率P_R可近似表示为：

$$P_R \approx \frac{16 A_{eff}}{L_{eff} g_R}(W) \qquad (2.44)$$

式中，A_{eff}为纤芯有效面积，即$A_{eff} \approx \pi W_0^2$（$W_0$为模场半径）；$L_{eff}$为光纤的有效互作用长度；$g_R$是拉曼增益系数。

由式（2.44）可见，阈值泵浦光功率与光纤的有效面积成正比，与光纤的有效长度成反比。若遇超低损耗的单模光纤，拉曼阈值会很低。对于$\lambda=1$ μm附近，$g_R=10^{-13}$ m/W，$L_{eff}=20$ km，$A_{eff}=50$ μm^{2}时，预测的拉曼阈值约400 mW。

受激拉曼散射的频移量在光频范围，ω_S波和ω_p波的传输方向一致。ω_p波和ω_{aS}波的传输方向相反，可采用光隔离器来消除相反方向传输的光功率。

2）受激布里渊散射（SBS）

SBS（Stimulated Brillouin Scattering）是入射到光纤中的光，其光强在一定强度时，引起声光子之振动所引起的非线性现象。

入射的光频ω_p的泵浦光将部分能量转移给频率为ω_s的斯托克斯波，并发出频率为Q的声波：

$$Q=\omega_p-\omega_s$$

SRS与SBS在物理过程上类似，只是SBS的频移量在声频范围，ω_s波和ω_p波的传输方向相反，是一种背向散射。在光纤中，SBS产生的最低阈值泵浦光功率P_B可近似表示为：

$$P_B \approx \frac{21 A_{eff}}{L_{eff} g_B} \qquad (2.45)$$

由式（2.45）可见，对于$\lambda=1$ μm附近，$A_{eff}=50$ μm^2，$L_{eff}=20$ km，布里渊增益系数$g_B=5\times 10^{-11}$ m/W时，光纤受激布里渊散射阈值$P_B \approx 1 \sim 15$ mW，比P_R小得多。

2. 折射率扰动

在低光功率入射下，纤芯折射率可以认为是常数。但在较强光功率入射下，则应考虑光纤折射率成为光强的函数，它们的关系为：

$$n=n_0+n_2 P/A_{eff}=n_0+n_2|E|^2$$

式中，n_0为线性折射率；n_2为非线性折射率；P为输入光功率；A_{eff}为纤芯有效面积；E为光场强度。

折射率扰动引起三种非线性效应：自相位调制、交叉相位调制和四波混频。

1) 自相位调制 (SPM)

SPM (Self Phase Modulation) 是指传输过程中光脉冲自身相位变化，导致脉冲频谱展宽的现象。自相位调制与"自聚焦"有密切联系，如果十分严重，那么在密集波分复用系统中，光谱展宽会重叠进入邻近的信道。

光脉冲在光纤传输过程中相位变化为：

$$\phi=(n_0+n_2|E|^2)k_0L=\phi_0+\phi_{NL}$$

式中，$k_0=2\pi/\lambda$；L 是光纤长度；$\phi_0=n_0k_0L$ 是相位变化的线性部分；$\phi_{NL}=n_2k_0L|E|^2$ 为自相位调制。

从原理上，自相位调制可用来实现调相，可在光纤中产生光孤子，实现光孤子通信。

2) 交叉相位调制 (CPM)

CPM (Cross Phase Modulation) 是一个脉冲对其他信道脉冲相位的作用。当两个或多个不同波长的光波在光纤的非线性作用下，将产生 CPM，其产生机理与 SPM 相似。CPM 与 SPM 不同的是，SPM 发生在单信道或多信道系统中，而 CPM 则仅出现在多信道系统中。

3) 四波混频 (FWM)

FWM (Four Wave Mixing) 是指由两个或三个波长的光波混合后产生的新光波，其原理如图 2-35 所示。在系统中，某一波长的入射光会改变光纤的折射率，从而在不同频率处发生相位调制，产生新的波长。新波长数量与原始波长数量是呈几何递增的，即：$N=N_0^2(N_0-1)/2$（N_0 为原始波长数）。而且四波混频与信道间隔关系密切，信道间隔越小，FWM 越严重。

FWM 对波分复用系统的影响为：一是将波长的部分能量转换为无用的新生波长，从而损耗光信号的功率；其二是新生波长可能与某信号波长相同或重叠，造成干扰。这种非线性效应会严重地损坏眼图并产生系统误码。

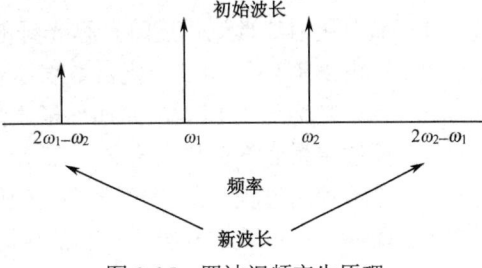

图 2-35 四波混频产生原理

各种光纤传输性能参数比较如表 2.7 所示。

表 2.7 各种光纤传输性能参数比较

光纤类型	性能参数							
	模场/直径/μm	截止波长/nm	零色散波长/nm	工作波长/nm	衰减系数/(dB/km)		色散系数/[ps/(nm.km)]	
					1310 nm	1550 nm	1310 nm	1550 nm
G.651	纤芯直径：50±3 或 62.5±3	数值孔径：(0.2~0.27)±0.02	—	850	≤0.8 ≤1.0 ≤1.5	850 nm: ≤3.0 ≤3.5 ≤4.0	≤6	850 nm: ≤120
G.652	1310 nm: 9	≤1260	1310	1310	≤0.36	≤0.22	0	+18

续表

光纤类型	性能参数							
	模场/直径/μm	截止波长/nm	零色散波长/nm	工作波长/nm	衰减系数/(dB/km)		色散系数/[ps/(nm.km)]	
					1310 nm	1550 nm	1310 nm	1550 nm
G.653	1310 nm: 8.3	≤1270	1550	1550	≤0.45	≤0.25	−18	0
G.654	1550 nm: 10.5	≤1530	1310	1550	≤0.45	≤0.20	0	+18
G.655	1310 nm: (8~11)±0.7	≤1480	非零色散波长 1530~1565	1530~1565	1550 nm: ≤0.25 1625 nm: ≤0.30		1530~1565nm 0.1≤D≤10	
G.656	1550nm: (7~11)+0.7	≤1450	非零色散波长 1530~1565	1530~1565	1530 nm: ≤0.35 1625 nm: ≤0.40		1530~1565nm 3≤D≤14	
G.657	1310 nm: (8.6~9.5)+0.4	≤1260	非零色散波长 1530~1565	1310~1550	≤0.40	≤0.30	色散斜率: 1310~1324 nm 0.092 (ps/nm².km)	
DFF	1310 nm: 8 1550 nm: 11	≤1270	1310 和 1550	1310~1550	≤0.25	≤0.30	0	0
DCF	1550 nm: 6	≤1260	>1550	1550	—	≤1.00	—	−80~−150

习 题 2

1. 简单用射线理论描述阶跃型光纤的导光原理。
2. 写出 U,V,W 径向归一化常数表达式，并简述其物理意义。
3. 什么是标量模 LP_{mn}，简述标量模角标 m,n 的物理意义。
4. 简述单模光纤的模场直径、截止波长和双折射现象。
5. 简述使用过程中影响光纤损耗的因素。
6. 简述光纤色散的种类、产生的原因及其危害，并说明色散为什么会限制系统的通信容量。
7. 色散的程度用什么表示？其单位是什么？
8. 已知渐变型光纤纤芯的折射率分布为：

$$n(r) = n(0)\sqrt{1 - 2\Delta\left(\frac{r}{a}\right)^2} \qquad 0 \leq r \leq a$$

求光纤的本地数值孔径 $NA(r)$。

9. 均匀光纤芯与包层的折射率分别为：$n_1=1.50$，$n_2=1.45$，试计算：
（1）光纤的相对折射率差 Δ；
（2）光纤的数值孔径 NA；
（3）在 1 km 长的光纤上，由子午线的光程差所引起的最大时延差 $\Delta\tau_{max}$；
（4）若在 1 km 长的光纤上，将 $\Delta\tau_{max}$ 减小为 10 ns/km，n_2 应选什么值。

10. 已知阶跃光纤纤芯的折射率 $n_1=1.465$，相对折射率差 $\Delta=0.01$，纤芯半径 $a=25$ μm，试求：
（1）LP_{01}，LP_{02}，LP_{11} 和 LP_{12} 模的截止波长各为多少？

(2) 若 λ_0=1.3 μm,计算光纤的归一化频率 V 及其中传输的模数量 N 各等于多少。

11. 阶跃光纤,若 n_1=1.50,λ_0=1.3 μm,试计算:

(1) 若 Δ=0.25,为了保证单模传输,其纤芯半径 a 应取多大?

(2) 若取 a=5 μm,为保证单模传输,Δ 应取多大?

(3) 若将光纤的包层和涂数层去掉,求裸光纤的 NA。

12. 单模光纤,若 n_1=1.500,n_2=1.495,λ_0=1.31 μm,a=5 μm,光纤的掺锗浓度 W=3.5%,试估算:

(1) 光纤的模场直径 $2W_0$;

(2) 理论截止波长 λ_{ct};

(3) 紫外吸收损耗系数 α_{uv}、红外吸收损耗系数 α_{ir} 和瑞利散射损耗系数 α_R;

(4) 临界弯曲半径 R_c。

第 3 章 光纤通信基本器件

在光纤通信系统与网络中,光纤是传输光信号的介质,而光器件用来完成光信号的产生、还原、光连接、光分路耦合、分波合波、光滤波、光放大、光衰减等光传输网络所需要的相关功能。光器件是光纤通信系统与网络中必不可少的设备,在光纤通信中占有重要的地位。光器件可分为有源器件和无源器件两大类。光发射机采用的发光器件,如半导体激光器(LD)、半导体发光二极管(LED)等;光接收采用的光检测器件,如 PIN、APD 等;还有光放大器,如掺铒光纤放大器(EDFA)、拉曼光纤放大器、半导体光放大器 SOA 等属于有源器件。光纤连接器、光纤分路耦合器、光开关、波分复用器、光滤波器、光衰减器、光隔离器、光环形器、光波长转换器、光偏振控制器等属于无源器件。本章介绍主要光器件的工作原理及特性。

3.1 光 源 器 件

光源器件是光发射机的核心,其作用是将电信号转换成光信号。光纤通信中常用的光源器件有 LD 和 LED 两种。这两种器件要求光源发射的峰值波长必须在光纤低损耗窗口内,即为 0.85 μm、1.31 μm、1.55 μm 附近,并具有高可靠性(工作寿命达 10 万小时),输出光功率足够大且稳定,发光单色性好谱线宽度要窄,调制特性好,以减少光纤中色散的影响。此外,它们还具有体积小、质量轻、与光纤耦合效率高、调制简便等一系列优点。

3.1.1 半导体激光器的结构及原理

半导体激光器是向半导体 PN 结注入电流,实现粒子数反转分布,产生受激辐射,再利用光学谐振腔的正反馈,实现光放大而产生激光振荡的。

1. 半导体激光器的工作原理

激光的产生与光源内部物质的原子结构和运动状态是密切相关的,原子中的电子不停地做无规则运动,其能量只能取某些离散值,电子可以从较低的能级跃迁到较高的能级,也可以从较高的能级跃迁到较低的能级。就一个电子来看,它所具有的能量时大时小,不断地变化,但从大量电子的统计规律看,电子按能量大小的分布有一定的规律。一般而言,电子占据各个能级的概率是不等的,占据低能级的电子多,占据高能级的电子少。当原子中电子的能量最小时,整个原子的能量最低,这个原子处于稳态,称为基态;当原子处于比基态高的能级时,称为激发态。通常情况下,大部分原子处于基态,只有少数原子被激发到激发态,而且能级越高,处于该能级上的原子数越少。在热平衡条件下,各能级上的原子数服从费米(Femi)统计分布规律,其数学表达式为:

$$f(E) = 1/[1 + e^{(E-E_f)/k_0 T}] \qquad (3.1)$$

式中，$f(E)$ 为 E 能级被电子占据的概率，称为费米分布函数；$k_0=1.38×10^{-23}$ J/K 为玻耳兹曼常数；T 为绝对温度，单位为开尔文（K）；E_f 为 Femi 能级，它与物质的特性有关，它只是反映电子在各个能级中分布情况的一个参量（E_f 是抽象的一个能级）。对于 E_f 能级以下的所有能级，电子占据的可能性大于 1/2；对于 E_f 能级以上的所有能级，电子占据的可能性小于 1/2。由式（3.1）可见电子占据能级的可能性随着能级的增高，按指数减少。

1）光的辐射和吸收

原子中电子可以通过与外界交换能量的方式发生能级跃迁，电子所处的能级代表电子所具有的能量，如果电子获得能量，表现在电子从低能级跃迁到高能级，此时，电子所具有的能量比跃迁前高。

爱因斯坦于 1917 年根据辐射与原子相互作用的量子论提出：光与物质相互作用时，将发生自发辐射、受激辐射和受激吸收三种物理过程，这三种物理过程表现了光与物质相互作用时，光可以被物质吸收，也可以从物质中发射出来。受激辐射过程是激光器的物理基础。

（1）自发辐射，如图 3-1（a）所示。在没有外界影响的情况下，处在高能级 E_2 粒子自发地向低能级 E_1 跃迁，并发射出一个频率为 f，能量为 ε 的光子，这种发光过程称为自发辐射。发射出的光子的能量为两级的能量之差，即：

发射光子的能量为： $\varepsilon=E_2-E_1=hf$

发射光子的频率为： $f=(E_2-E_1)/h$

式中，$h=6.628×10^{-34}$（J·s）为普朗克常数；f 为发射光子的频率。自发辐射的特点是处于高能级粒子的自发行为，与是否存在外界激励作用无关。由于自发辐射可以发生在一系列的能级之间，因此材料自发辐射光谱范围很广。即使跃迁过程满足相同能级差，自发辐射也是独立的、随机的，各列波的相位和偏振方向都不相同，并向四面八方传播，为一种非相干光。

（2）受激吸收，如图 3-1（b）所示。原处于低能级 E_1 的粒子当受到外来的频率为 $f=(E_2-E_1)/h$ 的光子照射时，会吸收光子的能量从低能级 E_1 向高能级 E_2 跃迁，这个过程称为受激吸收。受激吸收的条件是外来光子的激励，且每个外来光子的能量 $hf≥E_2-E_1$。

（3）受激辐射，如图 3-1（c）所示。处于高能 E_2 的粒子受到外来光子的激发（感应），发射一个与感应光子一模一样的全同光子，即频率、相位、偏振方向和传播方向相同并受激辐射发出光为相干光。受激辐射条件是每个外来光子的能量 $hf=E_2-E_1$，其特点是外来光子与感应光子为全同光子。在受激辐射中，一个外来光子作用，可以得到两个全同光子，如果这两个光子再次引起粒子产生受激辐射，就可得到四个全同光子，如此进行下去，将形成"雪崩"反应，得到大量的全同光子，这种现象称为光放大，如图 3-1（d）所示。光的受激辐射是半导体激光器产生激光的条件之一。

（4）粒子数反转分布。在热平衡条件下，低能级上的粒子数 N_1 大于高能级粒子数 N_2（$N_1>N_2$），总效果是光受激吸收比受激辐射占优势。当外界向物质提供能量，使低能级上粒子获得能量而激发到高能级，此时，高能级粒子数 N_2 大于低能级粒子数 N_1（$N_2>N_1$），总效果是受激辐射比受激吸收占优势。这种分布状态称为粒子数反转分布。

（5）光放大。当物质在外部能源作用下，达到粒子数反转分布时（光放大状态），高能级上的大量粒子数在受到外来入射光子的激发下，同步发生与入射光子的频率、相位、偏振方向、传播方向一致的全同光子，这样就实现了用一个弱的入射来激发粒子数反转分布物质，使其输出一个强光的光放大作用。

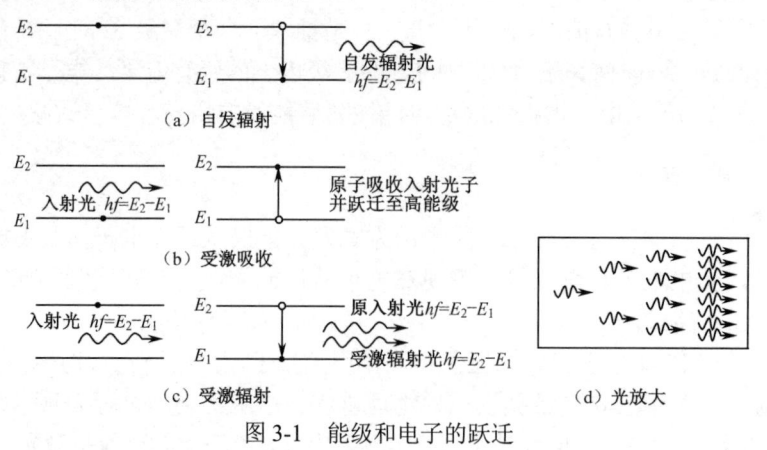

图 3-1　能级和电子的跃迁

2）激光产生的条件

激光器是单色性、相干性、光强极好的一种光源。激光是由以受激辐射为基础的物质内部原子内能的变化引起的。要想产生激光，必须具备光放大（激活）物质、频率选择及正反馈、要满足一定阈值和相位特性这三个基本条件。

（1）激活物质，即处于粒子反转分布的激光工作物质。激光工作物质应具有确定能级系统，可在需要的光波范围内辐射光子。泵浦源是能够使激光工作物质处于粒子反转分布的激励源。

（2）频率选择及正反馈。光学谐振腔是能引起振荡和正反馈的系统，其对光波具有频率选择作用。光学谐振腔是由激活物质两端分别加一块平面反射镜 M_1 和 M_2 组成的，使受激辐射产生的光子在两块反射镜之间往复反射，其中 M_1 的反射率为 100%，M_2 的反射率为 90% 左右，以从 M_2 输出激光。图 3-2 给出了一个简单的激光器结构原理图。

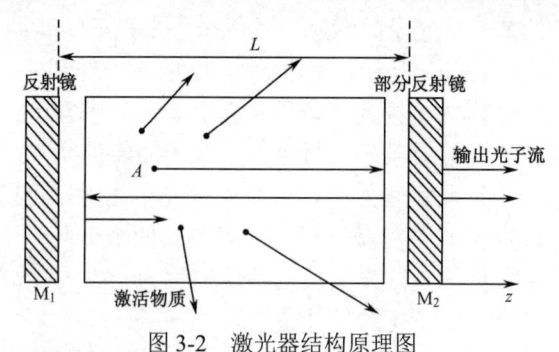

图 3-2　激光器结构原理图

（3）阈值条件和相位特性。激活物质和光学谐振腔只是为激光产生提供了必要的条件，要产生激光振荡，还必须满足一定的阈值条件和相位条件。见图 3-2，产生振荡必须满足：

$$P(2L) \geqslant P(0)，即：r_1 r_2 \exp[(g_0 - \alpha_i)2L] \geqslant 1 \tag{3.2}$$

因此有：

$$g_0 \geq \alpha_i + \frac{1}{2L}\ln\frac{1}{r_1 r_2} = \alpha \tag{3.3}$$

式（3.2）中，$P(0)$为$z=0$处的光功率；$P(2L)$为光束在腔内经历一个往复（$z=2L$）处的光功率；L为腔的长度；g_0、α_i分别为激活物质的增益系数和损耗系数；r_1和r_2分别为两个反射镜的反射率。

式（3.3）即为产生激光的阈值条件，式中第一项是激活物质内部损耗，第二项是通过两个反射镜的传输损耗，当增益系数g_0大于损耗系数α_i时，将迅速出现激光输出。

要产生激光振荡，除了要满足阈值条件以外，还要满足相位平衡（谐振）条件。如图3-2所示，为了能在腔内形成稳定振荡，要求光波能因干涉而形成正反馈使光波能量加强。条件是波从某一点出发，经腔内往返一周再回到原来位置时，应与初始出发波同相，即相位差为2π的整数倍。激光器的相位平衡条件可以表示为：

$$\Delta\phi = 2\pi q = k \times 2L = (2\pi/\lambda_q) \times 2L \tag{3.4}$$

$$L = (\lambda_q/2) \times q \tag{3.5}$$

式中，k为介质中相位常数，$k=2\pi/\lambda_q$，$q=1,2,3,\cdots$；$\lambda_q=2L/q$为与q值对应的波导波长。式（3.5）又称为光学谐振腔的驻波条件，其腔内形成驻波频率与波长为：

谐振波长：$\lambda_{0q} = n \times \lambda_q = 2nL/q \tag{3.6}$

谐振频率：$f_{0q} = c/\lambda_{0q} = cq/(2nL) \tag{3.7}$

式中，n为整个光腔内充满均匀工作物质的折射率；$L \gg \lambda_q$，因此，q值为$10^4 \sim 10^6$数量级。例如，某半导体激光器$L=400\ \mu m$，$n=3.4$，$\lambda_{0q}=1.3\ \mu m$，则由式（3.6）可求出$q=2\,092$，这就是说腔内的纵模很多。

所谓"纵模"是指光场沿轴z向变化模式。通常由不同的q值，对应不同的谐振频率，对应不同光场的纵向分布，对应不同驻波图案，如图3-3所示。例如，$q=8$，腔长$L=(\lambda_q/2)\times 8$，有8个半个波长，其谐振频率$f_{08} = c \times 8/(2nL)$。

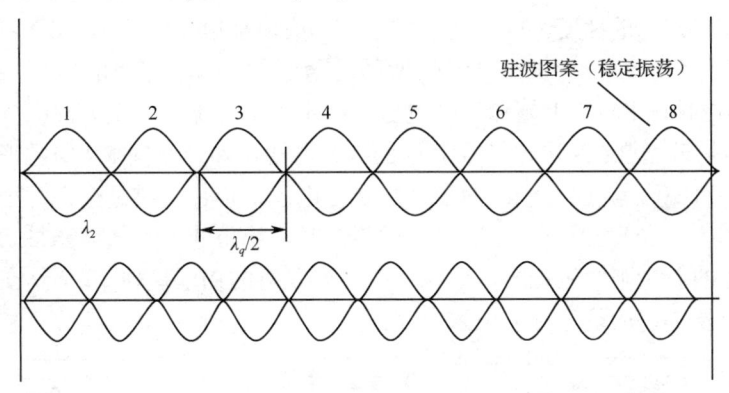

图3-3 激光振荡的驻波图案

纵模间隔是指相邻的两个纵模的谐振频率间隔Δf_{0q}（或波长间隔$\Delta\lambda_{0q}$）由式（3.7）得：

$$\Delta f_{0q} = f_{0q+1} - f_{0q} = c(q+1)/(2nL) - cq/(2nL) = c/(2nL) \text{ 或 } \Delta\lambda_{0q} = \lambda^2/(2nL)$$

可见，Δf_{0q}与腔长L有关，L越长，Δf_{0q}越小，与q的取值无关。典型地，$L=200\sim400\ \mu m$，$n=3.4$，则Δf_{0q}在$1.1\times10^{11}\sim2.2\times10^{11}$ Hz（或$\Delta\lambda_{0q}$在$0.5\sim1.0\ \mu m$）之间。

3）半导体的能带及 PN 结能带结构

制作激光器的半导体材料是共价晶体，晶体的最大特点是由大量原子按一定的周期有规则地排列在空间，构成一定形式的晶格，如 GaAs 晶体就是由大量 Ga（镓）和 As（砷）原子按一定周期有规律排列而成的。在晶体中，不同原子的内外各电子壳层将发生交叠，电子不再完全被约束在某一个原子上，它可以由一个原子转移到相邻原子上去，电子可以在整个晶体中运动，称为共有化运动。其结果是不同原子中同一个能级能量被分裂成为有微小的变化、若干个原子的同一个能级，其能量虽有微小变化，但可形成能带。最外层能级组成的能带称为导带，形成化学键价的电子占据的能带称为价带，导带和价带之间的空隙称为禁带。禁带不能被电子占据，其宽度 $E_g = E_c - E_v$，如图 3-4 所示。

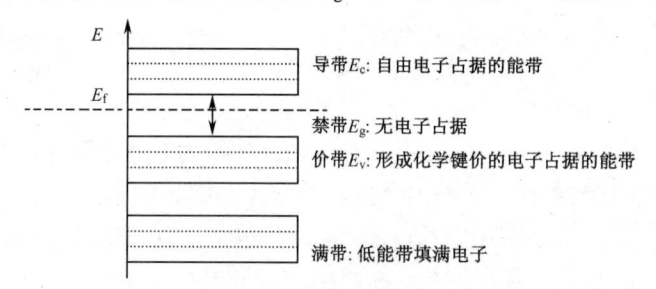

图 3-4　晶体的能带图

LD 发光原理是基于受激辐射的工作原理。实际上 LD 的发光频率为非单色光频，因为半导体导带和价带都是由许多能级组成，其禁带宽度也是微小变化的，用式 $f = (E_c - E_v)/h = E_g/h$ 计算，可知光波频率是在一定范围内变化的。

P 型和 N 型半导体的能带和电子分布，如图 3-5 所示。在 PN 结界面上，由于存在多数载流子（电子或空穴）的梯度，因而产生扩散，形成内部电场，见图 3-6（a）。内部电场产生漂移运动，直到 P 区和 N 区的 E_f 相同，两种运动处于平衡状态为止，结果能带发生倾斜，见图 3-6（b）。这时在 PN 结上施加正向电压，产生与内部电场相反方向的外加电场，结果能带倾斜减小，扩散增强。N 区电子及 P 区的空穴源源不断地流向 PN 结区形成一个特殊的增益区（又称为有源区）。此有源区的导带主要是电子，价带主要是空穴，结果获得粒子数反转分布，见图 3-6（c）。当电子与空穴辐射复合时，导带的电子从高能带跃迁到低能带价带，跃迁所释放的能量则产生光子，这就是产生光发射的物理机理。PN 结在正向偏压下由电子注入产生自发辐射的现象称为电致发光。

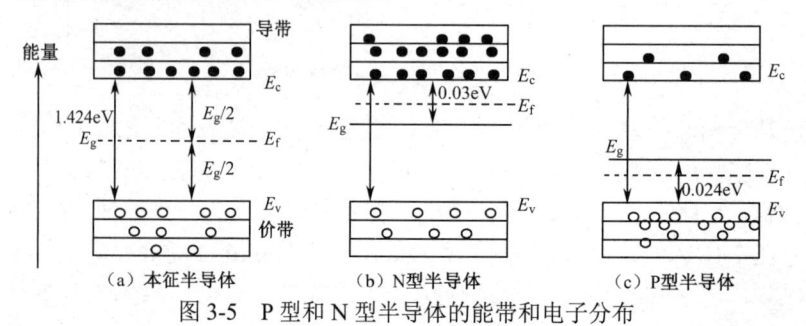

图 3-5　P 型和 N 型半导体的能带和电子分布

(a) PN结内载流子运动

(b) 零偏压时PN结的能带图

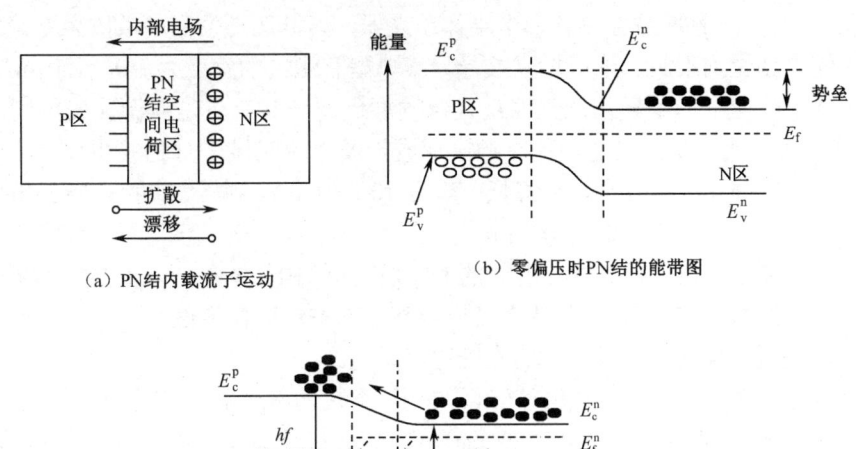

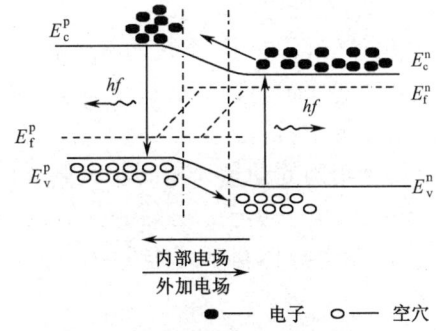

(c) 正向偏压下PN结能带图

图 3-6　PN 结的能带和电子分布

2. 半导体激光器基本结构

法布里-珀罗（F-P）腔 LD 是最常见的激光器，其基本结构由一个薄有源层（厚度为 0.05～0.1 μm）、一个 P 型限制层、一个 N 型限制层和解理面构成，如图 3-7 所示。有源层夹在 P 型限制和 N 型限制层中间，它可以是 P 型（或 N 型）。当给 LD 施加正向偏压时，电子从 N 型限制层，空穴从 P 型限制层注入到有源层，电子和空穴在此区域复合释放出光子。当外加的正向偏压增加到有源层的禁带宽度 E_g 时，激光器就开始振荡，发出激光。

"异质结"是指具有不同折射率和不同禁带宽度的两种半导体材料构成的 PN 结。异质结结构的激光器，可以有效地限制光波和载流子，从而降低激光器的阈值电流，提高激光器的输出功率和效率。应用广泛的双异质结激光器（DH-LD）结构如图 3-8 所示，其特点是光波导效应明显，损耗小，阈值电流 I_{th} 低，有源区宽度窄，发光强度更加集中。

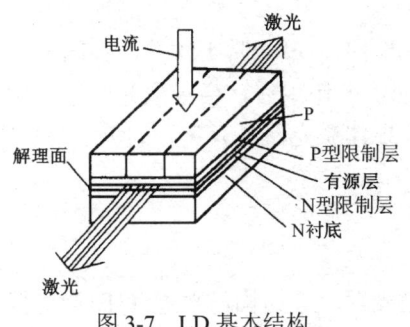

图 3-7　LD 基本结构

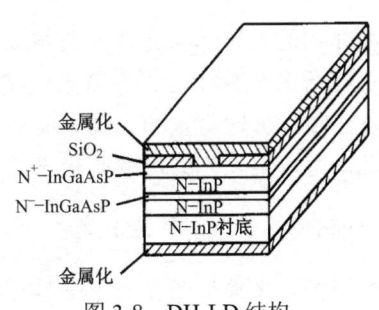

图 3-8　DH-LD 结构

除 DH-LD 外,还有增益导引条形半导体激光器,其机理是条形区域依靠增益形成微小折射率差,使光场受到限制,形成增益波导,其典型有源区的宽度为 1.0～1.5 μm,阈值电流 I_{th}<50 mA。隐埋条形半导体激光器近几年发展迅速。其特点是有源区的限制层材料是 GaAlAs,其禁带宽度(E_g)较宽,使有源区形成导波效应明显,对光波和载流子进行限制从而使粒子数反转分布浓度升高,I_{th} 降低。I_{th} 为 10～30 mA,输出光功率 P_0=30 mW,有源区宽度仅为 1～2 μm,厚度为 0.1～0.2 μm。

量子阱半导体激光器,其结构与普通的 DH-LD 的结构基本相同,主要是有源层进一步减小,I_{th} 降低(约为 0.55 mA)。其特点是增益高,动态单纵模特性好,温度特性好,横模控制能力强,适用于高速率、大容量的光纤通信系统。

为什么半导体材料在电子能级跃迁时,电子-空穴的复合就能产生光发射呢?在光的受激辐射过程中必须保持能量与动量的守恒。禁带形状是与动量有关的,依照禁带形状,可将半导体分为直接带隙材料和间接带隙材料,如图 3-9 所示。在直接带隙材料中,导带中的最低能量与价带的最高能量具有相同的动量(相同波矢量 k),电子垂直跃迁,发光效率高。在间接带隙料材料中,要完成电子跃迁,必须有其他粒子参与以保持动量守恒,因此不适合制作光源。只有直接带隙半导体材料才能制作发光器件,如 GaAs、InP、InGaAsP 等。

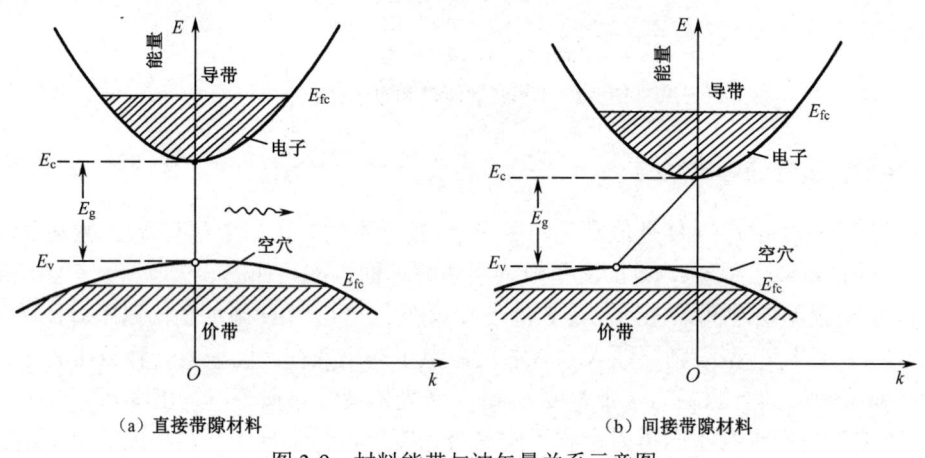

图 3-9 材料能带与波矢量关系示意图

(a) 直接带隙材料　　(b) 间接带隙材料

3.1.2 分布反馈式和可调谐式半导体激光器

前面介绍的半导体激光器异质结 LD、隐埋条形 LD、量子阱 LD 等,都属于 F-P 腔激光器,存在着多个纵模,光谱宽度较宽,与光纤的色散作用后,会导致光脉冲产生较大的展宽,从而限制传输容量和距离。而动态单纵模半导体激光器具有良好的单色性和方向性,作为光源,可以消除光纤色散等带来的影响。

1. 分布反馈式半导体激光器

分布反馈式半导体激光器是一种动态单纵模激光器,其结构与普通 F-P 激光器不同,它没有集总反射的谐振腔反射镜,它的反射机构是由有源区波导上纵向等间隔(布拉格,

Bragg）光栅提供工作。这种新型半导体激光器又可分为分布反馈激光器（Distributed Feed Back，DFB-LD）和分布布拉格反射激光器（Distributed Bragg Reflector，DBR-LD）。

DFB-LD 的结构如图 3-10 所示，在有源区介质表面使用光刻法形成周期性的波纹形状（光栅），波纹周期为 Λ，约有上千个 Bragg 反射镜（点），按纵向分布于全长上。只要对激光器注入正向电流，有源区造成足够的粒子数反转，介质就具有增益。如果波纹周期 Λ 满足式（3.8）的相位条件，则有源区内电子-空穴复合，在两端就可得到激光输出。这种 Bragg 条件为：

$$\Lambda = m \times \lambda_m / 2 = m \times \lambda_0 / (2n) \tag{3.8}$$

式中，Λ 为波纹周期；λ_m 为有源介质中光波长；λ_0 为真空波长；n 是有源层折射率；m 为整数，是光栅引起的布拉格衍射级。当 $m=1$ 时，提供的反馈最强，即前向和后向波之间耦合最强。对于波长为 1.55 μm 的激光器，可以计算出 $m=1$，$n=3.4$ 时，$\Lambda=0.23$ μm。

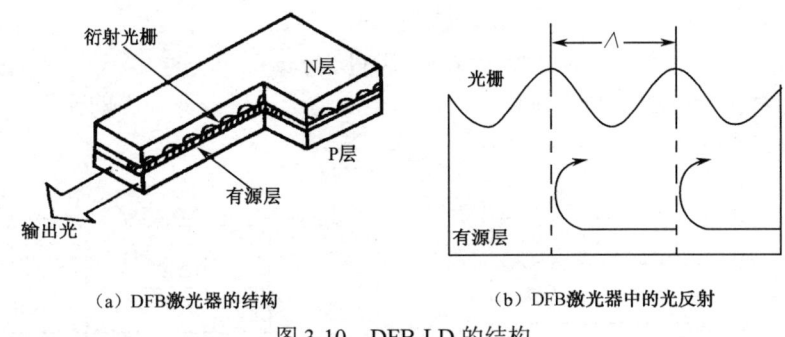

（a）DFB激光器的结构　　　　　　（b）DFB激光器中的光反射

图 3-10　DFB-LD 的结构

与 F-P 腔激光器相比，DFB 激光器具有下列优点：

（1）单纵模特性好。DFB 激光器的发射波长主要由光栅周期 Λ 决定。在每一个周期 Λ 内形成一个微谐振腔。由于 Λ 的长度很小，故模式间隔比 F-P 腔激光器大得多，较容易实现单纵模工作，边模抑制比可达 35 dB 以上。

（2）光谱线宽窄。在 DFB 激光器中，布拉格反射相当于多级调谐，使谐振波长的选择性大为提高。DFB 激光器线宽一般为 0.05 nm～0.08 nm（普通 FP 腔激光器的单模线宽可达 0.1 nm～0.2 nm）。

（3）温度特性好。DFB 激光器的波长稳定性随温度漂移约为 0.08 nm/℃（普通 FP 腔激光器的一般温度漂移值为 0.3 nm/℃～0.4 nm/℃）。

（4）调制特性好。DFB 激光器在高速调制下也能保持单纵模振荡，在吉赫兹量级直接调制下，边模抑制比可以大于 30 dB，这使得 DFB 激光器成为长波长高速光纤通信系统和光纤有线电视（CATV）传输系统中的理想光源。

DBR 激光器的结构如图 3-11 所示。它将周期性刻蚀波纹沟槽放在具有放大作用的有源区两外侧的无源波导上，这两个无源的周期波纹波导充当 Bragg 反射镜作用，在自发辐射光谱中，只有在 Bragg 频率附近的光波才能满足振荡条件得以提供有效的反馈。由于有源区的增益特性，从而发射出激光。

在波分复用（WDM）系统中，DBR-LD 将备受青睐。DBR 激光器的工作特性与 DFB 激光器相似，但其阈值电流比 DFB 激光器的高。

2. 可调谐式半导体激光器

DFB 和 DBR 激光器显然具有很高的边模抑制，因而能实现单纵模输出，但这类激光器的发光波长仍是固定的不能调制。对于相干光通信和 DWDM 系统则需要若干不同波长的 LD 作光源，而耦合腔激光器既可以提供大的纵模选择性，又具有波长可调性。

1) C^3 耦合腔结构波长可调激光器（Cleaved-Coupled Cavity laser）

如图 3-12 所示，C^3 激光器是耦合腔的单片集成化设计。它将传统的多纵模半导体激光器从中间切开，一段长 L，另一段长 D，分别加以驱动电流。中间为一个窄的空气间隙，宽度约为 1 μm。切开解理面的反射率约为 30%，可以使器件的两个部分之间有足够的耦合。改变某一腔体注入电流，C^3 激光器可以实现约 20 nm 范围的波长调谐，这种调谐不是连续的，因为激光器至少跳变一个模式间隔，大约 2 nm，其主要特性为：

$$腔长 = L + a + D = (1/2)q\lambda_q$$

波长可调谐：一是通过改变外腔特性，二是通过选主模改变外腔的光学长度来移动外腔 F-P 模从而实现调谐。

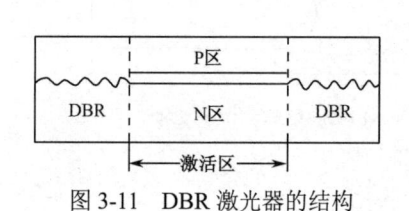

图 3-11 DBR 激光器的结构

图 3-12 C^3 激光器结构

2) 光栅外腔结构波长可调激光器

利用光栅衍射对光波进行选择，类似于牛顿棱镜。图 3-13 所示为光栅外腔半导体（ECL）激光器结构。通过调节光栅的倾角，可以实现单纵模调谐，调谐范围可以达 50 nm 以上。激光器芯片一端要镀增透膜（AR 膜），以增强耦合效果。在相干光通信及 WDM 光通信系统中，需要采用可调谐光源作为本振光源。

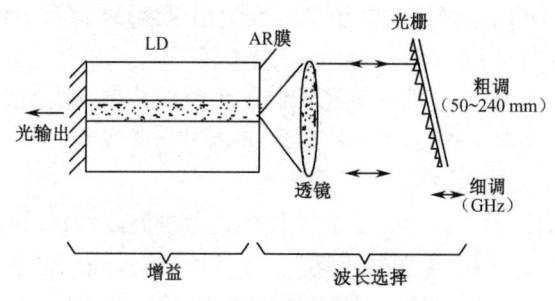

图 3-13 光栅外腔半导体激光器结构

LD 在使用时都必须有散热结构和恒温控制及与光纤耦合防反射的隔离器等。目前商用激光器制成 LD 组件，其结构和外形如图 3-14、图 3-15 所示。激光器组件由 LD、光电二极管 PIN、电子冷却元件 TEC、隔离器、热敏电阻 R_T 和光纤等组成。

图 3-14 LD 组件结构

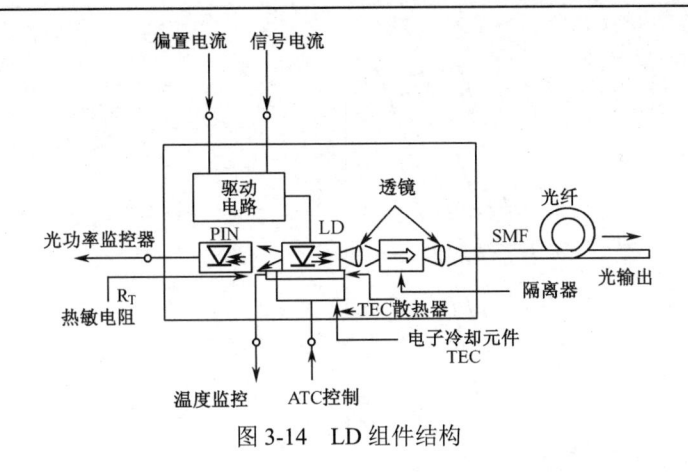

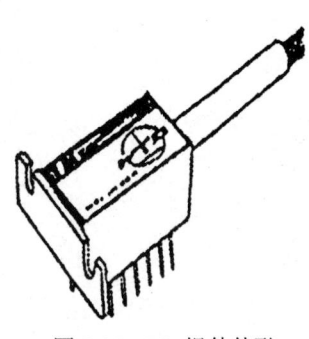

图 3-15 LD 组件外形

3.1.3 半导体激光器的主要特性

1. 阈值稳态特性（P-I 特性曲线）

典型的半导体激光器 P-I 特性曲线如图 3-16 所示，图中 I_{th} 是阈值电流。当注入电流小于 I_{th} 时，器件输出微弱的自发辐射光，是非相干的荧光；当注入电流大于 I_{th} 时，器件进入受激辐射状态，发射光是相干光。当注入电流超过 I_{th} 时，光功率随电流的增大而急剧上升，这时激光器发出的才是激光。在这一区域内，P-I 特性曲线呈线性。阈值电流 I_{th} 是激光器的重要参数，该值越小越稳定。I_{th} 值一般在 20～100 mA 之间。

2. 温度特性

半导体激光器是一个对温度很敏感的器件，图 3-17 给出了一个 1.3 μm 的 AlGaAsDH LD 在 0℃～70℃范围内的 P-I 特性曲线。随着温度的升高，阈值电流也会升高，发光功率下降，阈值电流与温度的关系可表示为：

图 3-16 半导体激光器 P-I 特性曲线

$$I_{th}(T) = I_0 \exp\left(\frac{T}{T_0}\right)$$

式中，T 为器件结区的绝对温度；T_0 为激光器材料的特征温度，T_0 越大，器件的温度特性越好；I_0 为激光器特征常数，它与激光器所使用的材料与结构有关。

若 LD 在 T_1 绝对温度时所对应的阈值电流为 I_{th1}，在 T_2 绝对温度时所对应的阈值电流为 I_{th2}，则两者关系为：

$$I_{th2}=I_{th1}\exp[(T_2-T_1)/T_0]$$

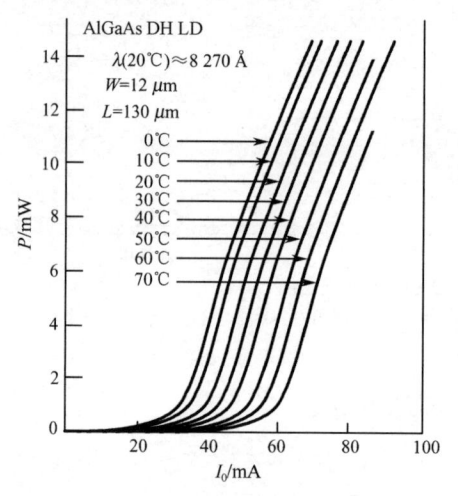

图 3-17 P-I 特性曲线随温度的变化

3. 转换效率

半导体激光器是把电功率直接转换成光功率的器件。其电光之间转换效率用外量子效率 η_D 表示：

$$\eta_D = \frac{(P_{ex} - P_{th})/hf}{(I - I_{th})/e_0} = \frac{\Delta P}{\Delta I} \cdot \frac{e_0}{hf}$$

式中，P_{th} 和 I_{th} 分别是对应的阈值；P_{ex} 和 I 分别为激光器的输出光功率和驱动电流；hf 和 e_0 分别为光子能量和电子电荷。由此得到：

$$P_{ex} = P_{th} + \frac{\eta_D hf}{e_0}(I - I_{th})$$

η_D 的几何意义是 P-I 特性曲线线性部分的斜率，它不随注入电流变化。若 $P_{ex} \gg P_{th}$，则有：

$$\eta_D \approx \frac{P_{ex}/hf}{(I - I_{th})/e_0} = \frac{P_{ex} \times e_0}{(I - I_{th})hf}$$

4. 发光波长和光谱特性

半导体激光器的发光波长取决于导带的电子跃迁到价带时所释放的能量，这个能量近似等于材料的禁带宽度 E_g，单位为电子伏特 eV，半导体激光器的发光波长 λ，单位为 μm，可通过下式求得：

$$hf = E_g$$

式中，$f = c/\lambda$，f 和 λ 分别为发射光的频率和波长，代入上式得：

$$\lambda = ch/E_g = 1.24/E_g \tag{3.9}$$

不同的半导体材料有不同的禁带宽度，对于 $Ga_{1-x}Al_xAs$，其禁带宽度为：

$$E_g = 1.424 + 1.247x \quad 0 \leq x \leq 0.45 \text{（用于 0.85 μm）}$$

有源区 GaAs/GaAlAs 调节 Al 含量改变 x，从而改变发射波长，范围为 0.75～0.92 μm。

对长波长 LD，常用材料 $In_{1-x}Ga_xAs_yP_{1-y}$，其带隙与 y 的关系为：

$$E_g = 1.35 - 0.72y + 0.12y^2 \quad 0 \leq y \leq 1；\ x/y = 0.45$$

选择合适的 x, y，可以使得 $In_{1-x}Ga_xAs_yP_{1-y}$ 的光波长为 $1.3 \sim 1.6\ \mu m$。

$\begin{cases} \text{有源区 InGaAsP/InP 调 InGaAsP 可改变波长，范围为 } 1.0 \sim 1.7\ \mu m。\\ \text{有源区 GaInAs/ GaInP 调 InGaAs 可改变波长，范围为 } 1.06 \sim 1.7\ \mu m。\\ \text{有源区 GaAsSb/GaAlAsb 调 GaAsSb 改变波长，范围为 } 0.87 \sim 1.68\ \mu m \end{cases}$

半导体激光器的光谱特性主要由纵模决定，图 3-18 和图 3-19 分别为多纵模、单纵横半导体激光器的光谱图，其中 λ_p 为最大辐射功率的纵模峰值所对应的波长，称为峰值波长，典型值是 850 nm、1 310 nm 和 1 550 nm。光谱特性是衡量器件发光单色性的一个物理量，常用下列参数描述。

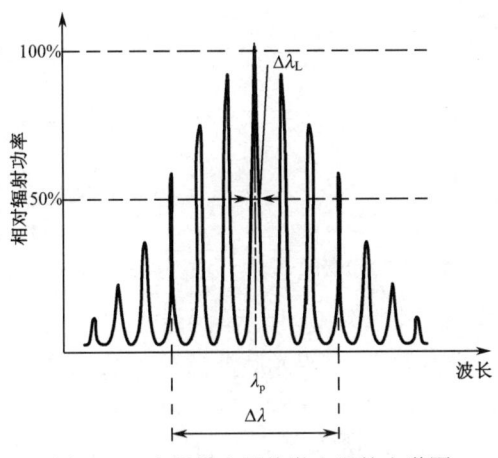

图 3-18　多纵模半导体激光器的光谱图

1）光谱宽度 $\Delta\lambda$

$\Delta\lambda$ 的定义是最大峰值波长功率下降 50% 所对应的波长宽度，称为 LD 光谱宽度。$\Delta\lambda$ 的值一般为 $3 \sim 5$ nm，较好的单纵模激光器的 $\Delta\lambda$ 约为 0.1 nm，甚至更小。

2）光谱线宽 $\Delta\lambda_L$

$\Delta\lambda_L$ 的定义是在一个最大峰值纵模中其辐射功率最大值下降 50% 的波长宽度，称为线宽。

3）边模抑制比（MSR）

MSR 的定义为主模功率最大峰值 P_m 与最强边模功率最大峰值 P_s 之比，它是 LD 频谱纯度的一种量度，写成公式为：

$$MSR = 10\lg \frac{P_m}{P_s}$$

4）最大 -20 dB 宽度

最大 -20 dB 宽度是主纵模（最大峰值归一化为 0 dB）下降 20 dB 处的波长线宽 $\Delta\lambda_m = \lambda_2 - \lambda_1$，如图 3-19 所示。

5. 电光延迟 t_d 和张弛振荡现象

半导体激光器在高速脉冲调制下，输出光脉冲瞬态响应波形如图 3-20 所示。输出光脉冲和注入电流脉冲之间存在一个初始延迟时间，称为电光延迟时间 t_d，其数量级一般为 ns 级。t_d 可用"速率"方程求得：

$$t_d = \tau_{sp} \ln[I_P/(I_P + I_b - I_{th})]$$

式中，I_P 是脉冲电流；I_b 是直流偏置值；I_{th} 是阈值电流；τ_{sp} 是自发辐射寿命。可以看出，当 $I_b \to I_{th}$ 时，$t_d \to 0$，一般情况下 t_d 在 0.5～2.5 ns 范围内。

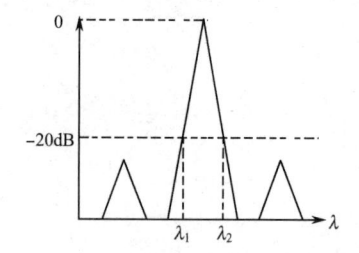

图 3-19　单纵横半导体激光器的光谱图 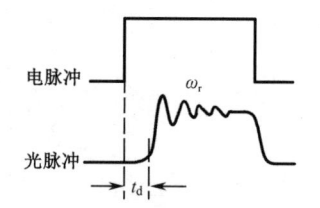　　　图 3-20　光脉冲瞬态响应波形图

电光延迟会产生码形效应，如图 3-21 所示，当电光延迟 t_d 与数字调制信号周期 $T/2$ 为相同数量级时，会使"0"码后的"1"码光脉冲变窄，幅度减小；若两个脉冲连续为"1"时，第二脉冲的电子密度高于第一脉冲到来之前的值，于是第二光脉冲延迟时间减少，输出幅度和宽度增加。这种现象称为码形效应。其特点是：脉冲序列中较长的连"0"以后，出现的"1"码光脉冲的幅度明显下降，连"0"数越长，这种现象越突出；调制速率越高，码形效应越明显。

当电流脉冲注入激光器后，输出光脉冲会出现幅度逐渐衰减的振荡，称为张弛振荡，其振荡频率 f_r 一般为 0.5～2 GHz。

张弛振荡和电光延迟的后果是限制调制频率。当最高调制频率接近张弛振荡频率时，波形失真严重，会使光接收机在抽样判决时增加误码率。

6. 自脉动现象（等幅振荡）

某些激光器在脉冲调制甚至直流驱动下，当注入电流达到某个范围时，输出光脉冲出现持续等幅的高频振荡，这种现象称为自脉动现象，如图 3-22 所示。自脉动频率可达 2 GHz，严重影响 LD 的高速调制特性，自脉动现象是激光器内部不均匀增益或不均匀吸收产生的，往往和 LD 的 P-I 曲线的非线性有关，自脉动现象发生的区域和 P-I 曲线扭折区域相对应。

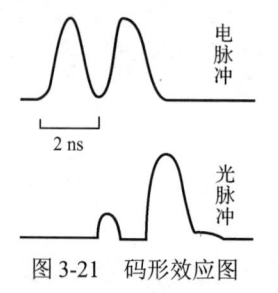

图 3-21　码形效应图 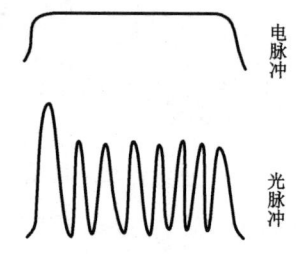　　　图 3-22　激光器的自脉动现象

3.1.4 半导体发光二极管（LED）

光纤通信中常用的光源还有 LED。在工作原理上，其与半导体激光器的根本区别是，LED 是利用注入有源区的载流子自发辐射而发出光的，其光谱宽度为 30 nm～60 nm，辐射角度也较大，在低速率的数字通信和较窄带宽模拟通信系统使用为最佳光源。LED 没有阈值电流 I_{th}、没有光学谐振腔，发出的是荧光，是非相干光。

在光纤通信中广泛应用的 LED 有三种，一种是面发光二极管（SLED），另一种是边发光二极管（ELED），还有一种是应用很少的超辐射发光二极管（SPLED）。仅介绍前两种。

双异质结面发光二极管的典型结构如图 3-23 所示。由于衬底材料 P-InP 的光吸收很大，用选择腐蚀的办法在正对有源区部位腐蚀出一个以 N-InP 为出光面的凹坑，光纤可以一直伸到出光面接收发射出来的光。

双异质结边发光二极管的结构如图 3-24 所示。它采用了与半导体激光器类似的条形结构，用 SiO_2 掩膜技术在 P 面形成垂直于端面的条形接触电极，从而限定了有源区的宽度。除载流子限定层外，还在它们外面增加了光波导层，以进一步改善光限制性能，把有源区产生的光辐射导向发光面，以提高与光纤的耦合效率。其有源区一端镀高反射膜，另一端镀增透膜，以实现单面出光。

图 3-23 SLED 的结构

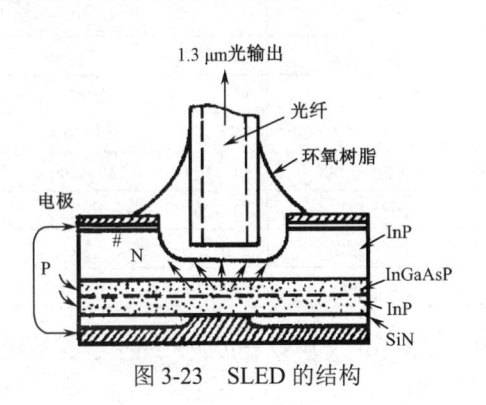

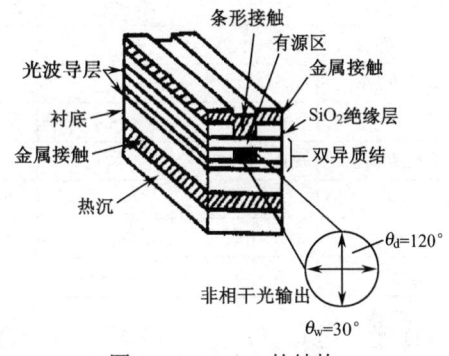

图 3-24 ELED 的结构

3.1.5 半导体发光二极管的主要特性

与半导体激光器相比，由于二者在发光机理和结构上存在差异，因此使得它们在主要性能上存在明显差异。如发光二极管不存在阈值，输出功率与注入电流之间呈线性关系；由于自发辐射的随机性，致使发光二极管的光谱宽度较宽；光束发散角较大，与光纤耦合效率也较低；输出的光功率比较低等。下面较详细地讨论它的主要特性。

1. P-I 特性曲线

LED 的输出完全由自发辐射产生，其 P-I 特性曲线如图 3-25 所示。LED 无阈值，发光功率随工作电流增大，LED 的注入工作电流通常为 50～100 mA，

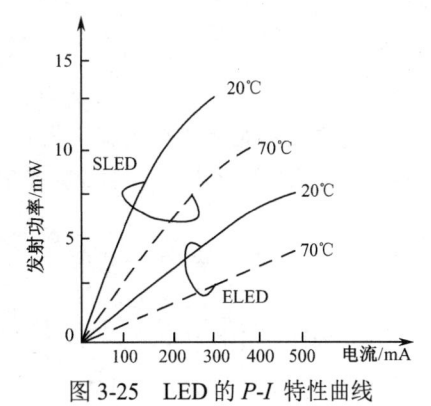

图 3-25 LED 的 P-I 特性曲线

偏压 1.2～1.8 V，输出功率约几毫瓦。

工作温度升高时，同样的工作电流下 LED 输出功率要下降。例如当温度从 20 ℃升到 70 ℃时，输出功率下降一半，但相对 LD 而言，温度的影响较小。

2．光谱特性和发散角

LED 的水平发散角约为 30°，LED 的垂直发散角约为 120°。在室温下，短波长 GaAlAs 材料制作的 LED，光谱宽度$\Delta\lambda$为 25～40 nm；而长波长 InGaAsP 材料制作的 LED，$\Delta\lambda$在 75～100 nm 之间。

由于 LED 的$\Delta\lambda$较宽，使光信号在光纤中传输时材料色散和波导色散较严重，而发散角大使 LED 和光纤的耦合效率低。

半导体激光器 DFB-LD、FP-LD 和 LED 的一般性能如表 3.1 所示。

表 3.1　半导体激光器 DFB-LD、FP-LD 和 LED 的一般性能

	DFB-LD		FP-LD		LED	
工作波长λ/μm	1.3	1.55	1.3	1.55	1.3	1.55
光谱宽度$\Delta\lambda$/nm	边模抑制比 30～35dB		1～2	1～3	25～40	60～100
阈值电流I_{th}/mA	15～20	20～30	20～30	30～60	—	
工作电流I/mA	$(1.2～1.5)I_{th}$		$(1.2～1.5)I_{th}$		50～100	50～100
输出功率P/mW	20～40	15～30	5～10	5～10	1～5	1～3
入纤功率P/mW	10～20	7～15	1～3	1～3	0.1～0.3	0.1～0.2
调制带宽B/MHz	500～1000		500～2 000	500～1 000	50～150	30～100
辐射角θ/°			20×50	20×50	30×120	30×120
寿命t/h	$10^6～10^7$	$10^5～10^6$	$10^6～10^7$	$10^5～10^6$	10^8	10^7
工作温度/℃	-20～50	-20～50	-20～50	-20～50	-20～50	-20～50

LED 通常与 G.651 规范的多模光纤耦合，用于 1.3 μm 或 0.85 μm 波长的小容量短距离系统。FP-LD 通常和 G.652 或 G.653 规范的单模光纤耦合，用于 1.3 μm 或 1.55 μm 大容量长距离系统，这种系统在国内外都得到了广泛的应用。分布反馈激光器（DFB-LD）主要和 G.653 或 G.655 规范的单模光纤或特殊设计的单模光纤耦合，用于超大容量的新型光纤系统，是目前光纤通信发展的主要趋势。

3.2　光检测器件

光检测器是光接机的关键器件，它的作用是把接收到的光信号转换成电流信号。光纤通信中最常用的光检测器有 PD 光电二极管、PIN 光电二极管和 APD 雪崩光电二极管。

3.2.1　PD 光电二极管

光纤通信中所使用的半导体光检测器，是利用光电效应原理而制成的。所谓半导体光电效应是指一定波长的光照射到半导体 PN 结上，且光子能量大于半导体材料的禁带宽度

（$hf>E_g$）时，价带电子吸收光子能量跃迁到导带，使导带中有电子，价带中有空穴，从而使 PN 结中产生光生载流子，在场的作用下形成光电流的一种现象，如图 3-26 所示。

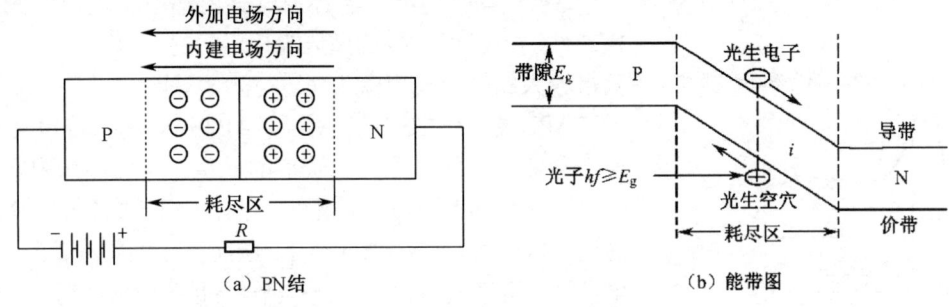

图 3-26 半导体 PN 结及能带图

PD（Photo Detection）光电二极管是基于 PN 结的光电效应把光信号转换为电信号的器件。PD 管通过外电路对 PN 结加反向偏压时，如图 3-27 所示，外加电场与内建电场方向一致，因而在 PN 结界面附近形成相当高的电场耗尽区，当光束入射到 PN 结时，耗尽区内产生的光生载流子立即被高电场（内建场和外建场）加速，以很高的速度向两端运动，从而在外电路中形成光生电流。当入射光功率变化时，光生电流也随之线性变化，从而完成了光电转换过程。

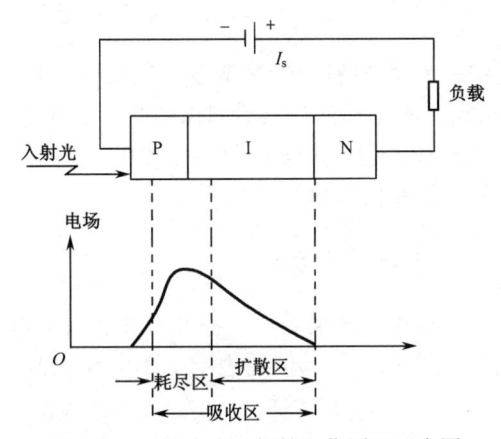

3.2.2 PIN 光电二极管

PIN 光电二极管工作原理示意图如图 3-28 所示。它是在 PD 光电二极管的基础上改进而成的。它由 P、I、N 三层组成。为了提高光电二极管的响应速度和转换效率，就要适当加大耗尽区的宽度，从而使入射光尽可能地在耗尽区被吸收。因此在重掺杂的 P 型和 N 型半导体之间，设置了一层低掺杂的 N 型半导体，因为这一层的掺杂浓度很低，近乎本征 I 半导体，故称 I 层。在 PIN 管结构中重掺杂 P^+ 和 N^+ 区非常薄，而低掺杂的 I 区很厚，经扩散作用后可形成一个很宽的耗尽区，这样，在外加反向偏压下，可大大提高 PIN 光电二极管的光电转换效率。

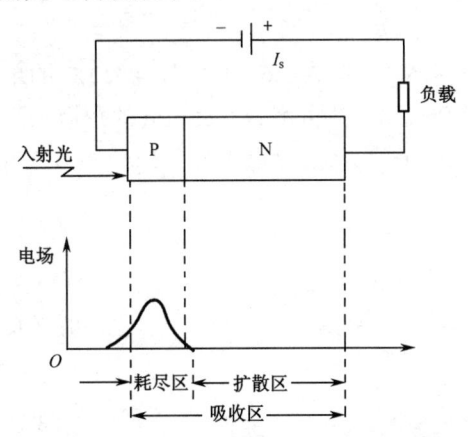

图 3-27 PD 光电二极管工作原理示意图

图 3-28 PIN 光电二极管工作原理示意图

3.2.3 APD 雪崩光电二极管

APD 雪崩光电二极管是具有内部电流增益的光电转换器件，可以用于检测微弱光信号，获得较大的输出光电流。

APD 结构如图 3-29 所示，APD 由重掺杂的 P 型、N 型半导体的中间加入宽度较窄的 P 型半导体层和很宽的轻微掺杂 P 型的 I 层共四层组成。设计上已考虑到使它能承受高反向偏压（为 100~150 V），从而在耗尽区内形成一个高电场区，可高达 $3×10^5$ V/cm。当耗尽区吸收光子时，激发出来的光生载流子经过高场区被加速，以极高的速度与耗尽区的晶格发生碰撞，使晶体中的原子电离，从而产生新的光生载流子，并产生连锁反应，使载流子迅速增加，光电流在 APD 管内部获得倍增，形成雪崩倍增效应。APD 就是利用雪崩倍增效应使光电流得到倍增的高灵敏度检测器。

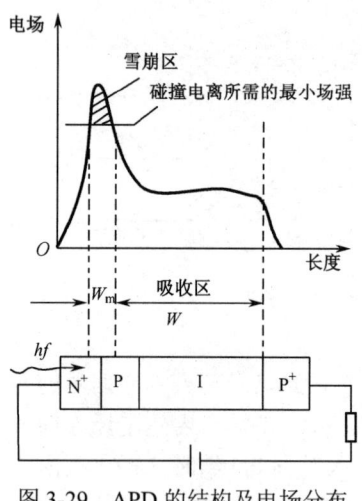

图 3-29 APD 的结构及电场分布

3.2.4 光电二极管的主要特性

1. 光电效应条件和波长响应范围

光电效应的发生是具有一定条件的。若入射光子能量 hf 小于半导体材料的禁带宽度 E_g，那么无论入射光多么强，光电效应也不会发生。因此，产生光电效应的条件是：

$$hf > E_g \quad 或 \quad \lambda < hc/E_g$$

式中，λ 为入射光波长，f 为入射光频，c 为真空中光速。

由光电效应的条件可知，对任何一种特定材料制作的光电二极管，都存在耗尽区上截止波长 λ_c 或截止频率 f_c，其表达式为：

$$\lambda_c = \frac{hc}{E_g} = \frac{1.24}{E_g} \quad 或 \quad f_c = \frac{E_g}{h}$$

式中，E_g 为材料的禁带宽度，其单位为电子伏特（eV），$1eV=1.6×10^{-19}$ J，波长 λ_c 的单位为 μm。例如，对 Si 材料制作的光电二极管，$\lambda_c=1.06$ μm，故可用做 0.85 μm 的短波长光检测器。对 Ge 和 InGaAs 材料制作的光电二极管，$\lambda_c≈1.6$ μm，所以可用做 1.3 μm 和 1.55 μm 的长波长光检测器。

2. 光电转换效率

衡量光电转换效率的特性参数有响应度 R_0 和量子效率 η。响应度表示单位入射光功率所产生的光电流，用 R_0 表示，单位为 A/W，即：

$$R_0 = \frac{I_P}{P} \tag{3.10}$$

式中，I_P 是平均输出光生电流，P 是平均入射光功率。

量子效率定义为转换形成光电流的电子-空穴对数与入射到光敏面的总光子数之比，用 η 表示，即：

$$\eta = \frac{\text{形成光电流的电子} - \text{空穴对数}}{\text{入射到光敏面的总光子数}} = \frac{I_P/e_0}{P/hf} = \frac{I_P hf}{P\, e_0} \times 100\% \qquad (3.11)$$

η 和 R_0 之间的关系为：

$$\eta = \frac{I_p/e_0}{P_0/(hf)} = \frac{I_0}{P_0} \times \frac{hf}{e_0} = R_0 \frac{hf}{e_0} \quad \text{或} \quad R_0 = \eta \frac{e_0}{hf} \approx \frac{\eta \lambda}{1.24}$$

式中，电子电荷 $e_0 = 1.6 \times 10^{-19}$ C，λ 的单位为 μm。如果 $\lambda = 0.85\ \mu$m，$\eta = 80\%$，则 $R_0 = 0.55$ A/W，表明 1 mW 的光功率入射到光电二极管上，可产生 0.55 mA 的光电流。

从光电二极管的光电效应条件，可以看出半导体材料的光电转换效率与入射光波长有关，图 3-30 是由不同材料制成的 PIN 管响应度、量子效率与波长的关系曲线。从图中可见，Si 光电二极管的波长响应范围为 $0.5 \sim 1.0\ \mu$m，其中在 $0.85\ \mu$m 处 $\eta = 90\%$、$R_0 = 0.55$ A/W。Ge 和 InGaAs 光电二极管的波长响应范围为 $1.1 \sim 1.6\ \mu$m，适用于长波长波段。

3. 光电响应速度和频率特性

响应速度是指光电二极管接收到光子后产生光生电流输出的速度，它常用响应时间，即上升时间和下降时间来表示。

光电二极管在接收机中，通常有偏置电路，并与放大器相连。图 3-31 所示为光电二极管接收电路及其等效电路，C_d 是它的结电容，R_s 是它的等效串联电阻，其值很小；R_L 是它的负载电阻；C_a 和 R_a 是光电二极管之后的放大器的输入电容和输入电阻。

光电二极管进行光电转换的响应速度与 RC 电路的上升时间、光生载流子的产生、在耗尽层中渡越、复合及耗尽层外载流子的扩散时间有关。

光电二极管等效电路中的无源并联支路构成 RC 低通滤波器，其通带上限频率为：

$$f_c = 1/(2\pi R_T C_T) \approx 1/(2\pi R_L C_d)$$

式中，$R_T = R_L // R_a$；$C_T = C_d // C_a$，$C_d = \varepsilon A/W$，其中 ε 为材料的介电常数，A 为 PN 结区面积，W 为耗尽区宽度。由分析可近似求得光电二极管的上升时间 t_r 和下降时间 t_f 为：

$$t_r = t_f = 2.2 t_0 \approx 2.2 R_L C_d$$

式中，t_0 为光电二极管单一时间常数。

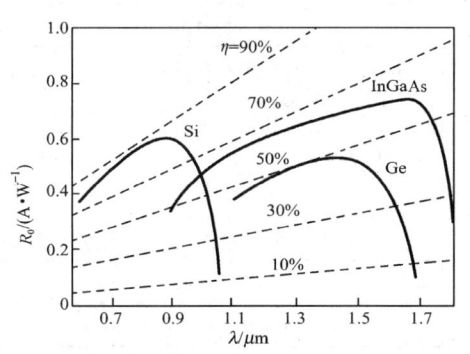

图 3-30　PIN 管响应度（R_0）、量子效率（η）与波长（λ）的关系曲线

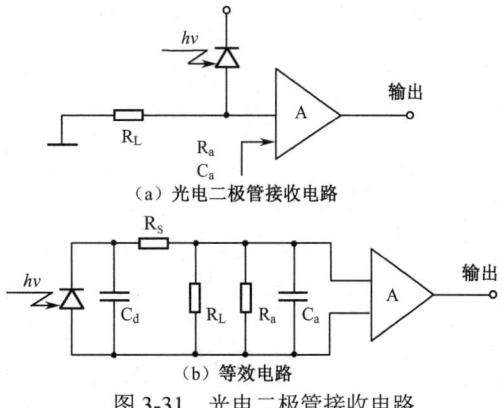

图 3-31　光电二极管接收电路及其等效电路

4. 暗电流 I_d

暗电流 I_d 定义为无光照射时光电二极管的反向电流,称为暗电流(噪声电流)。Si 的 PIN 管的 I_d 大于 1nA,Ge 的 PIN 管的 I_d 约几百纳安,InGaAs 的 PIN 管的 I_d 约几十纳安。APD 管的 I_d 由于倍增因子 G 存在,因此其暗电流总是大于同材料的 PIN 管的 G 倍。

5. APD 管的平均倍增因子 G 特性

APD 管有与 PIN 管一样的特性,如光电转换效率、响应速度、暗电流等特性,除此之外,还有倍增因子、过剩噪声等新引入的特性。在此重点介绍这两点特性。

倍增因子 G 定义为 APD 管有倍增时输出光生电流 I_M 与无倍增的初始光生电流 I_P 之比,即

$$G = I_M / I_P$$

APD 的倍增因子 G 与反向电压 V 的关系可近似用 Miller 公式表示:

$$G = \frac{1}{1 - [(V - I_M R_s)/V_B]^n} \quad (3.12)$$

式中,V_B 为击穿电压;V 为 APD 的反向电压;R_s 为 APD 的等效电阻;n 为指数,是与 APD 材料、掺杂及工作波长有关的参数,通常取值 1~7。

对于 APD,响应度为 $R = I_M/P = GI_P/P = GR_0$,而量子效率 $\eta = (I_P/e_0)/[P/(hf)] < 1$,$\eta$ 仅与初级光生载流子有关,不涉及倍增载流子。一般 APD 的倍增因子 G 在 40~100 之间。

6. APD 噪声特性

APD 管由于雪崩倍增的随机性会带来新的噪声,称为过剩噪声。在工程上过剩噪声可用过剩噪声因子 $F(G)$ 表示:

$$F(G) = G^x$$

式中,$0 < x < 1$ 为过剩噪声指数。Si 材料的 APD 管,$x = 0.3$~0.5;Ge 材料的 APD 管,$x = 0.6$~1.0;InGaAsP/InP 材料的 APD 管,$x = 0.5$~0.7。

PIN 和 APD 光电二极管的一般性能如表 3.2 所示。

表 3.2 PIN 和 APD 光电二极管的一般性能

种 类	Si-PIN	Si-APD	InGaAs-PIN	InGaAs-APD
响应波长/μm	0.4~1.1		0.9~1.7	
响应度/(A.W^{-1})	0.3~0.55(0.90 μm)	0.5~1.2(0.85 μm)	0.75~0.95(1.3 μm)	0.75~0.95(1.3 μm)
量子效率/%	65~90	77	60~70	60~70
暗电流/nA	1~10	0~9(0.9V_B)	0~9(-5V 偏压)	50(0.9V_B)
响应时间/ns	0.5~1.0	0.1~2.0	0.06~0.5	0.1~0.5
带宽/GHz	0.125~1.4	0.2~1.0	0.125~40	1.5~3.5
工作电压/V	-100~-40	-200~-100	-15~-5	-60~-30
结电容/pF	1.2~3.0	1.3~2.0	0.5~2	<0.5
倍增因子	1	100~500	1	10~60
过剩噪声指数	—	0.3~0.5	—	0.5~0.7

3.3 光纤放大器

光纤损耗和色散的存在，使光纤无中继传输距离受限。在大容量长距离光纤通信系统中，延长通信距离的方法是采用光电中继器，即光—电—光中继方式，这种方式设备复杂，成本昂贵，维护不便。为此，人们试图寻找一种新型中继放大器，即光放大器。光放大器直接对传输光信号进行放大，可以省去传统中继方式中的光/电和电/光变换，进而可以引入较小的噪声和处理误差。

光放大器的基本原理如图 3-32 所示，其主要由放大工作介质、泵浦源组成。工作时，工作介质先从泵浦源中吸收足够的能量，处于粒子反转分布，当输入信号光经过此放大工作介质时两者将发生受激辐射作用，使输入的弱光信号从放大工作介质中获得能量形成放大了的输出信号光。由此可见，输入的弱信号光是间接吸收了泵浦源的能量而获得放大，放大工作介质起能量传递作用，它把泵浦形式的能量转化成信号光的形式。

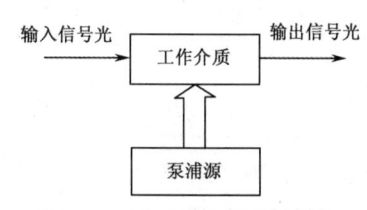

图 3-32 光放大器的基本原理

光放大器主要应用于在以下方面：一是在 DWDM 光纤通信系统中，光放大器可以对一根光纤上同一窗口同时传输的多个光载波进行放大，替代传统的将多信道信号分开，送入各自的光中继设备中，通过光—电—光转换过程来对光信号进行的处理过程。若用掺铒光纤放大器（Erbium Doped Fiber Amplifier, EDFA），有数十至上百纳米的带宽，可以覆盖相当数量的不同波长信道，因而一个光纤放大器就可以代替诸多中继设备对 DWDM 系统的多信道光信号进行放大。二是 EDFA 可以补偿光信号由分路而带来的损耗，扩大本地网的网径，增加用户。三是在光孤子通信中的应用，孤子通信是利用光纤的非线性来补偿光纤色散作用的一种新型通信方式。光孤子脉冲沿光纤传输时，其功率逐渐减弱，这将破坏非线性与色散之间的平衡。解决的方法之一就是在光纤传输线路中每隔一定的距离加一个光放大器，补充线路的非线性，使光孤子在传输中保持脉冲形状不变。

光放大器主要有半导体光放大器（Semiconductor Optical Amplifier, SOA）、拉曼散射、布里渊散射光纤放大器和掺杂光纤放大器。掺杂光纤放大器包括掺铒光纤放大器（EDFA）、掺谱光纤放大器（POFA）和掺铌光纤放大器（NDFA）。由于掺铒光纤放大器具备一系列优良特性，成为光纤通信系统中的最佳放大器。下面重点讨论 EDFA。

3.3.1 EDFA 的结构及原理

EDFA 的基本结构是将稀土元素铒 Er^{3+} 离子注入光纤芯层中，浓度约为 25 mg/kg 形成 EDFA 的工作介质——掺铒光纤 EDF，在泵浦源激励下可直接对某一段波长的光信号进行放大，其具有高增益、高输出、宽频带、低噪声等一系列优点，是目前应用最广泛的光放大器，为光纤通信带来极其深远的影响。

1. EDFA 的基本结构

EDFA 主要由掺铒光纤、泵浦源、WDM、光隔离器等组成，如图 3-33（a）所示。

WDM 的作用是将不同波长的泵浦光和信号光混合送入掺铒光纤。对它的要求是能将两信号有效地混合而插入损耗最小。

光隔离器的作用是抑制光反射对光放大器的影响，保证系统稳定工作。对它的要求是插入损耗低、与偏振无关、隔离度优于 40 dB。

光滤波器的作用是滤除放大器的噪声，提高系统的信噪比。

泵浦源的作用是提供足够的光功率使掺铒光纤处于粒子数反转分布。泵浦源即为半导体激光器，输出功率为 10～100 mW，工作波长有 1 480 nm、980 nm 和 800 nm 三种。

掺铒光纤应具有一定的长度（10～100 m）和一定的增益。

EDFA 的放大过程：在泵浦源作用下的掺铒光纤得到粒子数反转分布，再通过信号光与此时的掺铒光纤的相互作用，即受激辐射，信号光便得到放大，实质是泵浦光将能量转移给信号光，从而使信号光得到放大。

EDFA 的泵浦形式有同向泵浦、反向泵浦和双向泵浦三种，如图 3-33 所示。同向泵浦是信号光与泵浦光从同一端注入掺杂光纤的方式，其优点是：结构简单，噪声性能较好；反向泵浦是泵浦光与信号光从不同的方向输入掺杂光纤，两者在光纤中反向传输，其特点是：当光信号放大到很强时，泵浦光也强，不易达到饱和，但噪声性能不佳。为了使掺铒光纤中杂质粒子得到充分的激励，必须提高泵浦功率，可用多个泵浦源激励光纤。双向泵浦结构结合了同向泵浦和反向泵浦的优点，使泵浦光在光纤中均匀分布，增益最高、噪声性能较好。

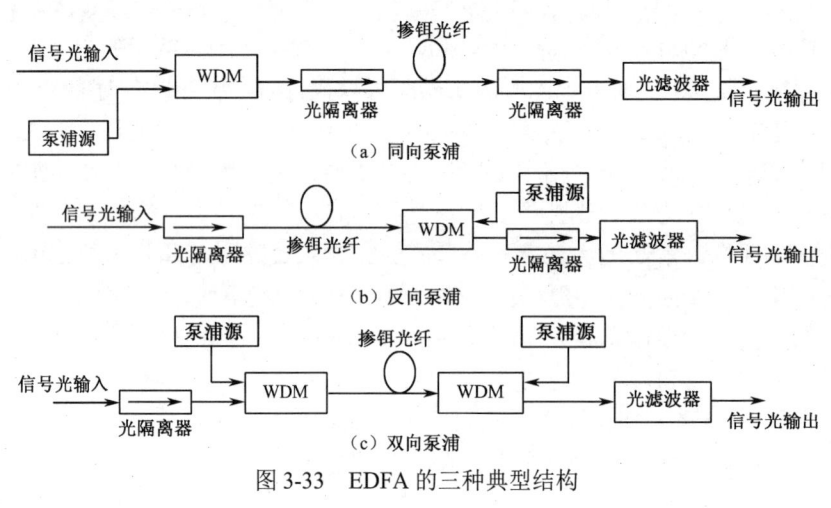

图 3-33　EDFA 的三种典型结构

2．掺铒光纤的放大器的工作原理

在制造光纤中适量掺入稀土元素——铒离子（E_r^{3+}），就形成 EDFA 的工作介质——掺铒光纤。掺铒光纤与泵浦光、信号光相互作用的机理，如图 3-34 所示。

掺铒光纤能放大光信号的基本原理在于 E_r^{3+} 吸收泵浦光的能量，E_r^{3+} 属于分立能级，E_r^{3+} 在未受泵浦光激励的情况下，掺铒光纤中的 E_r^{3+} 按费米统计分布规律处在基态 $^4I_{15/2}$ 上，当泵浦光射入，处于基态上的铒粒子吸收泵浦光子后向高能级跃迁。泵浦光的波长不同，粒子所跃迁的高能级也不同。例如泵浦光的波长为 1 480 nm，E_r^{3+} 粒子先跃迁到 $^4I_{13/2}$ 能级的顶部，并迅速以无辐射跃迁形式由泵浦态变至亚稳态（即 $^4I_{13/2}$ 能级的低部）。由于源源不断地进行泵浦，粒子数不断增加，从而在 $^4I_{13/2}$ 能级低部与 $^4I_{15/2}$ 能级之间形成粒子数反转分布。当具有 1 550 nm 波长的光信号通过这段掺铒光纤时，亚稳态的粒子以受激辐射的形式跃迁到基态，并产生出和入射光信号中的光子一模一样的全同光子，从而大大增加了信号光子数量，实现了信号光在掺铒光纤中的放大。

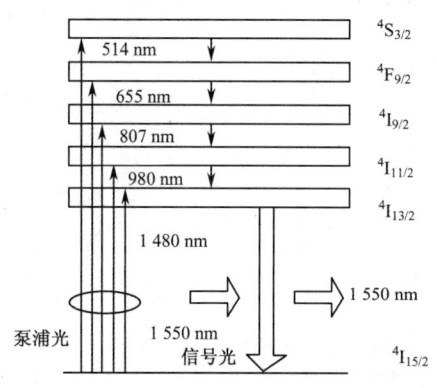

图 3-34　掺铒光纤与泵浦光、信号光相互作用的机理

3.3.2　EDFA 的主要特性

EDFA 的主要特性有增益特性、输出功率特性和噪声特性。

1．增益特性

增益特性表示了放大器的放大能力，其定义为：
$$G = 10\lg\frac{\text{放大器输出信号功率}}{\text{放大器输入信号功率}} = 10\lg\frac{P_{\text{out}}}{P_{\text{in}}}$$

EDFA 的增益大小与多种因素有关，通常为 15～40 dB。增益光谱范围为 1 525～1 565 nm。

图 3-35 表示了信号增益与泵浦功率的关系。小信号输入时增益系数大于大信号输入时的增益系数。若定义增益为 0 dB 时的泵浦功率为泵浦阈值功率 P_{th}，则当泵浦功率 P_P/P_{th} 大于 3 时，放大器增益出现饱和，即泵浦功率增加很多，而增益基本保持不变。

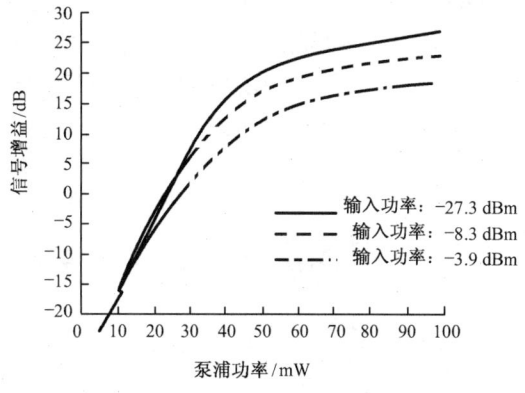

图 3-35　信号增益与泵浦功率的关系

图 3-36 表示了增益与掺铒光纤长度的关系。开始时增益随掺铒光纤长度的增加而上升，

但当泵浦光功率一定,掺铒光纤超过一定长度后,其能量不足以使掺铒光纤粒子数反转,此时信号光不仅不能放大,反而被消耗,其 G 为负数。这样就存在一个可以获得最大增益的最佳长度。例如泵浦功率为 30 mW,光纤长度超过 50 m 时,光纤越长反而增益越小,这时 50 m 即为最佳光纤长度(对应的增益为最大)。

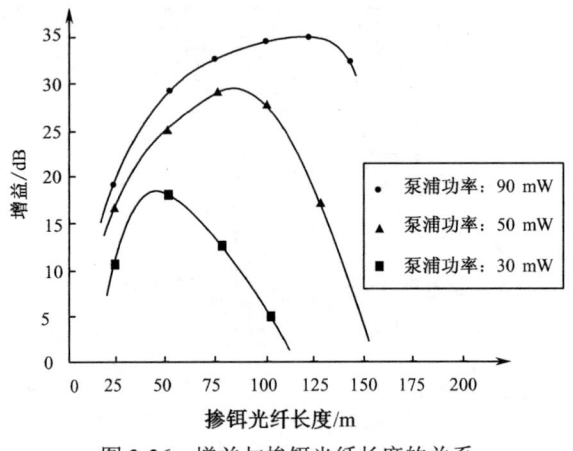

图 3-36 增益与掺铒光纤长度的关系

2. 输出功率特性

理想的光放大器,不管输入功率多高,光信号都能按同一比例被放大,但实际的 EDFA 却并非如此。当输入功率增加时,受激辐射加快,以至于减少了粒子反转数,使受激辐射光减弱,导致增益饱和,输出功率趋于平稳。

3. 噪声特性

EDFA 的输出光中,除有信号光以外,还有自发辐射光等,它们被一起放大,形成了影响信号光的噪声源。EDFA 的噪声主要有以下 4 种:信号光的散粒噪声,放大器的自发辐射(ASE)散粒噪声,信号光与 ASE 光谱间的差拍噪声,ASE 自身光谱间的差拍噪声。以上 4 种噪声中,后两种影响最大,其功率谱密度如图 3-37 所示。

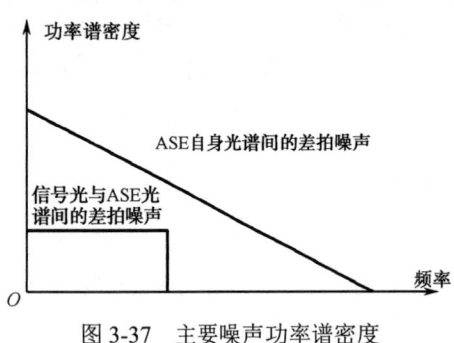

图 3-37 主要噪声功率谱密度

EDFA 的噪声特性可用噪声系数(Noise Figure, NF)来度量,其定义为:

$$\mathrm{NF} = \lg \frac{\text{输入端的信噪比}}{\text{输出端的信噪比}} = 10\lg \frac{(S/N)_{\mathrm{in}}}{(S/N)_{\mathrm{out}}}$$

由于任何一种放大器都不可避免地要引入噪声,使信噪比降低,因此输出端的信噪比总是比输入端的信噪比低。

对于不同的泵浦波长,噪声系数也略有差异。1 480 nm 泵浦源的 NF 为 4~6 dB;980 nm 泵浦源的 NF 为 3.2~3.4 dB。

实用 EDFA 的构成原理图如图 3-38 所示。表 3.3 列出了国外几家公司 EDFA 的技术参数。

第 3 章 光纤通信基本器件

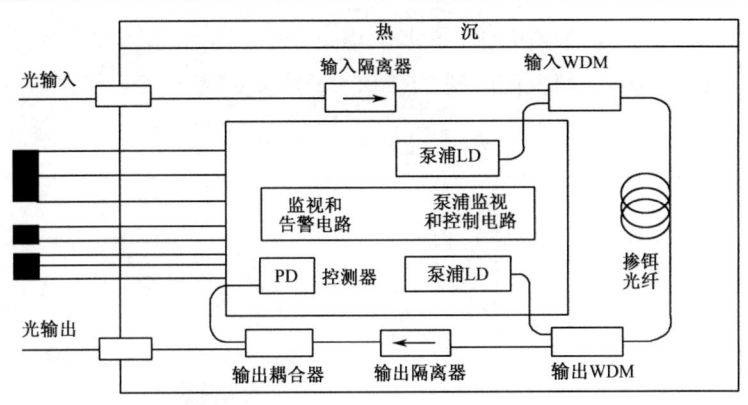

图 3-38 实际 EDFA 的构成原理图

表 3.3 掺铒光纤放大器的技术参数

公司名称	型号	光增益/dB	最大输出功率/dBm	噪声指数/dB	工作波长/nm	泵浦波长/nm	工作温度/℃	工作带宽/nm
Tech Sight Inc（加拿大）	FA102	28	10	4.5	1 530~1 560	980	0~60	30
	FA106	38	16	6	1 530~1 560	1 480	0~60	30
AT&T（美国）	×1 706×J	30	11.5	8	1 540~1 560	1 480	−5~40	20
	×10 706×Q	35	15.5	8	1 540~1 560	1 480	−5~40	20
BT&D（英国）	EFA200×	40	15	4.5	1 530~1 565	1 480	−40~60	35
	EFA201×	35	15	<4.0	1 530~1 565	980	−40~60	35
PITEL（日本）	ErFA1 110—1 115	25~33	10~15	<7	1 552	1 480	0~40	30
	ErFA1 118	>35	18	<7	1 552	1 480	0~40	30
CORNING	单泵功放		12~13	4		980	0~65	
	双泵功放		15~16	4		980	0~65	
	双泵 CATV 功放		16	4		980	0~65	
	线路放大	25		4		980	0~65	
	有调谐滤波器的前放	24~30		4	1 530~1 560	980	0~65	
	WDM 线路放大器	33~34	16.5	4	1 549~1 561	980	0~65	12

3.4 光纤连接器

3.4.1 光纤连接器的结构与种类

光纤连接器又称光纤活动连接器，它是实现光纤与光纤之间、光纤与光模块或仪表、光纤与其他光无源器件之间的可拆卸连接，它的种类有：FC/PC 球面型、FC/APC 斜八度面型、SC/PC 球面型、SC/APC 斜八度面型、ST/PC 球面型和 LC/PC 球面型等，如表 3.4 所示。

表 3.4 各种光纤连接器

光纤连接器种类	形　状
FC/PC 球面型 FC/APC 斜八度面型	
SC /PC 球面型 SC /APC 斜八度型	
ST /PC 球面型	
LC /PC 球面型	

3.4.2 光纤连接器的主要性能指标

1. 插入损耗

插入损耗用 L 表示。若入纤的光功率为 P_T，出纤的光功率为 P_R，如图 3-39（a）所示。插入损耗定义为：

$$L = 10\lg\frac{P_T}{P_R} \text{ (dB)}$$

对于理想的光纤连接器，$P_T = P_R$，$L=0$。影响光纤连接（插入）损耗的原因可归为两类：一是相互连接的两光纤结构参数，如数值孔径、模场直径、折射率指数的不匹配；二是由于光纤的耦合不完善、有缺陷，如图 3-39 所示。

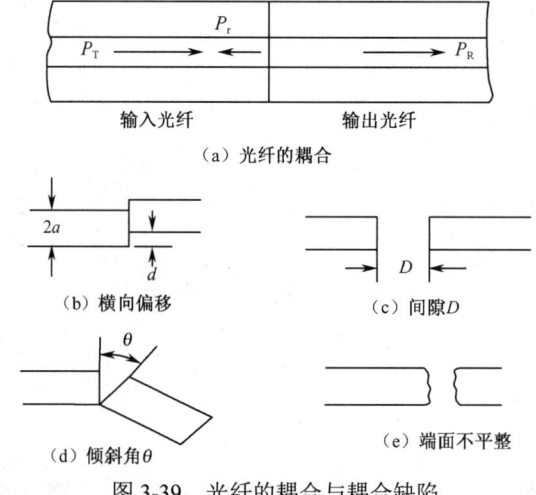

（a）光纤的耦合

（b）横向偏移　　（c）间隙 D

（d）倾斜角 θ　　（e）端面不平整

图 3-39 光纤的耦合与耦合缺陷

2. 回波（反射）损耗

回波（反射）损耗定义为：

$$R_\mathrm{L} = 10\lg \frac{P_\mathrm{T}}{P_\mathrm{r}}$$

式中，P_T 为入纤的光功率，P_r 为反射的光功率。回波损耗越大越好，以减少反射光对光源和系统的影响。

3. 重复性和互换性

重复性是指活动连接器多次插拔后插入损耗的变化，用 dB 表示。互换性是指各连接器互换时插入损耗的变化，也用 dB 表示。常用光纤连接器的结构特点和性能指标如表 3.5 所示。

表 3.5 光纤连接器的结构特点和性能指标

结构和特性	类型	FC/PC	FC/APC	SC/PC	SC/APC	ST/PC	LC/PC
结构特点	插针套管（包括光纤）端面形状	球面	斜八度面	球面	斜八度面	球面	球面
	连接方式	螺纹	螺纹	轴向插拔	轴向插拔	卡口	轴向插拔
	连接器形状	圆形	圆形	矩形	矩形	圆形	矩形
性能指标	平均插入损耗/dB	≤0.2	≤0.3	≤0.3	≤0.3	≤0.2	≤0.3
	最大插入损耗/dB	0.3	0.5	0.5	0.5	0.3	≤0.4
	重复性/dB	≤±0.1	≤±0.1	≤±0.1	≤±0.1	≤±0.1	≤±0.1
	互换性/dB	≤±0.1	≤±0.1	≤±0.1	≤±0.1	≤±0.1	≤±0.1
	回波损耗/dB	≥40	≥60	≥40	≥60	≥40	≥45
	插拔次数	≥1 000	≥1 000	≥1 000	≥1 000	≥1 000	≥1 000
	使用温度范围/℃	−40~+80	−40~+80	−40~+80	−40~+80	−40~+80	−40~+80

3.5 光分路耦合器和波分复用器

3.5.1 光分路耦合器

光分路耦合器的功能是把一个输入的光信号分配给多个或两个输出，或把多个或两个光信号输入组合成一个输出。光分路耦合器大多与波长无关，与波长有关的专称为波分复用器/解复用器。

1. 光分路耦合器基本结构

光分路耦合器简称耦合器，常用的有 X 状耦合器、Y 状耦合器、星状耦合器、树状耦

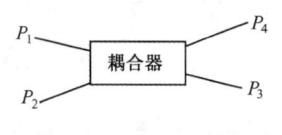

图 3-40　X 状光纤耦合器

合器等不同类型，各具有不同功能和用途。图 3-40 所示是 X 状耦合器，其功能如表 3.6 所示。X 状（2×2）耦合器及 1×N、N×N 星状耦合器大多数采用熔融双锥的制造方法，即将多根裸光纤绞合熔融在一起，图 3-41 所示是 2×2 的单模光纤耦合机理。在模式混合区，两根光纤的芯径变小且两个芯区非常靠近，因而归一化频率 V 显著减小，导致模场直径增加，这使两根光纤的消失场产生强烈的重叠耦合，光功率可以从一根光纤耦合到另一根光纤，实现分路耦合功能。根据混合区的长度和包层厚度，可以在两根输出光纤中获得预期的光功率比例。

表 3.6　X 状耦合器的功能

输　　入	按比例输出	作　　用
P_1	P_4，P_3	分路（P_2 很小）
P_4，P_3	P_1	耦合（P_2 很小）
P_2	P_4，P_3	分路（P_1 很小）

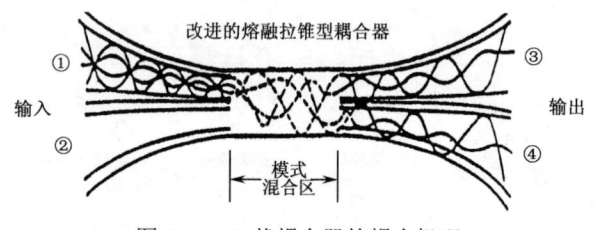

图 3-41　X 状耦合器的耦合机理

星状耦合器（$N×M$）如图 3-42 所示，其功能是把 N 根光纤输入的光功率组合在一起，均匀地分配给 M 根光纤输出，N 和 M 不一定相等，该耦合器通常用作多端功率分配器。

树状和星状耦合器可用 2×2 耦合器拼接而成，如图 3-43、图 3-44 所示，星状耦合器应用如图 3-45 所示。将 N 个光节点上光发射机输出的光信号送入星状耦合器，而将组合信号分别送入各节点上的光接收机，它使各节点能共享网络系统的软硬件资源，又能实现大容量信息的低损耗传输。

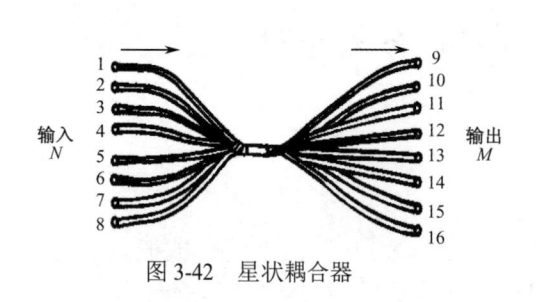

图 3-42　星状耦合器

图 3-43　1×8 或 2×8 树状耦合器

2．光分路耦合器的主要性能指标

光分路耦合器的性能指标有插入损耗、附加损耗、分光比和隔离度（串扰）等，以图 3-40 所示的 X 形耦合器参考模型为例，讨论其主要性能指标。

图 3-44　32×32 星状耦合器

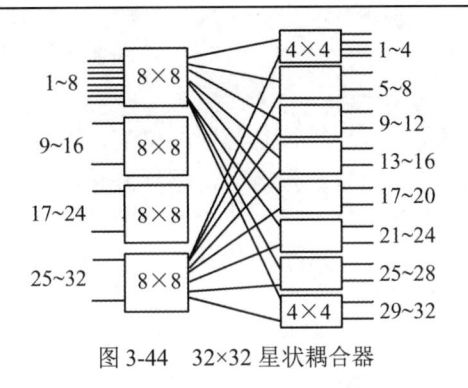

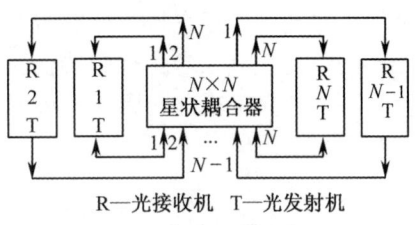

图 3-45　星状耦合器应用示意图

插入损耗 L_i 是指一个指定输入端的光功率 P_1 与一个指定输出端的光功率 P_4（或 P_3）的比值的 10 倍对数，用 dB 单位表示为

$$L_i = 10\lg \frac{P_1}{P_4(\text{或}P_3)} \quad (\text{dB})$$

附加损耗 L 是输入光功率 P_1（或 P_2）与总输出光功率（P_3+P_4）比值的 10 倍对数，用 dB 单位表示为：

$$L = 10\lg \frac{P_1}{P_3 + P_4} \quad (\text{dB})$$

一般情况下，要求 $L \leq 0.5$ dB。

分光比 CR 是指某一输出端口的光功率（P_3 或 P_4）与所有输出端口光功率之比，即分光比为

$$CR = \frac{P_3}{P_4 + P_3}$$

一般情况下，光分路（耦合）器的分光比为：20%～50%，由需要来决定。

隔离度 DIR 反映光分路耦合器反向散射信号的大小参数，是指一个输入端光功率 P_1 与由耦合器反射到其他输入端的光功率 P_2（或 P_r）的比值的 10 倍对数，用 dB 单位表示为

$$DIR = 10\lg \frac{P_1}{P_2(\text{或}P_r)}$$

实际上端口 2 会有少量光功率（P_2）输出，其大小表示 1、2 端口的隔离程度。一般情况下，要求 DIR>20 dB。

3.5.2　波分复用器

波分复用器是一种与波长有关的耦合器，是构成多波长在同一光纤传输的关键器件。波分复用器（WDM，也叫合波器）用于发射端，其将多个波长的光信号合并在一起并送入到一根光纤传输；解波分复用器（又叫分波器）用于接收端，其将一根光纤传输来的多个波长的光信号按不同光波长分开。从原理上讲，该器件是互易的，既可以作为合波器也可以作为分波器。在 WDM 系统中用的波分复用器主要有光栅型、多层介质膜型和熔融拉锥全光纤型等。

1. 光栅型波分复用器

所谓"光栅"是指在一块能够透射或反射的平面上刻划平行且等距的槽痕，形成许多具有相同间隔的狭缝。当含有多波长的光信号在通过光栅时产生衍射，不同波长成分的光信号将以不同的角度出射，因此，该器件与棱镜的作用一样，均属角色散型器件，其原理如图 3-46 所示。

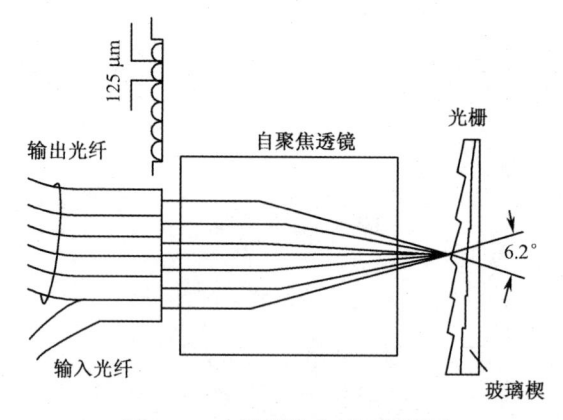

图 3-46 光栅型波分复用原理图

在 WDM 系统中，光栅主要用在解复用器中，以分离出各个波长。图 3-47 是光栅型波分复用器应用的两个例子。

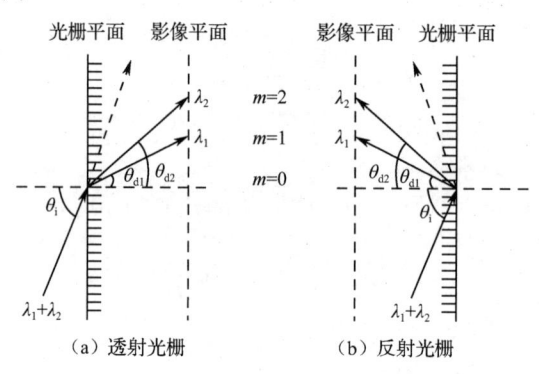

（a）透射光栅　　（b）反射光栅

图 3-47 光栅型波分复用器的应用示例

以透射光栅为例来说明光栅的分光原理。如图 3-47（a）所示，设两个相邻缝隙间的距离即栅距为 d，光源离光栅平面足够远（相对于 d 而言），θ_i 和 θ_{dm} 分别是入射光束与衍射光束和光栅平面法线的夹角，光栅方程为：

$$d(\sin\theta_{dm} \pm \sin\theta_i) = \pm m\lambda_m \quad (m=1,2,3,\cdots)$$

$$\sin\theta_{dm} = \pm\frac{m\lambda_m}{d} \mp \sin\theta_i$$

式中，m 为对应的某一波长光线衍射后出现的一种方向，称光谱级。当 d 和 θ_i 一定时，光谱级确定后则 m 不变，则此时衍射角 θ_{dm} 随 λ_m 的改变而改变。即不同波长的光衍射后方向不同。例如光栅栅距为 $d=5\ \mu m$，$m=1$，即一级衍射，$\theta_i=0$，需要分开的是 1 540.56 nm 和 1 542.16 nm 波长，其衍射角是 θ_{d1}=arcsin（1.540 56/5）=17.945°和 θ_{d2}=arcsin(1.542 16/5)= 17.955°。反

射光栅的分光原理与透射光栅类似。

2．多层介质膜型波分复用器

多层介质膜型波分复用器的基本结构如图 3-48 所示，它由滤光片和自聚焦透镜组成。

滤光片由多层介质膜构成，它可以通过介质膜系的不同选择构成长波通、短波通和带通滤波器。自聚焦透镜可由自聚焦棒 1/4 节距长度构成，自聚焦透镜对光束起准直或汇聚作用。当自聚焦透镜准直后的平行光入射到滤光片上，滤光片将某一（或某些）波长的光信号能量几乎全透射过去，而将某一（或某些）波长的光信号能量几乎全反射回去，透射光和反射光再经过自聚焦透镜汇聚，分别耦合进入光纤，这样通过两个自聚焦透镜和中间的滤光片就可以实现多个波长的分波和合波。

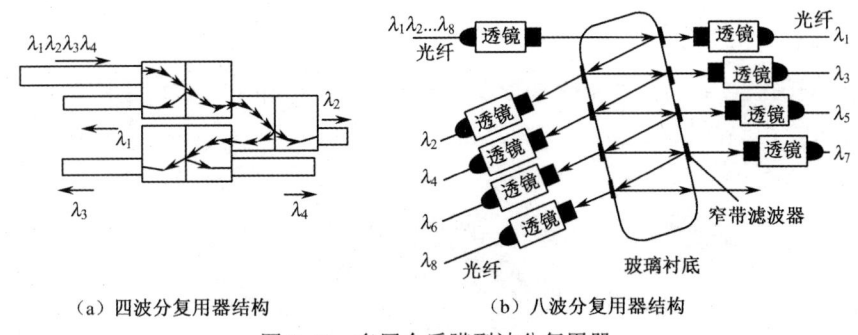

图 3-48 多层介质膜型波分复用器

（a）四波分复用器结构　　（b）八波分复用器结构

3．熔融拉锥全光纤型波分复用器

熔融拉锥全光纤型波分复用器是将两根靠贴在一起适度熔融而成的一种表面交互式器件，可以通过控制融合段的长度和不同光纤之间的互相靠近程度，实现不同波长的复用或解复用。熔融拉锥型波分复用器主要应用于 1 310 nm/1 550 nm 的 WDM 系统，配合掺铒光纤放大器应用的是 980 nm/1 550 nm 和 1 480 nm/1 550 nm WDM 系统，光学监控系统应用的是 1 510 nm/1 550 nm 的 WDM 系统。两纤的熔融拉锥全光纤型波分复用器的插入损耗小（单级最大插入损耗小于 0.5 dB，典型值为 0.2 dB），工艺简单，适合于批量生产，但相邻信道的隔离度较差（30 dB 左右），且外形尺寸稍大。两纤的 X 状熔融拉锥全光纤型波分复用器原理图如图 3-49 所示。

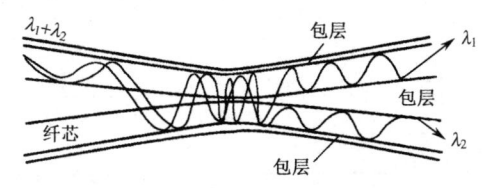

图 3-49 熔融拉锥全光纤型波分复用器原理图

4．集成光波导波分复用器

集成光波导型波分复用器是以光集成技术为基础的平面波导型器件，典型制造过程是在硅晶片上沉积一层薄薄的二氧化硅玻璃，并利用光刻技术形成所需要的图案，腐蚀成形。

该器件可以集成生产，在今后的接入网中有很大的潜在应用，而且，除波分复用器之外，还可以制成矩阵结构，对光信道进行上下分插（OADM），是今后光传送网络中实现光交换的优选方案。

使用集成光波导波分复用器较有代表性的是日本 NTT 公司制作的阵列波导光栅（Arrayed Weaveguide Grating, AWG）波分复用器，它具有波长间隔小、信道数多、通带平坦等优点，非常适合于超高速、大容量 WDM 系统使用，其结构示意图如图 3-50 所示。这种器件由 N 个输入波导、N 个输出波导、两个 $N \times N$ 星状耦合器以及一个平板阵列波导光栅组成，这种光栅相邻波导间具有恒定的路径长度差ΔL，通常为几十微米，设信道波道的有效折射率为 n_{eff}。输入光从第一个星状耦合器输入，该耦合器把光功率几乎平均地分配到波导阵列中的每一个，由于阵列波导中的波导长度不等，相位延迟也不等，其相邻波导的相位差为：

$$\Delta \varphi = k \times \Delta L = \frac{2\pi n_{\text{eff}}}{\lambda} \Delta L$$

式中，λ 是信号波长；k 为介质相位常数。由上式可以看出输出端口与波长有一一对应的关系，也就是说，由不同波长的入射光束经阵列波导光栅传输后，根据波长的不同出现在不同的波导出口上。

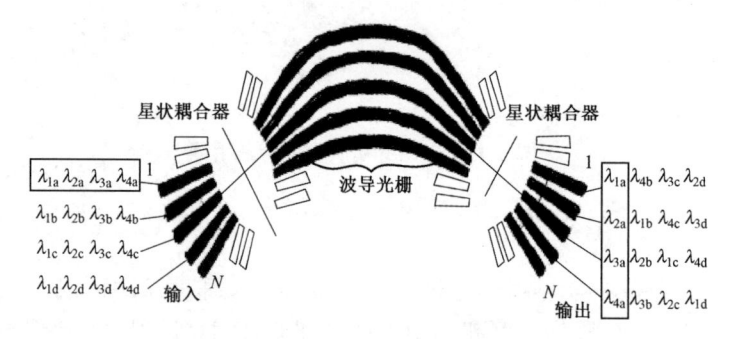

图 3-50 AWG 波分复用器

AWG 波分复用器的性能如表 3.7 所示，波长间隔从 15 nm 到 0.2 nm，信道数从 8 扩大到 128。表 3.8 所示是各种 WDM 器件主要性能的比较。

表 3.7 AWG 波分复用器的性能

信道波长间隔$\Delta\lambda$/nm 信道波长间隔Δf/GHz	15	1.6 (200GHz)	0.8 (100GHz)	0.8 (100GHz)	0.2 (25GHz)	0.8 或 0.48
信道数 N	8	8	32	64	128	16
插入损耗/dB	24	6.1	2.1	2.8	3.5	2.8
3dB 带宽	6.3nm	124GHz	40 GHz	44 GHz	11 GHz	30.2 GHz
串扰/dB	<-28	<-27	<-28	<-29	<-16	<-25

表 3.8 各种 WDM 器件性能的比较

器件类型	机理	批量生产	通道波长间隔/nm	信道数	串音/dB	插入损耗/dB	主要缺点
衍射光栅型	角色散	一般	0.5～10	4～131	≤-30	3～6	温度敏感
多层介质薄膜型	干涉/吸收	一般	1～100	2～32	≤-25	2～6	通路数较少

续表

器件类型	机理	批量生产	通道波长间隔/nm	信道数	串音/dB	插入损耗/dB	主要缺点
熔融拉锥型	波长依赖型	较容易	10～100	2～6	−10～−45	0.2～1.5	通路数少
集成光波导型	平面波导	容易	1～5	4～32	≤−25	6～11	插入损耗大

在实用 DWDM 系统中，当波分复用的光信道数小于 16 时，几乎所有的公司都采用无源的 3 dB 耦合器组成波分复用器，如图 3-51 所示。

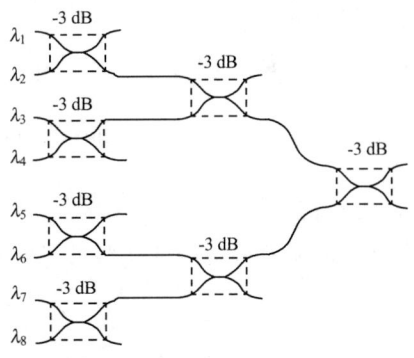

图 3-51 用 3 dB 耦合器组成波分复用器

5．波分复用器的性能指标

波分复用器的基本要求是插入损耗小，隔离度大，带内平坦，带外插入损耗变化陡峭，温度稳定性好，复用通路数多，尺寸小等。以如图 3-52 所示为例，其性能指标如下。

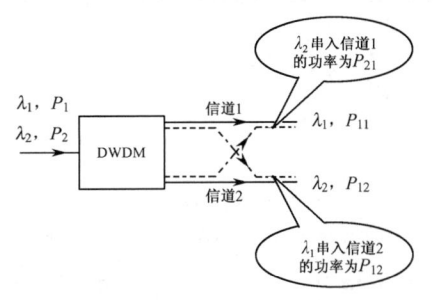

图 3-52 两波分复用器示意图

1）插入损耗

插入损耗是指由于增加光波分复用器而产生的附加损耗，插入损耗定义为该无源器件的输入和输出端口之间的光功率之比，即：

$$L_1 = 10\lg \frac{P_1}{P_{11}} \quad (\text{dB})$$

式中，P_1 为 λ_1 波长光信号对应的输入光功率；P_{11} 为 λ_1 波长光信号对应的输出光功率。

2）串扰（或隔离度）

串扰是指其他信道的光信号耦合进某一信道，并使该信道传输质量下降的影响程度，有时也可用隔离度来表示这一程度。对于解复用器的隔离度为：

$$C_{ij} = 10\lg \frac{P_i}{P_{ij}}$$

式中，P_i 是波长为 λ_i 的光信号的输入光功率，P_{ij} 是波长为 λ_i 的光信号串入到波长为 λ_j 信道的光功率，串扰大小用一个信道耦合到另一个信道中的信号大小表示。

3）回波损耗

回波损耗是指从无源器件的输入端口光功率与输入端口返回的光功率之比，即：

$$R_L = 10\lg \frac{P_i}{P_r}$$

式中，P_i 为发送进输入端口的光功率，P_r 为从同一个输入端口接收到的返回光功率。

4）工作波长范围

工作波长范围是指 WDM 器件能够按规定的性能要求工作的波长范围（$\lambda_{min} \sim \lambda_{max}$）。

5）信道宽度（信道带宽）

信道宽度是指各光源之间为避免串扰应具有的波长间隔。信道带宽是分配给某一特定光源波长范围，即 $\lambda_1 + \Delta\lambda$，若 $\Delta\lambda$ 足够宽可使相邻光源 λ_1、λ_2 之间的隔离效果好，避免不同光源之间的串扰。

3.6 光隔离器与光环行器

3.6.1 光隔离器

光隔离器是一种只允许单方向传输光波的器件。对于光隔离器的要求是正向入射光的插入损耗约 1 dB，对反向光的隔离度为 40~50 dB。

光隔离器的工作原理如图 3-53 所示，它由两个偏振器中间加一个法拉第旋转器制成。法拉第旋转器利用法拉第磁光效应原理使通过它的偏振光的方向发生偏转。当在偏振光的传播方向外加磁场时，其偏振方向旋转一个角度 θ，θ 可用下式求得：

$$\theta = \rho H L$$

式中，ρ 是材料的 Verdet 常数；H 是外加磁场的感应强度；L 是材料厚度。

偏振器有一透光轴，对理想的偏振器，沿透光轴平行方向偏振光能完全通过；而与之垂直的偏振光完全被阻止；中间状态就部分通过。

下面说明光隔离器的工作原理。图 3-53 中的偏振器 A 的透光轴为 x 方向，偏振器 B 的透光轴与 x 方向夹角呈 45°。法拉第旋转器的旋转角 $\theta=45°$。对正向传输光，入射光经偏振器 A，偏振方向沿 x 轴，经法拉第旋转器顺时针旋转过 45° 角，与偏振器 B 的透光轴方向一致，因而能顺通过。对反向传输光，由偏振器 B 出来的偏振光经法拉第旋转器后仍沿顺时针方向旋转 45° 角，恰与偏振器 A 的透光轴垂直，因而完全被阻止。

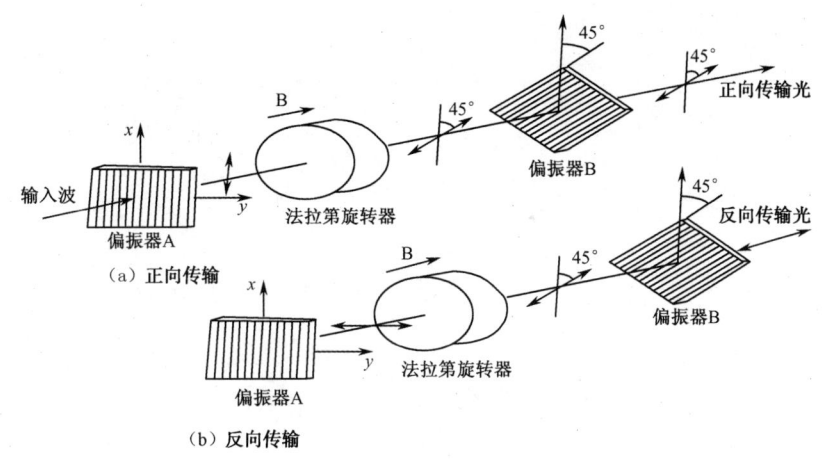

图 3-53 光隔离器工作原理

光隔离器的性能指标是插入损耗 L 和隔离度 I。设 P_{i1}、P_{o1} 分别为正向传输时的输入和输出功率，而 P_{i2}、P_{o2} 分别为反向传输时的输入和输出功率，则插入损耗（指正向插入损耗）为：

$$L = 10\lg \frac{P_{i1}}{P_{o1}}$$

反向插入损耗为：

$$L^* = 10\lg \frac{P_{i2}}{P_{o2}}$$

隔离度 I 则为反向插入损耗与正向插入损耗之差：

$$I = L^* - L$$

3.6.2 光环行器

光环行器除有多个端口外，其工作原理与光隔离器类似。如图 3-54 所示，典型的光环行器一般有三端口或四端口。在三端口环行器中，端口 1 输入的光信号只在端口 2 输出，端口 2 输入的光信号只在端口 3 输出，端口 3 输入的光信号只在端口 1 输出。光环行器主要用于光分插复用器中。

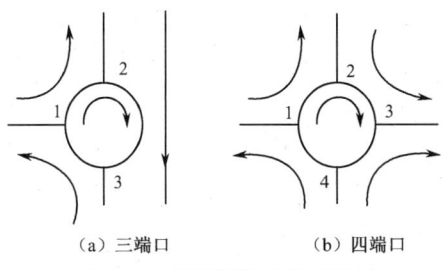

图 3-54 光环行器功能示意图

光环行器用于双向传输系统如图 3-55 所示。光环行器的性能指标定义与光隔离器相似，这里不再多述。光环行器的插入损耗一般为 0.5～1.5 dB，反向损耗和隔离度均大于 50 dB。

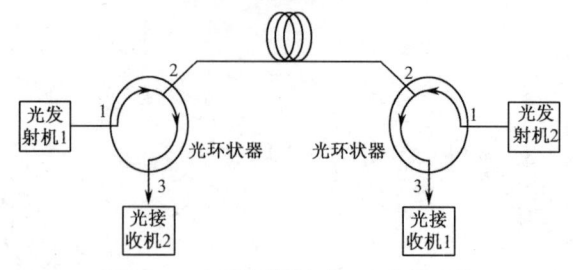

图 3-55 光环行器用于双向传输系统

3.7 光衰减器和光开关

3.7.1 光衰减器

光衰减器在光纤通信、光信息处理、光学测量和光计算机中都是不可缺少的一种光无源器件。其功能是在光信息传输过程中对光功率进行预定量的光衰减。光衰减器衰减光功率的工作原理主要有三种：一是位移型光衰减器，主要利用两纤对接发生一定的横向或轴向位移，使光能量损失；二是反射型光衰减器，主要利用调整平面镜角度，使两纤对接的光信号发生反射溢出损失光能量；三是衰减片型光衰减器，主要利用具有吸收特性的衰减片制作成固定衰减器或可变衰减器。三类光衰减器的图示及说明如表 3.9 所示。

表 3.9 三类光衰减器的图示及说明

种　类	图　示	说　明
位移型光衰减器		L_1，L_2 为微透镜，其轴线位移 d，通过改变 d 的大小来控制衰减大小
反射型光衰减器		RL 为对 $\lambda/4$ 自聚焦透镜，它可以把处于输入端面的点光源发出的光线在输出端面变换成平行光；反之可把平行光线变换成点光源。M 为镀了部分透射膜的平面镜
衰减片型光衰减器		A 为可连续吸收片，B 为阶跃吸收片，其不同位置上的衰减量不等。旋转 A 可以连续衰减入射光，旋转 B 则阶跃衰减入射光

对光衰减器的主要要求有：精度高、衰减量的重复性好、可靠性高、衰减量随波长的变化小、体积小、质量轻等。光衰减器可分为固定衰减器和可变衰减器两类，固定衰减器的衰减量是一定的，具体规格有 3 dB、6 dB、10 dB、20 dB、30 dB、40 dB 的衰减量，典型的反射型光衰减器就属于固定衰减器。可变衰减器，其衰减范围可达 60 dB，典型的衰减

片型光衰减器就属于可变衰减器。

3.7.2 光开关

光开关是一种具有"单刀双掷"或"单刀多掷"可选通断的光学器件。它是可用于光传输线路监测、光纤传感系统或复杂网络两点间的光信号物理连接或光交换操作的重要器件。

光开关可分为两大类：一类是机械式光开关，另一类是非机械式光开关。

1. 机械式光开关

机械式光开关有移动光纤式和移动光学元件式两种，其原理是利用电磁铁或步进电动机移动光纤或棱镜、反射镜等中间物实现光路转换。图 3-56 所示是移动光纤式机械光开关。典型的 1×2 移动光纤式光开关，其输出一端的光纤固定，而另一端的光纤是活动的，通过移动活动光纤，使之与固定光纤中不同端口相耦合，从而实现光路的切换。典型的 1×N 移动光纤式机械光开关，它用电磁铁驱动活动臂移动，切换到不同的固定臂光纤。

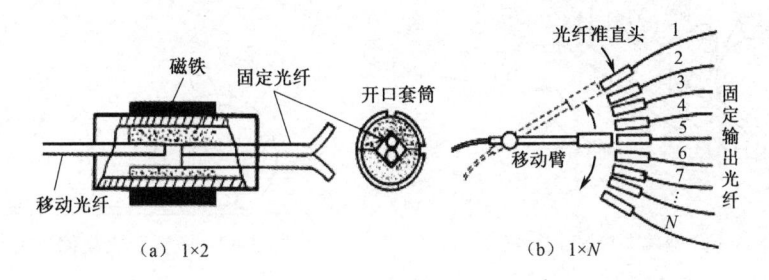

图 3-56 移动光纤式机械光开关

这种光开关的优点是插入损耗低（典型值为 0.5～1.2 dB），隔离度高（可达 80 dB 以上）。它的最大缺点是开关时间长（毫秒级，约为 15 ms），体积较大。

2. 非机械式光开关（或电子式光开关）

非机械光开关，利用磁光、电光或声光及热光效应来改变波导折射率，实现光路转换。从广义上讲，全光网络中有些重要的节点设备，如路由器、全光交叉连接器、光分插复用器及波长转换器等，也可划入光开关之列。

下面举一个马赫-曾德尔（M-Z）干涉型电子式光开关结构（如图 3-57 所示），来说明其工作原理。这种光开关一般采用铌酸锂（LiN_bO_3）或 GaAs 等半导体材料为衬底，制造上面两条（或多条）光波导形成定向耦合器，并且在这两条光波导上面分布着表面电极，通过电极上的调制电压 V 来控制光信号的通断，从而实现对光的开关或调制。

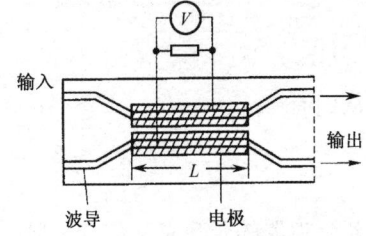

图 3-57 M-Z 干涉型电子式光开关

非机械式光开关是近年来非常热门的研究课题，其优点是开关时间短，达到纳秒量级，结构小型化和操作方便，缺点是插入损耗大（可达几分贝）等。

3.8 偏振控制器

偏振控制器控制光的偏振态，可将任意偏振态的输入偏振光转变为输出端指定的偏振状态。光纤型偏振控制器便于与光纤系统连接做成"在线"元件，损耗小，因而受到重视，图 3-58 所示为光纤型偏振控制器装置图。偏振控制器有广泛的应用，例如在单模光纤与光波导的耦合中，通过偏振控制使光纤与光波导中的偏振态匹配以提高耦合效率。又如在相干光纤通信系统中，使本振光与信号光的偏振态匹配，以提高系统的接收灵敏度。

已提出的偏振控制器的方案很多，但基本上是由光延迟器（或称波片）通过改变延迟量或主轴方向来实现偏振控制的。以改变延迟量偏振控制器为例子（如图 3-59 所示），对其工作原理加以说明。对单模光纤偏振控制器，它由两个相位波片 FC_1 和 FC_2 串接构成。两个波片皆用光纤线圈做成。FC_1 相当于 $\pi/2$ 的相位延迟器，FC_2 相当于 π 的相位延迟器。它们可以绕轴转动。

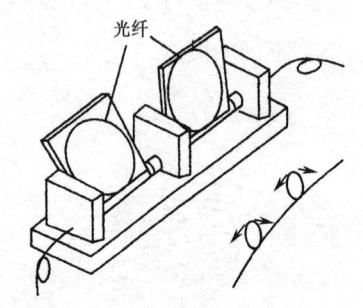

图 3-58 光纤型偏振控制器装置 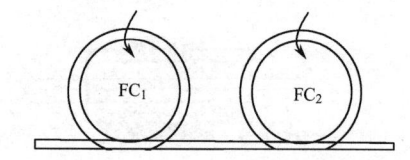　　　　图 3-59 改变延迟量偏振控制器

光纤延迟器的作用是把线偏振光原方向通过相位延迟量变为指定方向的线偏振光，假设线偏振光原方向为 y，现要变为指定的 x 方向。

光纤延迟器是应用弯曲光纤形成的弹光效应所产生的线双折射构成。光纤外半径为 A 的单模光纤绕成曲率半径为 R 的光纤线圈，其双折射率 $\Delta\beta_L$ 的计算公式为：

$$\Delta\beta_L = -0.25 k_0 n^3 (p_{11} - p_{12}) \left(\frac{A}{R}\right)^2 (1+\mu) = \frac{0.273 n^3 A^2}{R^2 \lambda_0}$$

式中，$k_0 = 2\pi/\lambda_0$；λ_0 为光波长；n 为未受应力时光纤材料的折射率；$p_{11}=0.12$，$p_{12}=0.27$ 为光纤材料的弹光系数；$\mu=0.16$ 为光纤材料的泊松比。若光纤绕 N 圈，则其延迟量为：

$$\phi = \Delta\beta_L 2\pi R N = 0.273 n^3 A^2 \frac{2\pi N}{\lambda_0 R}$$

从而有：

$$\frac{R}{N} = \frac{0.546\pi n^3 A^2}{\lambda_0 \phi}$$

若延迟器的延迟量 ϕ 给定，则可求出光纤线圈的曲率半径 R 与圈数 N 的比值。应该指出，R、N 的解不止一组，应考虑对损耗的影响而取合适的值。

习 题 3

1. 写出费米分布函数表示式，并说明式中各符号含义。
2. 简述光与物质相互作用的三种基本过程的特点。
3. 构成激光振荡器要具备条件的有哪些？
4. 简述 LD 和 LED 的工作原理、P-I 特性曲线的差异。
5. 简述 LD 产生张弛振荡和自脉动现象的机理、危害及消除方法。
6. 简述半导体的光电效应和雪崩增益效应。
7. 简述 APD 和 PIN 的工作原理及性能上的主要区别。
8. 简述 EDFA 的工作原理及主要特性。
9. 简述光纤连接中产生插入损耗的原因，并介绍减少插入损耗的措施。
10. 简述光纤定向耦合器和光开关的种类及用途。
11. 根据光隔离器的工作原理，设计一个三端口光环行器，并说明各元件的作用。
12. 简述各种波分复用器的工作原理，并比较其性能和特点。
13. F-P 腔激光器与动态单纵模激光器在特性上有什么异同？
14. λ=0.632 8 μm 氦氖激光器，设气体的折射率 n=1，在腔长 L=10 cm，100 cm 两种情况下，计算其纵模的 q 值及纵模谐振频率间隔Δf_q和波长间隔$\Delta \lambda_q$。
15. 计算一个波长为λ=1 μm 的光子的能量等于多少？同时计算频率为 f=1 MHz 和 f=1 000 MHz 无线电波的能量。
16. 半导体激光器发射光子的能量近似等于材料的禁带宽度，已知 GaAs 材料的 E_g=1.43 eV，某一 InGaAsP 材料的 E_g=0.96 eV，求它们的发射波长。
17. 一个 Si-PIN 光电二极管在 0.85 μm 波长上的量子效率为 0.7，计算它的响应度。
18. 某 PIN 光电二极管，在λ=1.55 μm 时，平均每 3 个入射光子要产生一电子-空穴对，如果产生的所有电子均被收集起来，试计算：

（1）器件的量子效率η。
（2）其带隙能量的最大可能值。
（3）当接收光功率为 10 mW 时，其平均输出光电流 I_P。

注：1eV=1.6×10^{-19} J，h=6.625×10^{-34} J·s，c=3×10^8 m/s。

第 4 章　光纤通信系统及设计

一个完整的点对点的光纤通信系统结构如图 1-2 所示，其主要由光发射机、光接收机、光中继器、光纤及光器件等组成。光纤和光器件在前 3 章已经讨论了。本章将从构成一个实际系统的角度讨论光接收机、光发射机的组成（光模块）、工作原理、系统指标及系统设计等。

光纤通信系统按传输信号种类来分，有模拟光纤通信系统和数字光纤通信系统，本章重点讨论数字光纤通信系统。按光调制方式来分，有直接（强度）调制-直接检波（Intensity Modulation-Direct Detection, IM-DD）系统和间接（外）调制-检波系统。直接调制适用于 LD、LED 器件，它将所要传输的信号转换为电信号，并将其直接注入光源，使其输出光信号随调制信号而变化。间接调制除适用于 LD 和 LED 外，还适用于气体、液体、晶体激光器等其他类型的激光器，间接调制是利用调制元件的电光效应、磁光效应、声光效应来实现激光辐射调制的。本章重点讨论 IM-DD 系统。

4.1　两种数字传输体制

数字光纤通信是数字通信（数字信号复用与解复用处理）与光纤通信系统的优化组合。数字光纤通信系统中的数字通信目前大都采用同步时分复用（TDM）技术，复用又分为若干等级，而且先后有两种传输体制，即准同步数字传输体制（PDH）和同步数字传输体制（SDH）。PDH 早在 1976 年就实现了标准化，目前还在部分使用。在技术迅速发展的推动下，1988 年 ITU-T 参照 SONET（同步光纤网）的概念，提出同步数字体制 SDH 的规范建议。SDH 体制不仅适用于光信道，也适用于微波和卫星干线传输。这两种制式的数字光纤通信系统的原理图如图 1-3 所示。

4.1.1　准同步数字传输体制（PDH）

在数字传输系统中，由模拟话音信号变换为数字信号进行传输时，每一路话音占用的速率一般为 64 kbit/s，通常称为零次群。如果在同一信道中增加容量，必须采用多路复用的方法，提高其传输速率。

根据不同需要和不同传输介质的传输能力，可将不同的速率复接形成一个系列，即数字复接系列。这样的复接称为异步复接，其中若各被复接支路信号的速率标准相同，就称为准同步数字传输体制（PDH）。

对于 PDH 国际上有两大体系，即 PCM 基群 24 路系列和 PCM 基群 30 路系列。按 ITU-T 相关建议，两类复接系列的速率等级如表 4.1 所示。

表 4.1 PDH 中速率等级系列

国家或地区	基群（Mbit/s）/话路（ch）	二次群（Mbit/s）/话路（ch）	三次群（Mbit/s）/话路（ch）	四次群（Mbit/s）/话路（ch）	五次群（Mbit/s）/话路（ch）	六次群（Gbit/s）/话路（ch）
中国西欧	2.048 / 30	8.448 / 120	34.368 / 480	139.264 / 1920	564.992 / 7680	2.4 / 30720
日本	1.544 / 24	6.312 / 96	32.064 / 480	97.728 / 1440	397.20 / 5760	1.5888 / 23040
北美	1.544 / 24	6.312 / 96	44.736 / 672	—	274.176 / 4032	2.4 / 32256

注：ch 表示话路数。

4.1.2 同步数字传输体制（SDH）

SDH 是一种全新的体制，它是一套可进行同步信息传输、复用、分插和交叉连接的标准化数字信号的结构等级，而 SDH 网络则是由一些基本网络单元组成的、在传输介质上（如光纤、微波等）具有全世界统一的网络节点接口。SDH 复接方式由 4 个相同等级速率的支路信号，在同一个高稳定的时钟控制下进行复接，称为同步复接。1988 年 ITU-T 经充分讨论与协商，在 G.707 建议中对 SDH 速率等级作出明确规定，如表 4.2 所示。

表 4.2 SDH 中速率等级系列

SDH 等级	标准速率（Mbit/s）	2Mbit/s 速率数量（个）	话路数
STM-1	155.520	63（常用）	1890
STM-4	622.080	252	7560
STM-16	2488.320	1008	30240
STM-64	9753.280	4032	120960

4.2 光发射机

4.2.1 光源调制

要实现光纤通信，首先要解决如何将一个携带信息的信号叠加到光源光载波上，即光调制。经调制后的光波通过光纤送至接收机，进行光解调，还原出原来的信号。

光调制就是用电信号（调制信号）叠加到光载波上，改变光载波的某一特征参量，如光载波的幅度或强度、相位、频率，使其输出的特征参量随电信号而变化。

光调制可分为直接调制（IM）和间接调制两大类，下面分别介绍。

1．光源的直接模拟调制

IM 方式只适用于半导体光源 LED 和 LD，其特性主要由光源 LED 和 LD 的 $P\text{-}I$ 曲线决定，如图 4-1 所示。因 LED 和 LD 的输出功率基本上与注入电流成正比，所以通过注入信号电流变化来实现输出光功率的线性变化，完成光源的直接调制。在模拟光纤通信系统中，模拟信号的调制直接用连续的模拟信号（如话音、电视信号）对光源进行调制。

图 4-1 是 LED 和 LD 模拟信号的调制原理，连续的模拟信号电流叠加在 LED 或 LD 直流偏置电流 I_b 上，使其直流偏置电流（I_b）工作点处于 LED 或 LD 的 P-I 特性曲线线性段的中点，从而减小光信号的非线性失真。

(a) LED模拟调制原理　　(b) LD模拟调制原理

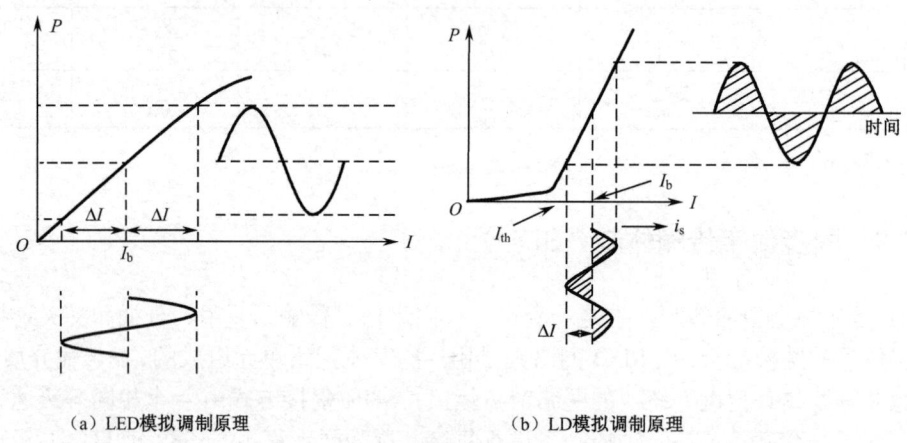

图 4-1　直接模拟调制原理

注：I_b 为直流预偏置电流，I_{th} 为阈值电流，$\triangle I$ 为峰值电流。

图 4-2 给出了一个用于 LED 或 LD 的模拟调制典型电路。调整 VT 的基极电压使其工作在线性区。而 LED 或 LD 也工作在 P-I 曲线的线性段的中点。当输入端电信号 u_{in} 增加，VT 的基极电压增加，随之基极电流增加，LED 或 LD 驱动电流（集电极电流）增加，根据调制特性输出光功率也就增加，反之减少。

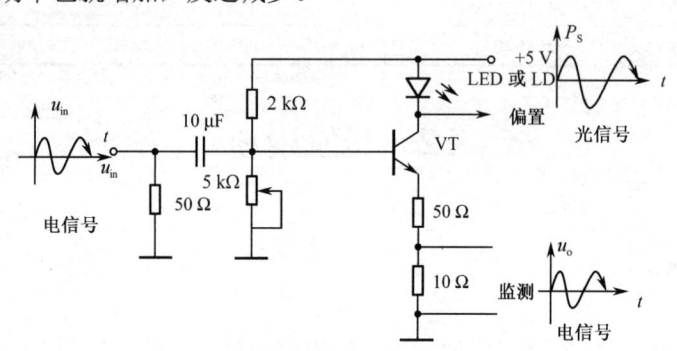

图 4-2　LED 或 LD 模拟调制典型电路

2. 光源的直接数字调制

数字信号的调制是将数字信号直接叠加在直流偏置电流上，光源输出有光就代表"1"码，无光就代表"0"码，如图 4-3 所示。当 LD 直流偏置电流大于阈值电流 I_{th} 时，输出光功率 P 和驱动电流之间基本上是线性关系，输出光功率和输入电流成正比，所以输出光信号反映输入电信号。

(a) LED数字调制原理　　　　(b) LD数字调制原理

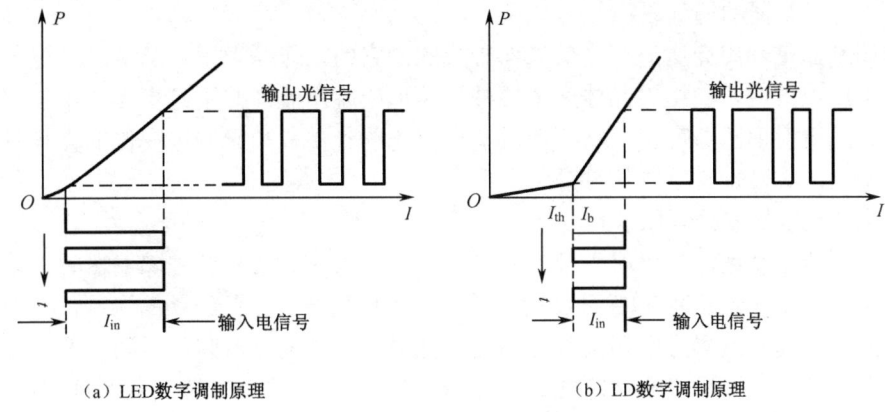

图 4-3　直接数字调制原理

3. 光源的间接（外）调制

间接调制也称外调制，其调制原理是在 LD 光波形成后的光路上放置一个电光效应、磁光效应或声光效应的调制器，而电信号的电压直接加在调制器的电极上，使调制器的某些物理特性发生相应变化。当 LD 光源的光波通过调制器时，LD 光波就转换成为一个随电信号变化的已调光波输出。这种方法应用在超高速率传输系统和相干光通信中。

间接（外）调制把激光的产生和调制分开，因而不会影响激光器工作的稳定性，传输质量较高。

（1）电光调制器的调制原理

M-Z 干涉型调制器是利用具有强电光效应的铌酸锂（$LiNbO_3$）晶体制成的，这种晶体的折射率 n 与受外加电场强度 E 的幅度成正比变化，称为线性电光效应，可用 E 的泰勒级数表示：

$$n = n_0 + \alpha E + \cdots \quad (4.1)$$

式中，n_0 为 $E=0$ 时的晶体折射率，α 为线性电光效应系数，因此折射率 n 随外加电场 E（电压 U）而变化，改变了入射光的相位和输出光功率。图 4-4 是 M-Z 干涉型调制器的基本原理图，其结构是在 $LiNbO_3$ 晶体衬底上，制作两条光程相同的单模光波导，在其中一条光波导的两列施加可变信号电压 U_s。

设输入的调制电信号按余弦变化，则输出光信号的光功率为

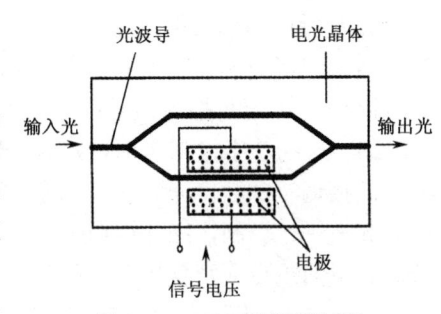

图 4-4　M-Z 干涉型调制器

$$P = 1 + \cos\left(\pi \frac{U_s + U_b}{U_\pi}\right) \quad (4.2)$$

式中，U_s 和 U_b 分别为调制信号的电压和偏置电压；U_π 为光功率变化半个周期（相位为 0～π）的外加电压，并称为半波电压。由式（4.2）可以看出，当 $U_s+U_b=0$ 时，$P=2$ 为最大；当 $U_s+U_b=U_\pi$ 时，$P=0$，从而获得通断已调信号。

(2) 声光调制器的调制原理

声光调制器是利用介质的声光效应而制成的。它的工作原理是，当调制（电）信号变化时，由于压电效应，使压电晶体产生机械振动形成超声波，并引起声光介质的密度发生变化，即介质折射率跟着变化，从而形成一个变化的光栅，当光通过变化的光栅时，光强随之发生变化，结果光波受到了调制。

(3) 磁光调制器的调制原理

磁光调制器是利用法拉第磁光效应而制成的。当入射光信号经过起偏器时，使入射光变为偏振光，该偏振光通过 YIG 磁棒时，其偏置方向随绕在上面线圈的调制信号而变化，当偏振方向与后面检偏器方向相同时，输出光强最大；当偏振方向与后面检偏器方向垂直时，输出光强最小，从而使输出光强随调制信号变化。该原理与光隔离器原理相似。

4.2.2 光发射机的结构及原理

直接调制的数字光发射机的基本组成如图 4-5 所示，主要由光源和相关电路两部分组成。以 LD 为光源的光发射机通常有线路编码、调制电路、控制电路等部分；以 LED 为光源的光发射机的主要差别是将复杂的控制电路改为补偿电路等。

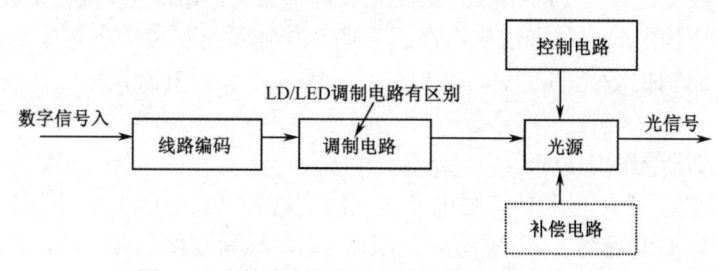

图 4-5 直接调制的数字光发射机的基本组成

光发射机各部分的作用是光源作为电导光器件，其作用是实现光电变换；线路编码对输入信号码流结构进行某种变换，以适应光纤线路传输和不中断业务检测误码的要求；调制电路与光源一起把电信号调制成光信号；控制电路对 LD/LED 光源实施自动温度控制（ATC）、自动功率控制（APC）等，使输出光功率恒定。

间接调制的数字光发射机的基本组成如图 4-6 所示。它利用光调制器对 LD/LED 所发出的光载波进行调制，即 LD/LED 发出光后再经过光调制器，使经过光调制器的光载波得到调制。下面重点介绍直接调制的数字光发射机原理。

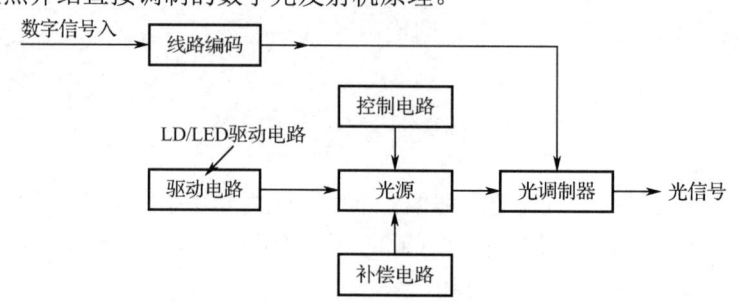

图 4-6 间接调制数字光发射机的基本组成

1. 线路编码

在数字系统中，从电端机输出的是适合于电缆传输的双极性 HDB_3 码。由于光源不可能发射负光脉冲，因此必须进行码型变换，以适应数字光纤通信系统传输的要求。数字光纤通信系统普遍采用二电平码，即"有光脉冲"表示"1"码，"无光脉冲"表示"0"码。适合于光纤通信的线路码型很多，根据不同情况对线路码型的要求有所侧重，最基本的要求有：

（1）码型中应包含足够的定时信息，使"1"码和"0"码等概率出现。

（2）能实现在线（不中断业务）的误码检测，有利于长途通信系统的维护。

（3）码型的功率谱高低频分量较小，有利于减小码间干扰，提高光接收机的灵敏度。

（4）能提供一定的冗余码，用于误码监测和公务通信。

数字光纤通信系统常用的线路码型有：扰码、$mBnB$ 码和插入码等。

1）扰码

为了保证传输的透明性，在线路编码前端，附加一个扰码器，将原始的二进制码序列变换为接近于随机序列。相应地，在光接收机的判决器之后，附加一个解扰器，以恢复原始序列。扰码与解扰可由反馈移位寄存器实现。

因为扰码不能完全满足光纤通信对线路码型的要求，所以许多光纤通信设备除采用扰码外还采用其他类型的线路编码。

2）$mBnB$ 码

$mBnB$ 码是把输入的二进制原码流进行分组，每组有 m 个二进制码，记为 mB，称为一个码字，然后把一个码字变换为 n 个二进制码，记为 nB，并在同一个时隙内输出。这种码型是把 mB 变换为 nB，所以称为 $mBnB$ 码，其中 m 和 n 都是正整数，$n>m$，一般取 $n=m+1$。$mBnB$ 码有 1B2B、3B4B、5B6B、8B10B、17B18B 等。

由 $mBnB$ 码编码原理可知，最简单的 $mBnB$ 码是 1B2B 码，即曼彻斯特码，就是把原码的"0"变换为"01"，把"1"变换为"10"。因此最大的连"0"和连"1"的数目不会超过两个，例如 1001 和 0110。但是在相同时隙内，传输 1 比特变为传输 2 比特，码速率提高了 1 倍。

$mBnB$ 码是一种分组码，设计者可以根据传输特性的要求确定某种码表。$mBnB$ 码的特点是：

（1）码流中"0"和"1"码的概率相等，连"0"和连"1"的数目较少，定时信息丰富。

（2）高低频分量较小，信号频谱特性较好，基线漂移小。

（3）在码流中引入一定的冗余码，便于在线误码检测。

3）插入码

插入码是把输入二进制原始码流分成每 m 比特一组，然后在每组 mB 码末尾按一定规律插入一个码，组成 $m+1$ 个码为一组的线路码流。根据插入码的规律，可以分为 mB1C 码、mB1H 码和 mB1P 码。

mB1C 码的编码原理是：把原码流分成每 m 比特一组，然后在每组 mB 码的末尾插入 1

比特补码，这个补码为 mB 码组中第 i 位的反码，称为 C 码，所以称为 mB1C 码。补码插在 mB 码的末尾，连 "0" 码和连 "1" 码的数目最少。例如，设 C 码为 mB 码组中末尾位的反码，则有：

mB 码为　　　　　　100　　　　110　　　　001　　　　101
mB1C 码为　　　　1001　　　1101　　　0010　　　1010

C 码的作用是引入冗余码，可以进行在线误码率监测，同时改善了 "0" 码和 "1" 码的分布，有利于定时提取。

mB1H 码由 mB1C 码演变而成的，在插入比特的位置，不是完全插入 C 码，而是交替插入 F 帧码、SC 公务码、M 检测码、D 数据码、I 区间通信码等形成混合插入（Hybrid）码的形式，因此变为 mB1H 码。

mB1H 码特点：利用冗余信息实现辅助信息的传送，可在不中断业务时误码检测，缺点是码流的频谱特性不如 mBnB 码。但在扰码后再进行 mB1H 变换，可以满足通信系统的要求。常用的 mB1H 码有，1B1H 码、4B1H 码和 8B1H 码。

在 mB1P 码中，P 码称为奇偶校验码，其作用和 C 码相似，但 P 码有以下两种情况。

（1）P 码为奇校验码时，其插入规律是使 $m+1$ 个码内 "1" 码的个数为奇数，例如：

mB 码为　　　　100　　　　000　　　　001　　　　110
mB1P 码为　　　1000　　　0001　　　0010　　　1101

当检测得 $m+1$ 个码内 "1" 码为奇数时，则认为无误码。

（2）P 码为偶校验码时，其插入规律是使 $m+1$ 个码内 "1" 码的个数为偶数，例如：

mB 码为　　　　100　　　　000　　　　001　　　　110
mB1P 码为　　　1001　　　0000　　　0011　　　1100

当检测得 $m+1$ 个码内 "1" 码为偶数时，则认为无误码。

编码后码速率提高 $M=(m+1)/m$ 倍，若编码前的码速率为 f_1，则编码后的码速率 $f_2=(m+1)f_1/m$，即 $f_2>f_1$；冗余度 $C=(f_2-f_1)/f_1$；最大同码数为 $B=(2m-j)+1$，$1 \leqslant j \leqslant m$，即 B 的范围为：$m+1 \sim 2m$。

2. IM 调制电路

LED 的数字调制电路如图 4-7 所示，当输入信号 U_{in} 为低电平 "0" 及高电平 "1" 时，晶体管 VT 分别处于截止和饱和导通状态，只有在饱和导通状态时，才能提供 LED 所需驱动电流，所以 LED 发光。R_2 为限流电阻，调整 R_2 可以使 LED 工作于设计电流下。C_1 为加速电容，用以提高电路的工作速度。R_3 提供发光二极管小量的正向偏置电流，有利于 LED 高速应用。

由于 LD 和 LED 的 P-I 特性不同，因此调制方式也不同。LD 的高速光发射机要比 LED 光发射机电路复杂得多，调制电流选择、激光器控制等都对调制性能至关重要。

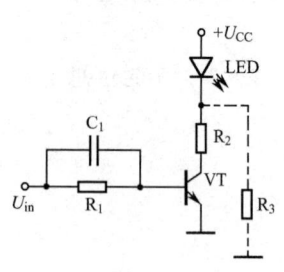

图 4-7　LED 的数字调制电路

LD 调制电路和偏置电流的选择应考虑：

（1）加大直流偏置电流使其逼近阈值，这样可以大大减小电光延迟时间，同时使张弛振荡得到一定程度的抑制，减小码型效应和结发热效应的影响。LD 最大驱动电流应为 $I_{LD}=$

(1.2～1.5)I_{th}。

（2）加大直流偏置电流 I_b 会使激光器的消光比恶化。所谓消光比，是指激光器在全"0"码时发射的功率与全"1"码时发射的功率之比，通常要求消光比<10%，以免接收机的灵敏度受到影响。

调制电路的作用就是提供恒定的 LD 偏流及完成光调制，同时采用自动功率和温度控制电路使平均光功率保持恒定。图 4-8 所示为实际的 LD 调制电路，其中，R_b，L 构成 LD 的预偏置电路提供 LD 的 I_b 电流；VT_1、VT_2 组成非饱和式电流开关，工作在放大区；VT_3、VD_1 和 VT_4、VD_2 组成电平移动电路，各移动 1.4V；U_{BB} 为参考电压值，U_{BB} 的值应根据输入脉冲电平值来确定，即 $U_{BB}=(U_H+U_L)/2$；与非门输出为"1"时，对应-0.8 V，输出为"0"时，对应-1.8 V。

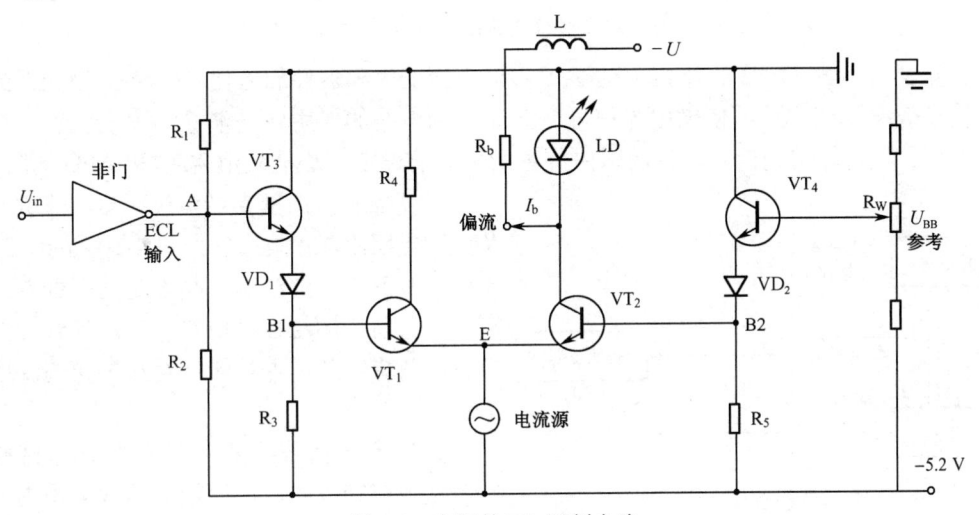

图 4-8 实际的 LD 调制电路

U_{B1} 表示 VT_1 的基极电压，U_{B2} 表示 VT_2 的基极电压，当输入信号 U_{in} 为"1"时，U_A=-1.8 V，U_{B1}=-1.8-1.4=-3.2 V，U_{B2}= -1.3-1.4=-2.7 V，则 $U_{B2}>U_{B1}$，VT_2 抢先导通，使 U_E=-3.4 V，则 VT_1 截止，此时由 VT_2 和电流源提供 LD 的 ΔI 电流，使 LD 发光；当输入信号 U_{in} 为"0"时，U_A=-0.8 V，U_{B1}=-2.2 V，U_{B2}=-1.3-1.4=-2.7 V，则 $U_{B1}>U_{B2}$，VT_1 抢先导通，使 U_E=-3.4 V，则 VT_2 截止，这时，电流经过 VT_1 和电流源而不经 VT_2，故 LD 不发光。

3. IM 控制电路

在实用光发射机中，为了保证有稳定可靠的输出光功率，以及使用、维护方便等，往往要求对 LD 加各种控制电路，如 ATC 电路、APC 电路和保护电路等。

1）自动温度控制（ATC）

半导体激光器是理想的高速调制光源，但其对温度的变化和器件的老化给激光器带来不稳定性，主要表现为：激光器的阈值电流随温度呈指数规律变化，从而使输出光功率发生很大的变化，如图 4-9 所示。尤其是长波长激光器，不设法稳定其输出光功率，难以实用化。

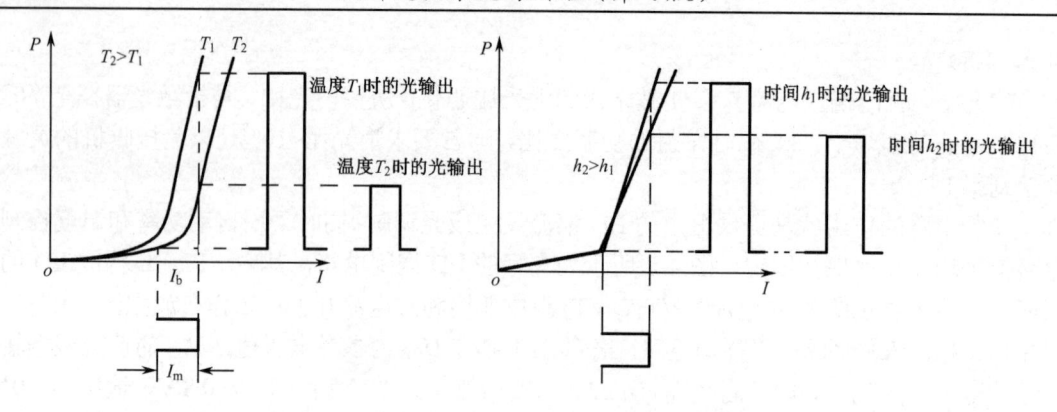

(a) 温度变化引起的LD光输出变化　　　(b) 器件老化引起的LD光输出变化

图 4-9　温度变化及器件老化引起的 LD 光输出变化

研究表明，随着温度的升高（$T_2>T_1$）阈值电流变大和器件的老化（$h_2>h_1$）激光器的外微分量子效率降低，从而使输出光信号变弱。控制电路的作用就是消除温度变化和器件老化的影响，稳定输出光信号。目前国内外主要采用的稳定方法是采用 ATC 和 APC 电路。

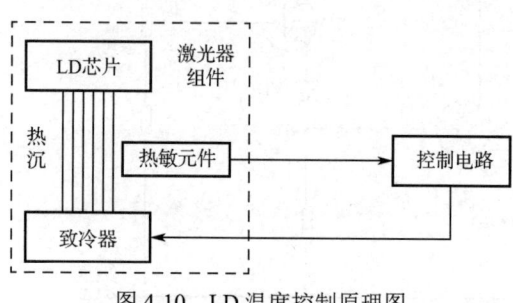

图 4-10　LD 温度控制原理图

温度控制由微型半导体致冷器、热敏元件及控制电路组成，其原理如图 4-10 所示，热敏元件监测激光器的结温，与设定的基准温度比较、放大后，驱动控制电路工作，使致冷器产生致冷效果，从而保持激光器在恒定的温度下工作。

微型半导体致冷器是基于半导体材料的帕尔帖效应制成的。所谓帕尔帖效应是指当直流电流通过两种半导体（P 型和 N 型）组成的电偶时，其一端吸热而另一端放热的效应。为提高致冷效率和控制精度，常将致冷器和热敏电阻封装在激光器管壳内部，让致冷器直接与激光器的热沉接触，通过控制致冷器的电流就可以控制光源的工作温度，从而使激光器有较恒定的输出光功率和发射波长。

图 4-11 所示为一种 LD 温度控制电路。LD 的热沉、热敏电阻 R_T 与致冷器（TEC）冷面靠在一起，热敏电阻 R_T 接在电桥的一个臂上。在设定的温度下，电桥的状态应使致冷器电流为某一恒定值。设电阻 R_T 具有负温度系数，则当光源温度升高时，R_T 变小，比较放大器 A 的输出电压升高，使驱动致冷器的电流增大，于是致冷器冷面温度降低，使光源温度同时下降。

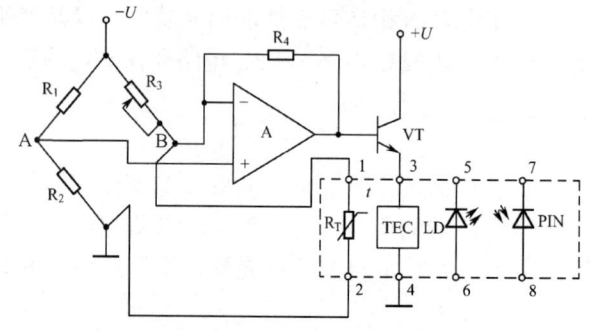

图 4-11　LD 温度控制电路

2）自动功率控制（APC）

为了进一步稳定输出光功率，除采取温度控制措施外，还采取通过光反馈来自动调整偏置电流的自动功率控制（APC），如图 4-12 所示。其过程是从 LD 背向输出的光功率，经 PIN 管监测出的光电流由 A_1 放大器放大，送至比较放大器 A_3 的反向输入端；另一方面，输入的数字信号与直流稳压电源中取出的直流参考信号经 A_2 比较放大器，送往 A_3 的同相输入端；$-U$，VT_3 和 R_5 组成直流电路向激光器提供偏置电流 I_b，调节 $-U$ 可以实现人工调节偏置电流 I_b，其中引入输入信号的反作为信号参考电压是防止 APC 电路在无输入信号或长连"0"码流时，偏流自动上升。当输入信号为长连"0"时，LD 发出光功率最少。因为有了信号参考，在长连"0"时，A_1，A_2 放大器输出电压同时降低，但其差值不变，这样 APC 电路就不会加大 I_b，保证了驱动电路的正常工作。只有当 LD 由于温度的变化或老化而引起输出光功率的降低时，A_1 放大器输出电压降低，I_b 自动上升，使 LD 的输出光功率自动升高，起到自动功率控制作用。在一般情况下，反馈光为 LD 的背向光，其光功率大小与正向光有所不同，但它们的温度和老化特性却是相同的。因而，这种自动偏置控制的方法是稳定 LD 输出功率的一个有效方法。

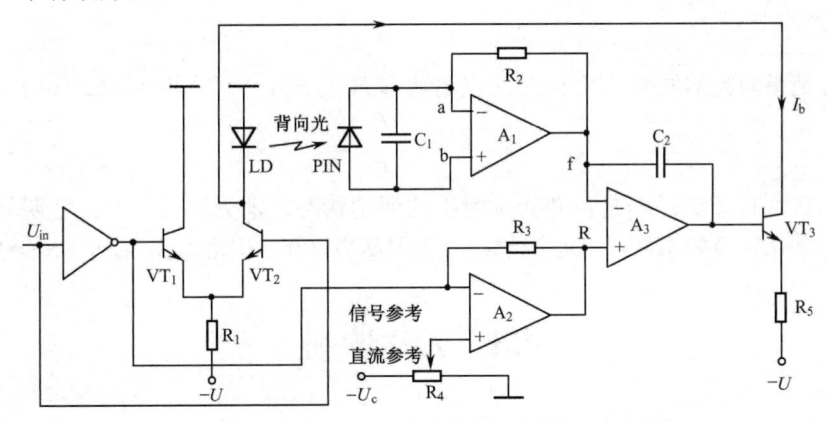

图 4-12 自动功率控制电路

3）LD 过流保护

为了避免光源因接通电源瞬间冲击电流过大而被损坏，一般需要对激光器偏置电流实现缓启动和过流保护。图 4-13 所示是激光器缓启动和过流保护电路，图中 VT_1 为激光器提供偏置电流 I_b，过流保护电路由 VT_2 和 R_1 组成，R_2C_1 组成时延低通滤波器。

正常情况下，电阻 R_1 上电压小于 VT_2 的导通压降，因此 VT_2 截止，过流保护电路不工作。当偏流 I_b 过大，致使 R_1 上电压剧增并超过 VT_2 导通压降时，VT_2 饱和导通，使 $U_{ce2} \approx 0$，从而导致 VT_1 截止，保护了激光器不会因偏置电流 I_b 过大而被损坏。

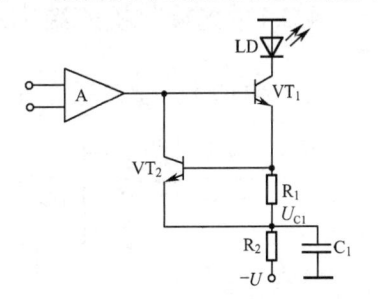

图 4-13 LD 的缓启动和过流保护电路

R_2C_1 组成（1～10 ms）时延低通滤波器（LPF），在接电源后起缓启动作用，其目的是保护 LD 免受冲击。电路充电时间常数 $\tau=1/(R_2C_1)$，在接通电瞬间，U_{C1} 不能突变，即 $U_{C1}=0$，相当于接地，此时，通过 LD 的偏置电流 $I_b \approx 0$，随着对 C_1 充电，$U_{C1}=-U+I_{e1} \times R_2$，$U_{C1}$ 点电位逐渐降低，I_b 逐渐增加直至 VT_2 截止为止。LD 工作之前，使偏置电流 I_b 缓启动，避免了电流的瞬态过冲。

4.2.3 光发射机的主要技术指标

1. 平均发射光功率 P_s

平均发射光功率是光发射机最重要的技术指标，它实际上是指在"0""1"码等概率调制的情况下，光发射机输出的光功率值，单位为 dBm，即：

$$P_s = 10 \lg \frac{P_s \text{ mW}}{1 \text{ mW}}$$

光发射机输出的平均发射光功率的大小，直接影响系统传输的中继距离，是进行光纤通信系统设计时不可缺少的一个重要参数。P_s 一般取值为 0 dBm。

2. 消光比 EXT

消光比是指激光器发全"0"码时的输出功率 P_0 与发全"1"码时输出功率 P_1 之比，即：

$$\text{EXT} = \frac{P_0}{P_1}$$

消光比有两种意义：一是反映光发射机的调制状态，消光比值太大，表明光发射机调制不完善，电光转换效率低；二是影响接收机灵敏度，消光比的指标值为 EXT≤10%。

4.3 光接收机

光发射机完成电光调制及发射光信号，光信号在光纤中传输时，不仅幅度被衰减，而且脉冲的波形被展宽。光接收机的作用就是把电信号从微弱的光信号中检测出来，并放大、均衡再生后还原成原电信号，即对光进行解调。

4.3.1 光接收机的结构及原理

在 IM-DD 数字光纤通信系统中，光接收机的结构框图如图 4-14 所示。

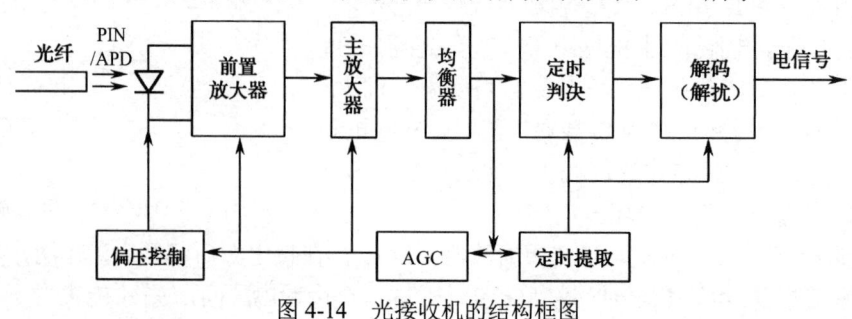

图 4-14 光接收机的结构框图

光接收机首先由光电检测器（PIN 或 APD）把光信号转换成电流信号，偏压控制电路向光电检测器提供反向偏压。APD 管的偏压为 -50～-200 V，需用变换器将低压变成高压。若用 PIN 管，因偏压为 -10～-20 V，可只用偏压电路。前置放大器主要完成低噪声放大功能。主放大器除提供足够的增益外，还受自动增益控制（AGC）电路控制，使其输出信号的幅度在一定的范围内不受输入信号幅度的影响。均衡器将信号均衡成升余弦波，消除码间干扰并减小噪声影响以利判决。定时判决电路在定时提取电路提供的与发端同步的时钟控制下，把经均衡后的波形判决再生为原来的波形。如果在发射端进行了线路编码（或扰乱），那么在接收端需要有相应的解码（或解扰）电路。

1. 光检测器的偏压控制电路

光检测器是实现光电转换的关键器件。检测器的偏压控制电路一般有如图 4-15 所示的两种。图 4-15（a）所示电路的优点是，检测器一端接地，如果检测器的外壳和这一端子是连通的，则检测器有接地外壳屏蔽，不易受到干扰。但图 4-15（b）所示电路却不能，除非采用具有外壳单独接地引线的检测器件。图 4-15（a）所示为在 APD 作为检测器的情况下，要求耦合电容 C 具有极其良好的绝缘性，因为 APD 两端有 -50～-200 V 的电压，如有少量漏电会使前置放大器工作点漂移，严重时会损坏输入级。而图 4-15（b）所示电路就没有这种缺点。

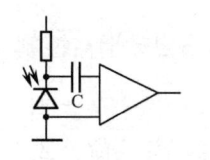

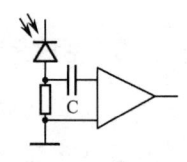

（a）检测器一端接地　　（b）检测器不接地

图 4-15　检测器偏压控制电路

2. 前置放大器

前置放大器将光检测器转换的微弱光信号放大到一定程度，以便获得最高信噪比。前置放大器直接影响接收机灵敏度，对整个放大器的输出噪声影响甚大，因此，前置放大器着重于低噪声和高信噪比，输出电压为 mV 量级。前置放大器通常有三种类型。

1）低阻型前置放大器

用双极晶体管（BJT）作为低阻型前置放大器，如图 4-16（a）所示。其特点是电路简单，输入阻抗低，电路的噪声较大，输入电路的时间常数 RC 小于信号脉冲宽度 τ，易防止产生码间干扰。因此，这种接收机不需要或只需很少的均衡，前置级的动态范围也较大，放大器的频带宽，适用于高速率传输系统。

2）高阻型前置放大器

用场效应管（FET）作为高阻型前置放大器，如图 4-16（b）所示。其设计应尽量加大偏置电阻，把噪声减到尽可能小，因此，其特点是噪声小。高阻型前置放大器不仅动态范围小，而且当比特速率高时，由于输入电路的时间常数太大，即 $RC>\tau$，脉冲沿很长，码间干扰严重，因而对均衡电路要求较高，一般只在码速率较低的系统中使用。

3）互阻抗型前置放大器

互阻抗型（也称跨阻型）前置放大器实际上是电压并联负反馈放大器，如图 4-16（c）

所示。由于负反馈改善了放大器的带宽和非线性，因此是一个性能优良的电流—电压转换器，具有频带宽、噪声低等优点，而且它的动态范围也比高阻型前置放大器有很大改善，在光纤通信中得到广泛应用。

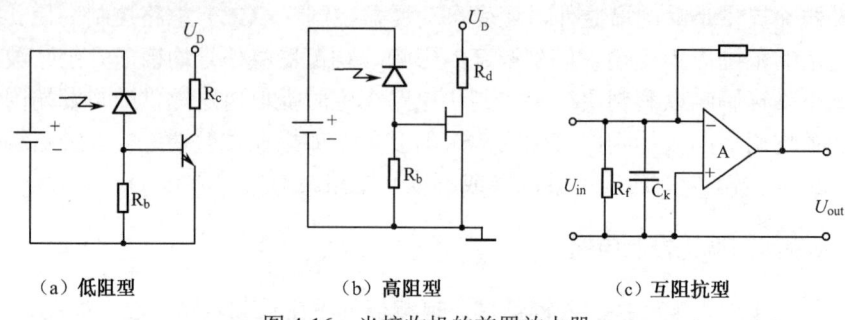

(a) 低阻型　　(b) 高阻型　　(c) 互阻抗型

图 4-16　光接收机的前置放大器

3. 主放大器与自动增益控制（AGC）电路

主放大器通常由运算放大器、负反馈放大器、温度补偿电路，以及射极输出器构成。其功能着重高增益，并将前置放大器输出信号放大到适合判决电路所需要的信号电平。

AGC 电路控制主放大器的增益，让接收机有一定的动态范围，使输出的信号幅度在一定范围内不受输入信号幅度的影响，输出电压为 1～3 V。

图 4-17 给出了包括自动增益控制和 APD 的雪崩增益自动控制的主放大器电路实例。主放大器的输出信号，经过峰值检波和 AGC 放大后，得到一个与主放大器输出信号的幅度成比例的直流信号，然后用此信号控制主放大器的增益和 APD 的偏置电压。

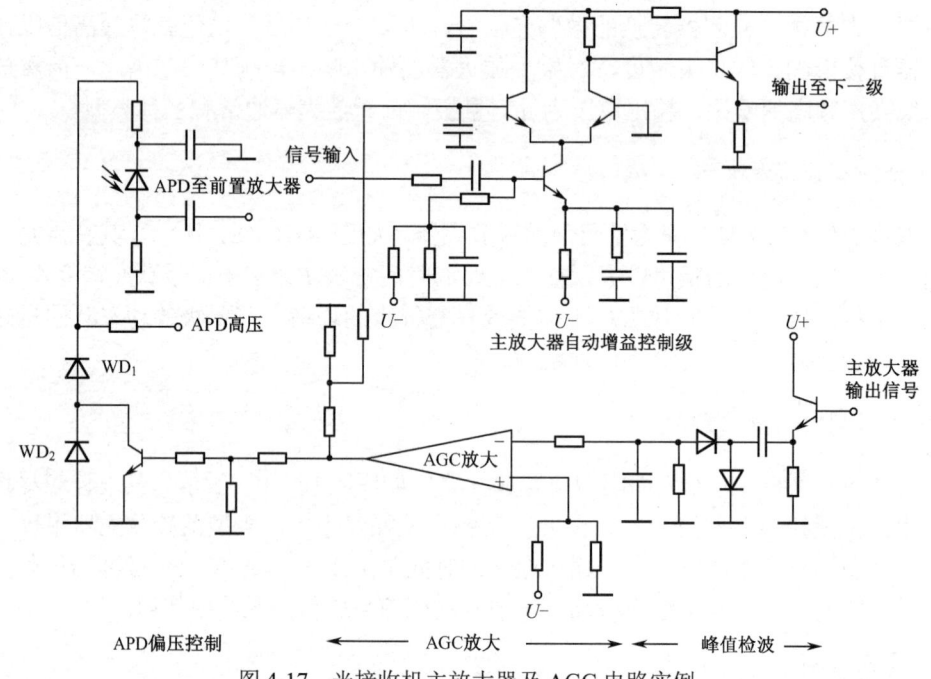

图 4-17　光接收机主放大器及 AGC 电路实例

4. 均衡与定时判决

光信号脉冲通过光纤传输后,由于光纤线路色散和光接收机的带宽影响,接收机输出的信号波形将产生展宽失真,使前后码元在波形上互相重叠而产生码间干扰,造成误码,影响接收机灵敏度。因此,必须对放大后的脉冲进行均衡,对失真的波形进行补偿,以便于后续的判决,减少码间干扰的影响。

均衡电路不可能将波形全部恢复成原样,而是进行适当的修正,形成判决电路容易识别的波形。均衡电路可把接收信号变换成升余弦滚降波形,尽管还有拖尾,但在所有判决时刻,拖尾都为零点,因此,任一码元不会影响它前后码元取样点的值,不会产生码间干扰。图4-18(a)所示为滚降滤波器形成的波形 $h(T)$,它具有的特性为:

$$h(0)=1, \quad h(nT)=0 \ (n=\pm 1, \pm 2, \pm 3, \cdots)$$

图 4-18(b)和图 4-18(c)为两种均衡电路实例,根据码速选择好元件值后,还要进行微调,使码间干扰最小。

(a)滚降滤波器形成的波形　　(b)均衡电路实例1　　(c)均衡电路实例2

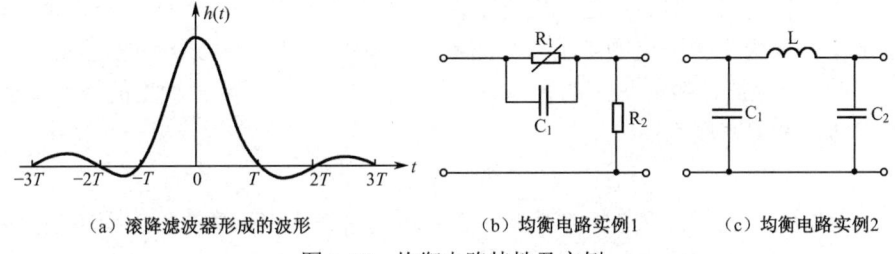

图 4-18　均衡电路特性及实例

定时判决(再生)电路包括判决电路和时钟提取电路。定时判决电路为了判定每一比特是"0"还是"1",首先要确定判决的时刻,这就需要从升余弦波形中提取准确的时钟信号。时钟信号经过适当的移相后,在最佳的取样时间对升余弦波形进行取样,然后将取样幅度与判决阈值进行比较,确定码元是"0"还是"1",从而把升余弦波形恢复再生成原传输的数字信号。

4.3.2　光接收机的噪声分析

光接收机中存在各种噪声源,根据噪声产生的不同机理,噪声可分散粒噪声、暗电流噪声和热噪声等。接收机中的噪声源及其引入部位如图 4-19 所示,其中散粒噪声包括光检测器的量子噪声、漏电流噪声等;热噪声主要指负载电阻和导线产生的热噪声,而放大器噪声(主要是前置放大器噪声)中,既有热噪声,又有散粒噪声。

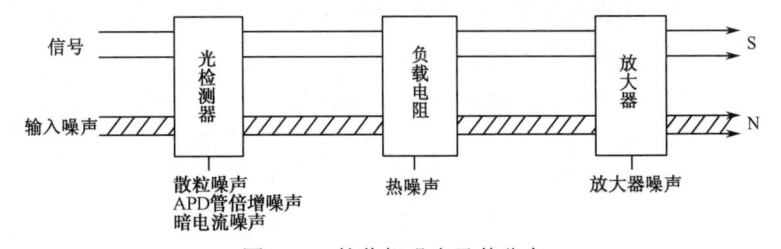

图 4-19　接收机噪声及其分布

光接收机的各种噪声及产生原因如下：

（1）输入噪声是随信号而来的，这种噪声是由光发送机和传输过程中产生的，例如发射机的消光比和传输码间干扰的影响等。

（2）光检测器的散粒噪声是由光检测器接收到光信号、光子激发出电子的随机过程引起的噪声。

（3）APD 管倍增噪声是由 APD 管的倍增过程产生的噪声。

（4）光检测器的漏电流噪声是由光检测器表面物理状态不完善引起漏电流产生的噪声。

（5）负载电阻热噪声是由负载电阻及导线的热损耗引起的噪声。

（6）放大器噪声是由放大器本身引起的噪声。

1．光检测器噪声定量分析

1）散粒噪声

设入射到光检测器（如 PIN 管）的光敏面上恒定的光功率为 P。不论光功率如何恒定，由于光量子在 PIN 管内激励出的电子数是随机的，所以输出电流仍带有随机的散粒噪声。

可以证明，光检测器散粒噪声的统计特性服从泊松分布。PIN 管输出的散粒噪声近似白噪声，其双边功率谱密度为：

$$n_s = e_0 I_p$$

式中，I_p 为光电流；e_0 为电子电荷。对于带宽为 B 的系统，PIN 管的散粒噪声功率为：

$$N_s = \int_{-B}^{B} e_0 I_p \mathrm{d}f = 2e_0 I_p B$$

2）APD 管的倍增噪声

设恒定的光功率照射在 APD 的光敏面上，除光量子激励的一次电子有随机性外，由于一次电子碰撞电离产生的二次倍增电子也是随机的，即倍增因子 G 也是随机的。因此，APD 输出的光电流带有噪声，称为倍增噪声。

倍增噪声的统计特性非常复杂，不是泊松或高斯分布，其噪声功率谱密度可表示为：

$$n_g = e_0 I_p <G^2>$$

式中，$<G^2>$ 是 G 的二阶矩（即 G^2 的统计平均）。

为了分析方便，可以采用近似式：

$$<G^2> \approx <G>^2 F(G) \approx <G>^{2+x}$$

式中，$<G>$ 为平均倍增因子；x 为过剩噪声指数，Si 的 $x=0.3\sim0.5$，Ge 的 $x=0.6\sim1.0$；$F(G) \approx G^x$ 为过剩噪声系数。于是 APD 的倍增噪声功率谱密度为：

$$n_g = e_0 I_p <G>^{2+x}$$

对带宽为 B 的系统，APD 输出的倍增噪声功率为：

$$N_g = \int_{-B}^{B} e_0 I_p <G>^{2+x} \mathrm{d}f = 2e_0 I_p <G>^{2+x} B$$

3）光检测器的暗电流噪声

检测器加上偏压后，或多或少要产生一些暗电流，暗电流也会引起散粒噪声。在无倍增情况下，对带宽为 B 的系统，暗电流 I_d 引起的检测器输出散粒噪声功率为：

$$N_d = 2e_0 I_d B$$

对带宽为 B 的系统，在 APD 内暗电流也会引起倍增噪声，其噪声功率为：

$$N_d = 2e_0 I_d <G>^{2+x} B$$

2．放大器噪声定量分析

为了计算光接收机的噪声，考虑如图 4-20（a）所示的光接收机电路，其等效噪声模型如图 4-20（b）所示。图中，$i_s(t)$ 是检测器等效电流源，$i_n(t)$ 表示它的散粒噪声，C_d 是它的结电容，R_b 是偏置电阻（无噪声电阻），i_b 是偏置电阻等效噪声电流源，C_s 是偏置电路杂散电容，R_a 和 C_a 分别是放大器输入电阻和输入电容，i_a 是放大器输入端的并联等效噪声电流源，e_a 是放大器输入端的串联等效噪声电压源，其余部分均为无噪声网络。放大器被分解为理想的放大器和等效噪声电压源 $<U^2>$ 和电流源 $<I^2>$，其相应的功率谱密度分别表示为 S_E 和 S_I。

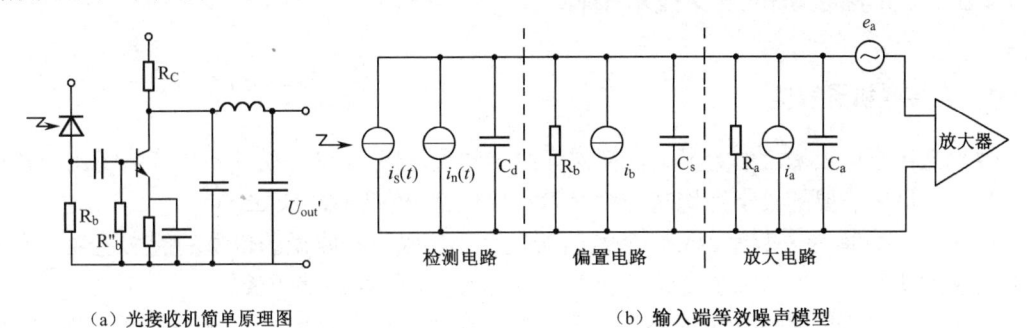

（a）光接收机简单原理图　　　　（b）输入端等效噪声模型

图 4-20　光接收机的等效模型

求噪声功率的步骤如下所述：

（1）求单位频谱上的噪声功率（在 1 Ω 电阻条件下）：$S_E = dU^2(t)/df$；或 $S_I = dI^2(t)/df$。

（2）求噪声功率：$N_A = \int_{f_1}^{f_2} S_E df$；$f_2 - f_1$ 为系统的通频带。

放大器的噪声特性决定于所采用的前置放大器类型，根据放大器噪声等效电路和晶体管理论可以计算。常用三种类型前置放大器（见图 4-16）输出的等效噪声功率 N_A 分别计算如下。

1）双极晶体管（BJT）前置放大器的输出端总噪声功率

根据晶体管理论，BJT 噪声源的输出端总噪声功率近似为：

$$S_I = e_0 I_b = \frac{e_0 I_c}{\beta}, \quad S_E = \frac{(kT)^2}{e_0 I_c}, \quad 则$$

$$N_A = 2\left[\frac{2kT}{R_b} + \frac{e_0 I_c}{\beta} + \frac{(kT)^2}{R_t I_c}\right] A^2 B + \frac{2}{3} \frac{(kT)^2 (2\pi C_t)^2}{e_0 I_c} A^2 B^2 \tag{4.3}$$

2）高阻型场效应管（EFT）前置放大器的输出端总噪声功率

根据晶体管理论，EFT 噪声电压源的输出端总噪声功率近似为：
$S_I \approx 0$，$R_a \to \infty$，$S_E = 4kT/3g_m \approx 1.4kT/g_m$，则

$$N_A = \left[\frac{4kT}{R_b} + \frac{2.8kT}{g_m R_b^2}\right] A^2 B + \frac{2.8kT(2\pi C_t)^2}{3g_m} A^2 B^3 \quad (4.4)$$

3）互阻抗型前置放大器的输出端的总噪声功率为：

$$N_A = \left[\frac{4kT}{R_f} + \frac{2.8kT}{g_m R_f^2}\right] A^2 B + \frac{2.8kT(2\pi C_t)^2}{3g_m} A^2 B^3 \quad (4.5)$$

式中，A 为接收机的放大倍数；B 为放大器带宽；g_m 为 FET 跨导；I_c 为 BJT 集电极电流；β 为晶体管电流放大系数；e_0 为电子电荷；k 为波尔兹曼常数；T 为热力学温度；R_b 是偏置电阻；R_f 是负反馈电阻；R_t 是 R_b 与放大器输入电阻的并联；$R_t = R_b // R_a$，$C_t = C_d // C_a // C_s$。

4.3.3 光接收机的主要技术指标

1. 光接收机灵敏度

数字光接收机灵敏度的定义为，在保证给定的误码率 BER（如 10^{-9}）或信噪比的条件下，光接收机所需要的最小平均光功率值 P_r，单位为 W 或 mW 或 dBm。

P_r 值越小就称为灵敏度越高，就意味着数字光接收机接收微弱信号的能力越强。当光发射机输出功率一定时，灵敏度越高，光纤通信系统传输距离就越长。

光接收机灵敏度是以一定误码率为条件的，这里先对误码率概念进行介绍。光接收机对码元误判，即接收"0"码误判为"1"码，或把"1"码误判为"0"码的概率称为误码率（BER），其定义为在一定的时间内，传输的总码流中误判的码元数和接收的总码元数的比值。

一般"0"码和"1"码的误码率是不相等的，但对于"0"码和"1"码等概率出现的码流，可认为是相等的，此时误码率近似为：

$$\begin{aligned}\text{BER} &= \frac{1}{\sqrt{2\pi}} \int_Q^\infty \exp\left[-\frac{x^2}{2}\right] dx \\ &= \frac{1}{2}\text{erfc}\left(\frac{Q}{\sqrt{2}}\right) \approx \frac{1}{\sqrt{2\pi}} \frac{e^{-Q^2/2}}{Q}\end{aligned} \quad (4.6)$$

式中，Q 为信噪比参数，误码率 R 与 Q 的关系曲线如图 4-21 所示。由此可见，只要知道 Q 值，就可由式(4.6)计算出或由图 4-21 查出误码率，例如：$Q=6$，BER=10^{-9}，$Q=7$，BER=10^{-12}。

数字光接收机的灵敏度可用以下三种物理量来表征：
（1）最低接收的平均光功率 P_r；
（2）每个光脉冲中最低接收的平均光子数 n_0；

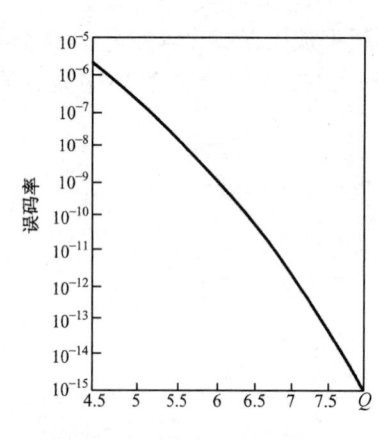

图 4-21 误码率和 Q 的关系

(3) 每个光脉冲中最低接收光子能量 E_d。

以上三种表示形式虽有不同,但本质上是一致的。对于"1""0"码等概率出现的 NRZ 码,三者之间的关系为:

$$P_r = \frac{E_d}{2T_b} = \frac{n_0 hf}{2T_b}$$

式中,T_b 为脉冲码元周期,$T_b=1/f_b$,f_b 为传输速率;hf 为一个光子能量;P_r 的单位为 W 或 mW。

光接收机灵敏度的计算方法很多,其中 Personick 方法最适合工程应用。ITU-T 以 Personick 方法为基础略加改进,推荐采用。

1)PIN 光接收机灵敏度 P_r

$$P_r = \frac{E_d}{2T_b} = \frac{Q\sqrt{N}}{R_0 T_b} = \frac{Q\sqrt{N}hcf_b}{e_0\eta\lambda} \tag{4.7}$$

式中,R_0 是 PIN 管的响应度,且 $R_0=e_0\eta/(hf)$,η 为 PIN 量子效率;Q 为信噪比参数与 BER 有关,反映接收机信噪比;N 是光接收机各种前置放大器的输出的噪声功率。

由式(4.7)得知,PIN 光接收机灵敏度受入射光波长、接收机信噪比、噪声、传输速率、检测器的量子效率影响。

设 PIN 光接收机的工作参数如下:光波长 λ=0.85 μm,传输速率 f_b=8.448 Mbit/s,光电二极管响应度 R_0=0.4 A/W,互阻抗前置放大器(FET)的 $N=10^{-18}A^2$。要求误码率 $P_e=10^{-9}$,即 Q=6,由式(4.7)计算得到 $P_r=1.5\times 10^{-8}$ W = −48.2 dBm。

2)APD 光接收机灵敏度 P_r

APD 光接收机灵敏度 P_r 计算比 PIN 复杂得多。主要是由于它的倍增噪声取决于光信号的强弱及倍增因子 G。这意味着"0"码和"1"码倍增噪声的大小不一样,有码间干扰和无码间干扰不一样。若选用小的倍增因子,增益太小;选用大的倍增因子,倍增噪声太大,即存在一个最佳倍增因子 G_{opt},使信噪比最佳,接收机灵敏度最优。经推导可得:

$$G_{opt} = \left[\frac{2\sqrt{N}}{e_0 Qxf_b}\right]^{1/(1+x)}$$

$$P_r = \frac{E_d}{2T_b} = \frac{Q\sqrt{N}}{R_0 G_{opt}} + \frac{e_0 f_b Q^2 G_{opt}^{x+1}}{2R_0} \tag{4.8}$$

式(4.8)为有名的 Goell 公式。式中,x 为过剩噪声指数,估算时可取 x=0.5。

2. 动态范围 D_{max}

在实际的系统中,由于中继距离、光纤损耗、连接器及熔接头损耗的不同,发送功率随温度的变化及器件老化等因素而变化,接收光功率有一定的范围。光接收机的动态范围定义为在保证给定的误码率 BER(如 10^{-9})或信噪比的条件下,允许的最高接收的平均光功率(单位为 dBm)和所需的最低接收的平均光功率(单位 dBm)之差,其单位为 dB,即:

$$D_{max} = P_{max} - P_r$$

宽的动态范围对系统结构来说更方便灵活，实际设备在 20 dB 以上。

4.4 光中继器

光发送机输出的光脉冲信号，经过光纤传输后，因光纤损耗和色散的影响，导致光脉冲信号幅度衰减、波形失真，限制了光脉冲在光纤中的长距离传输，为此必须在传输线路中每隔一定距离设置一个光中继机，以补偿衰减的信号，恢复失真的波形，使光脉冲得到再生。若只考虑光纤对信号的损耗，可采用 EDFA 光纤放大器，以放大衰减的光信号。这里只介绍光—电—光转换方式的光中继机，EDFA 光纤放大器的放大原理见第 3.3 节。

数字光中继器的组成如图 4-22 所示，包括光接收（检测）、再生判决和光发送部分。首先由光检测器将衰减和失真的光脉冲信号转换成电信号，通过放大、再生判决恢复出原来的数字信号，再对光源进行驱动调制，使已调光信号送入光纤以延长传输距离。

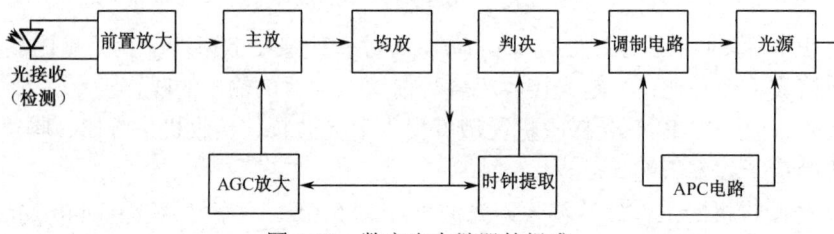

图 4-22 数字光中继器的组成

在数字光纤通信系统中，一般根据光纤损耗和带宽的限制来估算中继距离，每隔 50～70 km 就要设置一个中继器，设置的中继器有无人站和有人站之分，它们的主要区别是有人站一般具有监测、公务、远供及区间通信等功能，而无人站一般只有供电功能。

4.5 光模块

4.5.1 光模块常用种类

光模块（optical module）是光收发设备系列等的一种高度集成块，常用的种类包括光接收模块、光发射模块、光收发（一体）模块和光转发模块等。实际使用最常见的光模块是光收发模块。光收发光模块由光电子器件、功能电路和光接口等组成。光电子器件包括光发射和光接收两部分，功能电路包括调制电路和解调电路等，光接口包括与光纤连接器和连接器的耦合器等。

4.5.2 光模块功能及组成原理

光发射模块的主要功能是实现电光变换。其原理是将输入一定码率的电信号经内部的驱动芯片处理后驱动半导体激光器（LD）或发光二极管（LED）发射出相应速率的调制光信号，其内部带有光功率自动控制电路，使输出的光信号功率保持稳定，如图 4-23 所示。

光接收模块的主要功能是实现光电变换。其原理是将一定码率的光信号输入模块后由光电二极管（PIN 或 APD）转换为电信号，经前置放大器、主放、判决再生后输出相应码率的电信号，如图 4-24 所示。

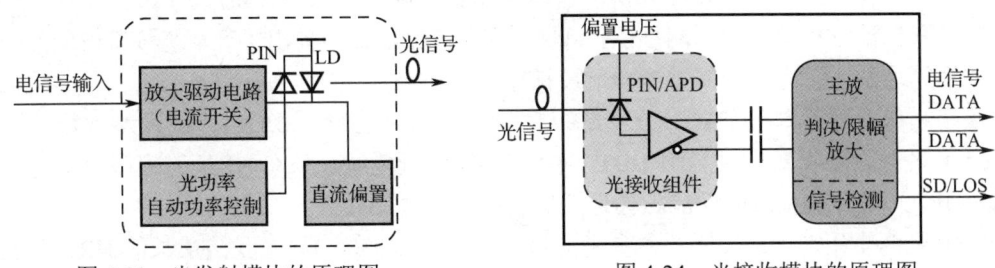

图 4-23　光发射模块的原理图　　　　图 4-24　光接收模块的原理图

光收发模块的主要功能是实现光电和电光变换，由光发射和光接收两部分组成。它包括光功率控制、调制/解调发送，信号探测、转换及限幅放大判决再生等功能。光收发模块的原理图可参看图 4-23 和图 4-24。

光收发模块除了具有光电变换功能外，还集成了很多的信号处理功能，如光复用/光解复用、功能控制、能量采集及监控等功能。

4.5.3　光收发模块型号及参数

常用的光模块或光纤模块都是指光收发模块。常见的光模块型号有 SFP、SFP+、QSFP+XFP、X2 等。SFP、SFP+、QSFP+ 和 QSFP28 光模块外部结构，如图 4-25 所示。

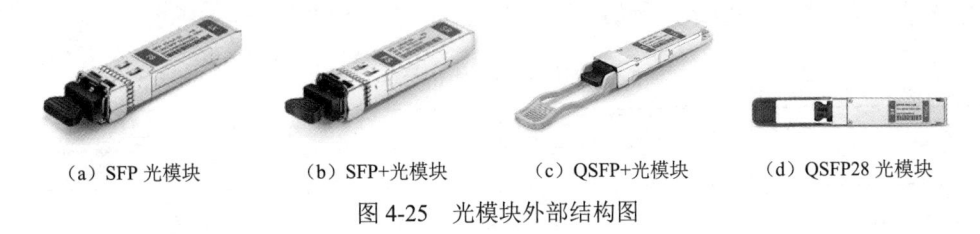

（a）SFP 光模块　　（b）SFP+光模块　　（c）QSFP+光模块　　（d）QSFP28 光模块

图 4-25　光模块外部结构图

部分光模块型号的参数如表 4.3 所示。

表 4.3　部分光模块（光收发模块）参数

封装类型	可选波长	速率/（Gbit/s）	距离
SFP	850 nm，1 310 nm，1 490 nm，1 550 nm，CWDM，DWDM	1.25～10	80 m～40 km
SFP+	850 nm，1 310 nm，1 270 nm，1 330 nm，CWDM，DWDM	10～40	0.5 m～20 km
XFP 或 X2 或 XENPAK	850 nm，1 310 nm，1 270 nm，1 330 nm，CWDM，DWDM	10	100 m～20 km
QSFP+	1330 nm	40～100	10 m～20 km

光模块属于光设备配件，类似于电子元器件，插在设备里面，一般只有在交换机和带光模块插槽的设备里使用。光模块在与交换与交换机设备之间作为光信号传输的载体，相比光收发端机更具效率性、安全性。光收发端机属于设备，是可以单独使用的。

4.6 系统的性能指标

数字光纤通信系统的主要性能指标有误码性能、抖动性能和可靠性。

为了有机地分析整个通信网性能，ITU-T 在 G.801 建议中提出了"系统参考模型"的概念，并规定了系统参考模型的性能参数及指标。

数字系统参考模型有三种假设形式：假设参考数字连接（HRX）、假设参考数字链路（HRDL）及假设参考数字段（HRDS）。对于 SDH 传输系统，只在 HRX 改为假设参考数字通道（HRP）来分配系统的性能指标，然后直接考核复用段、再生段的性能。

HRP 是两个用户间的国际最长参考通道，长度为 27 500 km，我国最长的 HRP 全长为 6 900 km。长途传输网络又可区分为长途网、中继网和用户网三部分，长途网中两个最远长途传输节点之间的距离为 6 500 km，在中继网、用户网间的距离分别为 100 km，而实际公用网都小于 HRP。

4.6.1 误码性能

误码性能是衡量数字通信系统质量优劣的重要指标，它反映了数字传输过程中信号受损害的程度。

1. 64 kbit/s 数字连接的误码性能

在一般的数字通信中常用平均比特误码率（BER）来衡量系统误码性能，误码率大小直接影响系统传输的业务质量，例如误码率对话音的影响程度如表 4.4 所示。

表 4.4 误码率对话音的影响程度

误 码 率	受话者的感觉
10^{-6}	感觉不到干扰
10^{-5}	在低话音电平范围内刚觉察到有干扰
10^{-4}	在低话音电平范围内有个别"喀喀"声干扰
10^{-3}	在各种话音电平范围内都感觉到有干扰
10^{-2}	强烈干扰，听懂程度明显下降
5×10^{-2}	几乎听不懂

所谓"平均误码率"就是在一定的时间内出现错误的码元数与传输码流总码元数之比，其表示式为：

$$\text{BER}_{av} = \frac{\text{错误接收的码元数} m}{\text{传输的总码元数} n} = \frac{m}{f_b \times t} \tag{4.9}$$

【例 4-1】 某信息码速率为 8.448 Mbit/s 的光纤系统，若 $\text{BER}_{av}=10^{-9}$，求 5 min 内允许的误码数是多少？

解： $m=10^{-9}\times 8.448\times 10^{6}\times 5\times 60=2.5$（码元）

在通信网中除了话音，还有其他业务，为了能综合衡量各业务的传输质量，根据 ITU-T

G.821 建议，可将误码性能优劣的指标分为 3 类：①劣化分（DM）；②严重误码秒（SES）；③误码秒（ES）。其定义和指标如表 4.5 所示。

表 4.5 误码类别、定义和总指标（64kbit/s）

类别	定 义	全程全网指标
DM	在抽样观测时间 T_0=1 min 内，若 BER>10^{-6}，则这 1 min 为一个 DM	$\dfrac{劣化分钟}{可用分钟}$ <10%
SES	在抽样观测时间 T_0=1 s 内，若 BER>10^{-3}，则这 1 s 为一个 SES	$\dfrac{严重误码秒钟}{可用秒}$ < 0.2%
ES	在抽样观测时间 T_0=1 s 内，误码数至少为 1 个，则这 1 s 为一个 ES	$\dfrac{误码秒钟}{可用秒}$ <8%

表 4.5 中的指标都涉及可用时间和不可用时间。可用时间（有可用分钟、可用秒）的含义是连续 10 秒内每秒系统处于正常工作状态，这 10 秒的第 1 秒起为可用时间；不可用时间的含义是连续 10 秒内每秒系统故障状态（如劣化分钟、严重误码秒钟、误码秒钟），这 10 秒的第 1 秒起为不可用时间。在实际的工程设计中，必须将 G.821 建议的总指标按照不同等级的网络进行分配，网络等级划分为高级、中级和本地级 3 种，如图 4-26 所示。

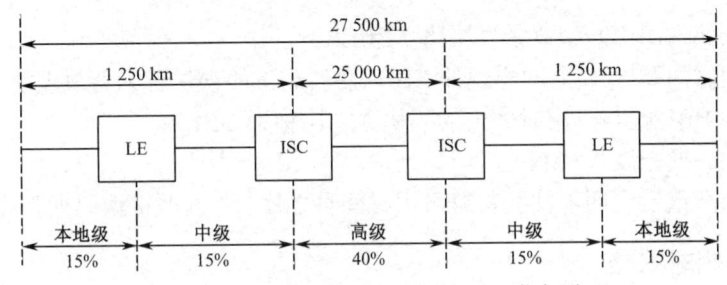

图 4-26 HRX 的网络等级划分与误码指标分配

3 种等级网络对误码性能总指标分配如表 4.6 所示。该表的依据为 G.821 建议，高级指标按长度分配，即 25 000 km 占总指标 40%。中级和本地级则按切块分配，即每段各占总指标 15%。表中对严重误码秒仅取总指标的一半（0.1%）参加分配，另一半留做高、中级网络全年最差月份用。

表 4.6 HRX 误码性能总指标分配

误码性能指标	高级网络	中级网络	本地级网络
DM<10%	4%	2×1.5%	2×1.5%
SES<0.1%	0.04%	2×0.015%	2×0.015%
ES<8%	3.2%	2×1.2%	2×1.2%

对我国电话通信网采用的三级汇接制，一般认为省中心以上的一级长途干线为高级；省中心至县中心的二级长途干线为中级；县中心以下为三级本地级。

2. 高比特率数字通道的误码性能

根据 ITU-T G.826 和 G.828 建议，SDH 传输系统通道的误码性能是以"块"为单位描述的，其规范了误块秒比（ESR）、严重误块秒比（SESR）、背景误块比（BBER）和严重误块期强度（SEPI）4个性能参数的目标要求。所谓"块"是指一系列与通道有关的连续比特。以"块"为基础进行度量便于在线误码性能监测。

当同一块内的任意比特发生差错时，就称该块为"误块"（EB）。

高比特率通道的误码性能参数如下：

（1）误块秒（ES）和误块秒比（ESR）

当任意1s内发现1个或多个误码块时，则称该1s为误块秒（ES）。在规定测量时间内出现的ES数与总的可用秒数之比，称为误块秒比（ESR）。

（2）严重误块秒（SES）和严重误块秒比（SESR）

当任意1s内出现不少于30%的EB或者至少出现一种缺陷，称该秒为严重误块秒（SES）。

在测量时间段内出现的SES数与总的可用秒之比，称为严重误块秒比（SESR）。

$$SESR = \frac{规定测量时间的SES总数}{总的可用时间(秒)}$$

SESR主要反映系统的抗干扰能力，它与环境条件、自身抗干扰能力有关，与信息传输速率关系不大。

（3）背景误块（BBE）和背景误块比（BBER）

扣除不可用时间和SES期间出现的EB以后所剩下的误块称为背景误块BBE。在规定测试时间内出现BBE数与可用时间内的码块数之比称为BBER。

（4）严重误码期强度（SEPI）

可用时间内严重误码期事件数与总可用时间秒之比，称为严重误码期强度，单位为1/s。

3．误码性能指标分配

在ITU-TG.826和G.828中，对高比特率的假设参考通道（HRP）的27 500 km全程端到端通道的误码性能指标，如表4.7所示。

表4.7 高比特率27 500 km国际数字HRP的端到端误码性能指标

速率/(Mbit/s)	1.5～5	>5～15	>15～55	>55～160	>160～3500
比特/块	800～5 000	2 000～8 000	4 000～20 000	6 000～20 000	15 000～30 000
ESR	0.04	0.05	0.075	0.16	不作规定
SESR	0.002	0.002	0.002	0.002	0.002
BBER	2×10^{-4}	2×10^{-4}	2×10^{-4}	2×10^{-4}	1×10^{-4}

4.6.2 抖动和滑动性能

抖动是数字信号传输过程中产生的一种瞬时不稳定现象。抖动的定义是数字信号的特定时刻（如最佳抽样时刻）相对标准时间位置的短时间偏差。这种偏差包括输入脉冲信号在某一平均位置左右变化和提取时钟信号在中心位置左右变化，如图4-27所示。偏差时间范围称为抖动幅度（$J_{p\text{-}p}$）。抖动单位为UI，表示单位时隙。当脉冲信号为二电平NRZ时，1UI等于1 bit信息所占时间，数值上等于传输速率f_b的倒数。

产生抖动的原因很多，主要与定时提取电路的质量、输入信号的状态和输入码流中的

连 "0" 码数目有关。抖动严重时，使得信号失真、误码率增大及产生或丢失比特导致帧失步等。完全消除抖动是困难的，因此在实际工程中，需要提出容许最大抖动的指标。

滑动（或漂移）的定义是数字信号的特定时刻（如最佳抽样时刻）相对标准时间位置的长时间偏差。滑动产生原因常见是环境温度的变化，因为环境温度的变化，可能导致光纤传输性能、时钟及 LD 发射波长的偏移等而产生滑动。还有就是 SDH 网络中指针调整可能产生滑动。滑动危害会引起传输信号比特偏离时间上的理想位置，结果使接收机对信号脉冲不能正确判决再生，产生误码。

ITU-T 建议对 PDH 和 SDH 各次群系统的抖动性能作出了明确的规定，抖动、滑动相关性能指标主要有：输入抖动/滑动容限、最大允许输出抖动/滑动容限和抖动/滑动转移（抖动/滑动增益）移特性。输入抖动/滑动容限是指 PDH、SDH 系统设备必须容许输入信号含有一定的抖动/滑动，保证系统正常工作。

1. 输入抖动/滑动容限

根据 ITU-T G.823 建议，输入抖动容限指在数字段内，满足误码特性要求时，允许的输入信号的最大抖动范围。显然，输入抖动容限值越大越好，说明数字设备和数字段适应抖动能力强。输入抖动容限应在图 4-28 所示曲线之上。

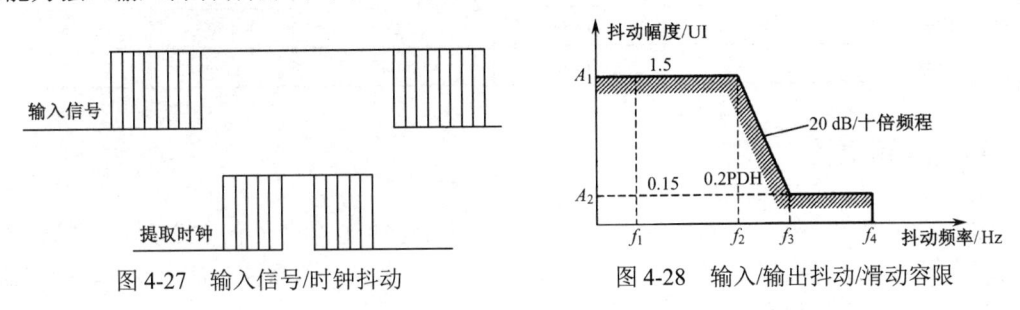

图 4-27 输入信号/时钟抖动

图 4-28 输入/输出抖动/滑动容限

2. 最大允许输出抖动/滑动容限

根据 ITU-T G.921 建议，输出抖动容限指的是当系统没有输入抖动的情况下，而系统输出端的抖动最大值。该值应越小越好，说明设备和数字段产生抖动小。输出抖动容限应在图 4-28 所示的曲线之下。

3. 抖动/滑动转移（抖动增益）特性

根据 ITU-T G.921 建议，抖动转移特性是指在一定频率下，数字设备或数字段输出信号的 000000000 残余抖动与输入口的抖动量的比值，即 $G=20\lg($输出抖动幅度/输入抖动幅度$)$，为了保证数字网的抖动指标，对每一个数字段，抖动转移增益不应该超过 1 dB，而数字设备的抖动转移增益不应该超过 0.5 dB。

1）PDH 系统抖动性能规范

PDH 系统各次群输入口对抖动容限的规范，如表 4.8 所示。

表 4.8　PDH 各次群输入抖动容限

速率/（Mbit/s）	参数值 J_{P-P}UI		测试滤波器参数			
	A_1	A_2	f_1/Hz	f_2/kHz	f_3/kHz	f_3/kHz
2.048	1.5	0.2	20	2.4	18	100
8.448	1.5	0.2	20	0.4	3	400
34.368	1.5	0.15	100	1	10	800
139.264	1.5	0.075	200	0.5	10	3 500

2）SDH 系统抖动/滑动性能规范

为了实现 SDH 系统不同 STM 等级终端互连而不影响系统传输质量，对 SDH 系统接口的最大允许抖动作出了明确规范，如表 4.9 所示。

表 4.9　SDH 各 STM 等级输入抖动/滑动容限

速率/（Mbit/s）	参数值 J_{P-P}/UI		测试滤波器参数		
	A_1	A_2	f_1/Hz	f_2/kHz	f_3/MHz
155.520	1.5	0.15	500	65	1.3
622.080	1.5	0.15	1 000	250	5
2 488.320	1.5	0.15	5 000	1 000	20

4.6.3　可靠性

除上述性能指标外，可靠性也是衡量通信系统质量的优劣的一个重要指标，它直接影响通信系统的使用、维护和经济效益。对光纤通信系统而言，可靠性包括光端机、中继器、光缆线路、辅助设备和备用系统的可靠性。

确定可靠性一般采用故障统计分析法，即根据现场实际调查结果，统计足够长时间内的故障次数，确定每两次故障的时间间隔和每次故障的修复时间。

1）不可用时间 MTTR

传输系统任一传输方向的数字信号连续 10 s 期间内每秒的误码率均大于 $1×10^{-3}$ 时，从这 10 s 的第一秒起就认为进入了不可用时间。

2）可用时间 MTBF

当数字信号连续 10 s 期间内每秒的误码率均小于 $1×10^{-3}$ 时，从这 10 s 的第一秒起就认为进入了可用时间。

3）可用性及可用性目标

可用性＝（可用时间/总工作时间）×100%＝MTBF/（MTBF+MTTR）×100%
不可用性＝（不可用时间/总工作时间）×100%＝MTTR/（MTBF+MTTR）×100%
各类假设参考数字段的可用性目标，如表 4.10 所示。

表 4.10 假设参考数字段的可用性目标

长度/km	可用性	不可用性	不可用时间/年
420	99.977%	2.3×10^{-4}	120 min/年
280	99.985%	1.5×10^{-4}	78 min/年
50	99.99%	1×10^{-4}	52 min/年

根据国家标准的规定，具有主备用系统自动倒换功能的数字光纤通信系统，允许 5 000 km 双向全程每年 4 次全阻故障，对应于 420 km 和 280 km 数字段双向全程分别为每 3 年 1 次和每 5 年 1 次全阻故障。市内数字光纤通信系统的假设参考数字链路长为 100 km，容许双向全程每年 4 次全阻故障，对应于 50 km 数字段双向全程每半年 1 次全阻故障。此外，要求 LD 光源寿命大于 10×10^4 h，PIN-FET 寿命大于 50×10^4 h，APD 寿命大于 50×10^4 h。

4.7 光纤通信系统的设计

最简单的光纤通信系统结构是点到点连接系统或称为中继系统，如图 1-3 所示，它可以实现距离为几十米的室内传输，也可以是成百上千千米的省市之间或跨洋传输。光纤通信系统设计可根据不同使用范围分为核心网和接入网的光纤通信系统。系统设计的任务是遵循规范建议，采用先进、成熟技术，综合考虑地区发展规划、人口因素、现有资源、系统经济成本，合理地选用系统使用的光缆、光器件和设备等，明确系统的全部技术参数，完成实用系统的集成。

对于核心网的高速率光纤通信系统设计，重点核算光纤损耗及带宽能力对中继段长度的决定作用和选择传输系统的制式及容量等级，如 PDH、SDH、PTN、DWDM 等技术及容量等级，以解决设计系统的传输容量大、传输距离远、业务种类多及流量大等问题为宗旨。

对于接入网的宽带光纤接入系统，设计主要针对光纤接入网（OAN）的设计和选择传输系统的适用技术如 EPON、GPON、APON 等。

光纤接入网的最主要特点是网络覆盖半径一般较小，可以不需要中继器，但是由于众多用户共享光纤导致光功率的分配或波长分配，有可能需要采用光纤放大器进行功率补偿；要求满足各种宽带业务的传输，而且传输质量好、可靠性高。光纤接入网的应用范围广阔，投资成本大，网络管理复杂，远端供电较难等。本节只介绍核心网的高速率光纤通信系统设计。

4.7.1 系统总体设计考虑

在系统设计时采用的产品必须符合相关的国家标准、行业标准、技术规范的要求，还应接受 ITU-T 的有关建议。此外还应考虑下述有关问题：

（1）综合考虑最佳路由和局站设置、系统的容量（传输速率等级）、传输距离、业务流量、投资额度和发展的可能性等相关因素。

（2）合理选择系统的制式，如 PDH、SDH 和速率等级（见表 4.1 和表 4.2），工作波长、光纤光缆型号和光电设备型号等，以满足对系统性能的总体要求。

(3) 具有保证系统正常工作的其他配套设施。

目前可选用的光纤类型有 G.651、G.652、G.653、G.654、G.655、G.656、G.657 等。各光纤特性及适用范围如表 2.1 和表 2.2 所示，选用 G.652 和 G.655 这两种光纤最为普遍，因为 G.652 光纤是在 1 310 nm 波长性能最佳的单模光纤，适应开通长距离 10 Gbit/s 及其以下系统；G.655 光纤是在 1 550 nm 波长区开通 10 Gbit/s 和 $N\times10$ Gbit/s 的 DWDM 系统最适合的光纤。

4.7.2 系统中继距离设计预算

中继距离是光纤通信系统设计的一项主要任务，中继距离越长，则系统的成本越低，获得的经济效益越高。当前在设计系统中继距离长度时，广泛采用 ITU-T G.956 所建议的三种方法。一是"最坏值设计法"，该方法将与中继距离有关的系统参数均采用最坏的可能值，即光信道所有参数都是按系统寿命终结、富余度用完，且处于极端温度条件（如高、低温度）下仍能 100%地保证系统性能要求，从而得到中继长度的最大值，它能保证在 100%的条件下，在全部适用时间内发收 S 和 R 点间衰减和色散低于规定的系统指标。二是"统计法"，该方法通常给出已知参数的统计平均值和方差，并确定置信度（如 99%），由此算出在置信度内 S 和 R 点间衰减和色散低于规定的系统指标的中继长度。三是"半统计法"，该方法是对部分已知参数，如光纤衰减系数、接续损耗等按统计分布并设置信度，而对其他参数如灵敏度等给出确定值，由此计算出在置信度内 S 和 R 点间衰减和色散低于规定的系统指标的中继长度。

我国通常采用最坏值设计法，用这种方法得到的结果，设计的可靠性为 100%。其缺点是各项最坏值条件同时出现的概率极小，使系统有相当大的富余度，系统总成本偏高。

光纤传输最长中继段距离由光纤衰减和色散等因素决定。在实际的工程应用中，设计方式分为两部分进行，第一部分是衰减受限系统，即中继距离长度根据 S 和 R 点之间的光通道衰减决定。第二部分是色散受限系统，即中继距离长度根据 S 和 R 点之间的光纤色散决定。光纤传输中继段（距离）的组成示意图如图 4-29 所示。

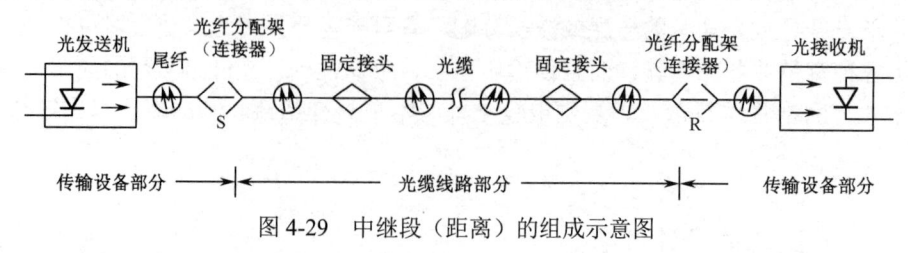

图 4-29 中继段（距离）的组成示意图

1. SDH 传输系统中继距离的设计预算

1）衰减受限系统

衰减受限系统中继距离可用下式估算：

$$L = \frac{P_s - P_r - P_P - M_e - \sum A_c}{A_f + A_s + M_c} \tag{4.10}$$

式中，L 表示衰减受限中继距离长度（km）；P_s 表示 S 点发送光功率（dBm）；P_r 表示 R 点接收灵敏度（dBm）；P_p 表示光通道功率代价（dB），因反射、码间干扰、模分配噪声和激光器啁啾而产生的总退化，光通道功率代价不超过 1 dB，对于 STM-16 的 SDH 长距离系统，则不超过 2 dB；M_c 表示光缆富余度（dB/km），是指光缆线路运行中的变动（如维护时附加接头或增加光缆长度的）。外界环境因素引起的光缆性能劣化，S 和 R 点间其他连接器性能劣化，因此在设计中应保留必要的富余量。在一个中继段内，光缆总的富余度不应超过 5 dB，设计中按 3~5 dB 取值；M_e 表示设备富余度（dB），通常取 3 dB；$\sum A_c$ 表示 S 和 R 点之间所有光纤活动连接器损耗（dB）之和，如 ODF 架上的短接光纤连接设备连接器衰减，FC 型连接器平均 0.8 dB/个，PC 型平均 0.5 dB/个；A_c 表示每个活动连接器损耗（dB/个）；A_f 表示光纤损耗系数（dB/km）；A_s 表示每千米光缆固定接头平均衰减（dB/km），与光缆质量，熔接机性能，操作水平有关。设计中 A_s 按平均值 0.05~0.08 dB/km 取值。

2）色散限制系统

根据 ITU-T 建议，色散限制系统中继距离可用下式估算：

$$L = \frac{\varepsilon \times 10^6}{D \times \Delta\lambda \times B} \tag{4.11}$$

式中，L 为色散限制中继距离长度（km）；ε 为当光源为多纵模激光器时取 0.115，单纵模激光器时取 0.306；B 是线路信号比特率（Mb/s）；$\Delta\lambda$ 为光源的谱宽（nm）；D 为光纤色散系数 [ps/(nm·km)]。这里需要说明的是低速率线路信号，在单模光纤传输时，一般可不考虑色散限制中继段距离。

【例 4-2】设计一个 STM-4 长途光纤通信系统，使用 G.652 光纤，工作波长选定 1310 nm，相关系统参数为：平均发送光功率 P_s=-3 dBm，接收灵敏度 P_r=-28 dBm，活动连接器总损耗 $\sum A_c$= 2×0.8 dB，光通道功率代价 P_p= 0.5 dB，光缆光纤损耗系数 A_f=0.4 dB/km，光缆固定接头平均损耗 A_s= 0.06 dB/km，光缆富余度 M_c= 0.04 dB/km，设备富余度 M_e=2 dB，系统采用单纵模光激光器，其谱宽 $\Delta\lambda$=4 nm。试估计出该系统的最长中继段距离的值。

解：按式（4.10）计算估计出该系统的中继距离长度为：

$$L = \frac{P_s - P_r - P_p - M_e - \sum A_c}{A_f + A_s + M_c}$$

$$= \frac{-3-(-28)-0.5-2-2\times 0.8}{0.4+0.06+0.04} = 41.8 \text{ km}$$

按式（4.11）计算估计出该系统的中继距离长度为：

$$L = \frac{\varepsilon \times 10^6}{D \times \Delta\lambda \times B} = \frac{0.306 \times 10^6}{3.5 \times 4 \times 622.080} \approx 35.1 \text{ km}$$

即实际最大中继距离为 35.1 km。

2. DWDM 系统中继距离的设计预算

DWDM 系统最大中继距离也是按照衰减受限和色散受限两个条件来估算的。DWDM 系统的传输线路主要设置有：光终端复用（OTM）、光交叉连接（OXC）、光放大器（OLA）（光中继器）和光放大器之间对应的光放段（L_A）、中继距离段（SR）或复用段，如图 4-30

所示，图中 OLA 为掺铒光纤放大器。DWDM 传输系统中继距离的设计，需根据光功率、色散和信噪比的计算结果，确定光放大器的增益类型和中继段内允许的光放段数量。

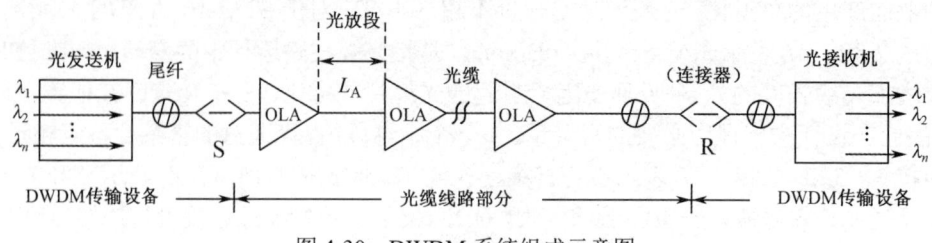

图 4-30 DWDM 系统组成示意图

1）衰减受限系统

首先讨论 DWDM 系统的光放段长度 L_A 估算。L_A 通常按等增益传输进行设计，即以中继段为单元，假设段内各光放大器均设计为等增益工作状态，各放大器的输出光功率均相同，其接收灵敏度也相同，如光放段的光缆损耗小于放大器的增益，则应用光衰减器进行调节。

光线路放大器的增益类型一般有 22 dB、30 dB、33 dB 3 种类型，根据光放大器的增益类型，通过光放段的光功率计算，按一个中继段内最大光功率段选定。

光放段的长度计算公式为：

$$L_A = \frac{G - \sum A_c}{A_f + M_c + A_s} \tag{4.12}$$

式中，L_A 为光放段长度（km）；G 是光放大器增益（dB）；$\sum A_c$ 为光放段间光纤连接器损耗之和（dB）；A_f 为光纤衰减系数（dB/km）；M_c 是光缆富余度（dB/km）；A_s 是每千米光纤固定接头的平均损耗（dB/km）。

例如，某 G.652 单模光纤系统扩容改造为 DWDM 系统工程，工作波长采用 1550 nm，实测光纤双向平均衰减系数 $A_s + A_f = 0.25$ dB/km（含光纤固定接头损耗），光缆富余度 $M_c = 0.04$ dB/km，光纤连接器总损耗 $\sum A_c = 2 \times 0.5$ dB。则利用式（4.12）计算出不同放大器增益的光放段的长度如表 4.11 所示。

表 4.11 不同光放大器的增益与所对应的光放段长度估算

光放大器的增益 G（dB）	22	30	33
光放段距离估算 L_A（km）	72	100	110

光放段的设置段数必须与系统发（S）、收（R）间中继距离进行权衡，总的来说，如果减少光放大器的增益，那么在光纤通信系统 S、R 间的传输中继距离间增加光放段的段数是可行的。一般每个系统 S、R 之间可达 3 个 120 km 的光放段或 8 个 80 km 光放段的级联，通常以每个光放段的外部设备预算损耗值（dB）来对传输系统进行规范，如 3 级联系统可表示为 3×33 dB 系统，8 级联系统可表示为 8×22 dB 系统。由此，DWDM 系统衰减受限中继段长度 L 由各光放段长度相加求得：

$$L = \sum_{i=1}^{n} L_{Ai} = \sum_{i=1}^{n} \frac{G_i - \sum A_{ci}}{A_{fi} + M_{ci} + A_{si}} \tag{4.13}$$

式中，n 为 DWDM 系统光放段数量；第 i 光放段的相关参数：光放段长度 L_{Ai}（km）；光放大器增益 G_i（dB）；光纤连接器损耗之和为 $\sum A_{ci}$（dB）；光纤衰减系数 A_{fi}（dB/km）；光缆富余度 M_{ci}（dB/km）；每千米光纤固定接头平均损耗 A_{si}（dB/km）。

2）色散限制系统

中继段的长度与允许的光放段数量需符合光通道色散和信噪比的要求。一个中继段光通道允许的色散即为一个中继段总的最大色散，多数厂商的 DWDM 系统总的允许最大色散值设为 6 400 ps/nm 和 12 800 ps/nm 两档。如果已知光纤的色散系数，允许的中继段长度 L 可按式（4.14）计算。对 G.652 和 G.655 光纤，计算出允许的中继段长度如表 4.12 所示。

$$L = \frac{D_{\max}}{D} \tag{4.14}$$

式中，L 为色散受限系统中继段长度(km)；$D_{\max}$ 是 S 和 R 点之间允许的最大色散值(ps/nm)；D 为光纤色散系数 [ps/(nm·km)]。

表 4.12 色散系数与对应的中继段长度估算值（设工作波长在 1550 nm 窗口）

光 纤 类 型	G.652		G.655	
光纤的色散系数 D [ps/(nm·km)]	20		6	
光通道允许的色散 $D_{\max}$（ps/nm）	6 400	12 800	6 400	12 800
中继段长度 L（km）	320	640	1 060	2 133

配置 DWDM 系统中继段长时，必须考虑同时满足光功率，光放大器的增益，光通道色散，光信号的信噪比的要求，此外，在传输系统的指标方面，仍应满足 SDH 系统关于抖动与误码指标的要求，对于中继段应满足 BER 小于或等于 1×10^{-12} 的要求。

在 DWDM 系统中，光放段数量 N 可用下式计算：

$$N = 10^{\frac{58+P_o-N_f-G-\text{OSNR}}{10}} \tag{4.15}$$

式中，P_o 为单波道输出光功率（dBm）；N_f 为光放大器的噪声系数（dB）；G 是光放段增益（dB）；OSNR 是单波道信噪比（dB）；58 为综合系数。

中继段信噪比的计算比较复杂，单波道的信噪比一般要求大于或等于 20 dB（或 22 dB）。假如单波道输出光功率 P_o=7 dBm，光放大器噪声系数 N_f=8 dB，光放段增益 G 分别为 22 dB、30 dB、33 dB 的情况下，计算结果如表 4.13 所示。

表 4.13 光放段数量与对应的光放段增益估算值

单波道信噪比（dB）	20			22		
光放段增益（dB）	22	30	33	22	30	33
光放段数量（个）	≥8	5	2	≥8	3	1

3. 高速光纤系统 PMD 限制中继距离的设计

当设计高速率光纤系统（如 DWDM 系统，10 Gbit/s 以上）时，光纤链路偏振模色散 PMD 将直接限制系统传输速率，或者限制系统传输中继距离（参见 2.4.2 节）。由式（2.46）可分析讨论在高速光纤传输系统中，PMD 对光纤传输距离或传输速率的影响：

$$L = \left[\frac{1}{10\text{PMD}_c \times B_L}\right]^2 \quad \text{或} \quad B_L = \frac{1}{10\text{PMD}_c \sqrt{L}}$$

式中，PMD_c 为偏振模色散系数（s/$\sqrt{\text{km}}$）；B_L 为传输速率（b/s）；L 为光纤中继距离（km）。表 4.14 列出了 PMD_c 与传输速率和光纤中继距离的关系实例。

表 4.14 PMD_C 与传输速率和中继距离的关系

PMD_C（ps/$\sqrt{\text{km}}$）	2.5 Gbit/s 的中继距离	10 Gbit/s 的中继距离	40 Gbit/s 的中继距离
3.0	178 km	11 km	<1 km
1.0	1 600 km	100 km	6 km
0.5	6 400 km	400 km	25 km
0.2	400 00 km	2 500 km	156 km
0.1	160 000 km	10 000 km	625 km

习 题 4

1．画出 LD 和 LED 直接调制原理图。
2．简述 LD 光发射机中 APC、ATC 的目的，需要控制哪些量才能达到目的。
3．简述 LD 光发射机中偏置电流 I_b 和驱动电流 I_p 的取值依据。
4．简述光接收机灵敏度高、动态范围大的物理意义。
5．简述导致灵敏度恶化的因素。
6．简述劣化分、严重误码秒、误码秒、严重误块秒和误块秒在定义上的差异。
7．简述 HRX、HRP、HRDS 定义及之间的关系。
8．简述数字信号的抖动和滑动的概念，以及它们之间的区别。
9．抖动单位 UI 表示的含义是什么？
10．简述线路编码的目的，mBnB 码和 mB1P 的码结构、码速提高率是多少？
11．简述光中继器与光放大器在传输系统应用中的区别。
12．有一个二次群 8.448 Mbit/s 光纤通信系统，全长 280 km。当采用在二次群接口上对端环回、本端测量的方法监测 24 h 误码时，误码仪每秒记录一次误码，其结果如表 4.15 所示。

表 4.15 误码仪测试记录

时 间	误码个数	时 间	误码个数
00∶00∶00	0	…	…
12∶10∶00	700	21∶30∶29	8 600
…	…	21∶30∶31	900
13∶10∶41	500	…	…
13∶10∶42	8 500	21∶31∶32	520
…	…	…	…
14∶15∶00	600	23∶59∶59	540

注：表中未标出的时间内误码个数为 0。

试求：

（1）系统的平均误码率 BER_{av}；

（2）系统的误码性能参数劣化分 DM、严重误码秒 SES 和误码秒 ES，并考查是否满足指标等级分配。

13. 已知 STM-1 的光纤通信系统的光纤损耗为 0.6 dB/km，光纤接续损耗平均每千米 0.2 dB，光纤活动接头损耗 0.5 dB/个，光源的入纤功率可调范围为 0.4～0.6 mW，接收的灵敏度可调范围为-42～-36 dBm，LD 的谱线宽度 $\Delta\lambda$=1 nm，发光波长 1 550 nm，设计时已给设备和光纤的富余度共为 6 dB。求系统可以达到的最长无中继传输距离。

14. 如某 G.652 单模光纤系统扩容改造为 DWDM 系统工程，工作波长为 1550 nm，实测光纤双向平均衰减系数 A_s+A_f=0.25 dB/km（含光纤固定接头损耗），光缆富余度 M_c=0.04 dB/km，光纤连接器总损耗 ΣA_c=2×0.5 dB。当放大器的增益为 20 dB、40 dB 时，求所对应的光放段长度为多少千米？

15. 设计高速率光纤系统（如 DWDM 系统）20 Gbit/s、40 Gbit/s 时，已知偏振模色散系数 PMD_c 分别为 0.2 ps/$\sqrt{km}$、0.3 ps/$\sqrt{km}$、0.15 ps/$\sqrt{km}$，求分别估算最长中继距离为多少千米？

16. 完成核心网某中继段光纤通信系统设计。例如对南山公园电信交换中心到南坪交换中心光纤中继段光纤通信系统设计。要求线路至少达到 15 km 以上，两地人口 10 万人以上。在系统设计时，不但要符合国标、行业标准、技术规范的要求，还应尽量满足 ITU-T 的相关建议。系统设计步骤如下：

① 需求分析一。调研光纤通信系统中继段两地间人口近五年的可能情况。建议先从百度、google earth 等软件找两地间近五年人口情况，人群结构比例情况，推算业务流量，即数据流量、通话、视频等需求量，推算用户运用信息流时间段。

② 需求分析二。综合考虑两地间最佳路由和局站设置位置，确定传输路径和距离。

③ 以需求分析和现代技术相结合，考虑地区经济发展状态，确定用户带宽分配量，确定系统的容量，合理选择系统的传输体制（技术）和速率等级、设备型号、光纤类型等，以满足对系统性能的总体要求。

④ 根据设备型号、光纤类型等，得到系统设计的基本参数，完成光纤通信系统设计的一项主要任务即中继距离估算。

⑤ 给出系统设计文件，包括文件目录、设计说明、工程大致费用（主要考虑光缆及相关配件费用、传输设备预算费用等，画出系统设计拓扑图）。

第 5 章　SDH/MSTP 光同步网络

5.1　SDH 的基本概念

5.1.1　光传输网络发展与演变

进入 21 世纪以来，人们对信息的需求与日俱增，顺应时代发展，光纤通信在电信网、计算机网、专用网中获得了大规模应用。

本节介绍光网络发展中的几个热点和前沿技术，包括光传送网、智能光网络、分组传送网等，以及正在蓬勃发展和建设中的城域和接入光网络。

数字传输体制有两种，即 PDH 和 SDH。PDH 早在 1976 年就实现了标准化，在 1990 年以前，光纤通信一直沿用 PDH 体制。随着电信发展和用户需求不断提高，PDH 系统在运用中暴露出一些明显的弱点，SDH 解决了 PDH 存在的问题。SDH 于 1988 年问世，ITU-T 已通过有关 SDH 标准 15 个，形成了一套高度标准化的技术规范。SDH 很快进入实用化阶段，在国际上和在我国已得到广泛应用，成为信息高速公路的重要支柱之一。然而，SDH 主要实现了信息在光域介质中传输的作用，对于信息的处理都是在电域完成的。SDH 提供的带宽资源已不能满足传输容量的需要，光网络有进一步发展的迫切要求。

波分复用（WDM）技术进一步挖掘了光纤的带宽潜力，极大地增加了光纤的传输容量，同时也为光层的连网提供了可能。在 20 世纪末，ITU-T 提出了光传送网（OTN）的概念，提出以波长作为交换粒度，通过光交叉连接设备（OXC）和光分插复用设备（OADM）实现组网，形成具有高度灵活性、透明性和生存性的光网络。

近年，WDM 提供的带宽资源已满足当前通信流量的需求，人们对网络的智能化和自动化的需求越来越高，同时 QoS 保证和流量工程的特征也日益明显，这些都促使光网络向智能化发展，智能光网络（ASON）正是顺应这一历史发展潮流脱颖而出的。ASON 将网络的控制功能和管理功能分离，通过控制平面的路由和信令机制实现邻居和业务的自动发现，实现连接的自动建立和删除，支持带宽的按需分配和动态的流量工程，支持多粒度、多层次的智能，提供多样化、个性化的服务，成为光网络发展的新方向。

由于波长交换的粒度太大，随着 IP 流量的迅猛发展，以及通信网络由电路交换向分组交换的转变，多年来人们对光分组交换（OPS）的追求有增无减。由于光逻辑器件和高速光开关在技术上尚不成熟，真正意义上的光分组交换在近期难以实现，为了应对数据业务迅猛发展的需求，光突发交换（OBS）和分组传送网（PTN）技术应运而生。OBS 和 PTN 的基本思路都是将电路交换与分组交换结合，形成一种能吸取二者的优点，同时尽量克服二者的不足的融合方案。OBS 在边缘节点将多个分组集合成突发分组，交换粒度适中，介于波长和分组之间，同时将数据分组与控制分组分离传输，从而降低了对光学器件的要求，是一种较现实的分组光交换的解决方案。PTN 采用面向连接的分组交换技术进行组网，同时引入传送网强大的运行、维护和管理（OAM）功能、优良的生存性机制和 QoS 保证，形成一种电信级分组传送网架构，并很快步入实用化阶段。

图 5-1 所示是人们对光网络发展趋势的总结和预测。点到点的 WDM 链路在 1995 年开始商用，并很快在全球的骨干网上占据重要角色。在 20 世纪末，随着人们对 OTN 的研究日趋成熟，采用光分插复用设备组成的 WDM 光自愈环形网开始应用，其具有容量大、生存性强而且易于平滑升级的优点，引起了国内外各大公司的重视。但光自愈环形网毕竟是简单的网络拓扑，随着网络规模的扩大和网络智能的增加，网孔形光网络的研究和应用必然提到日程。ASON 就是支持环形网保护倒换的网孔形光网络，ASON 和 PTN 在 2010 年前后开始了商用。从图中还可以看到，OBS 和 OPS 是光网络的进一步发展方向。

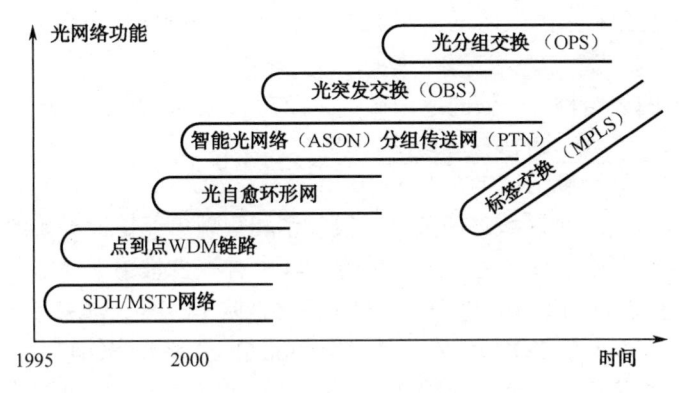

图 5-1　光网络发展趋向

5.1.2　基本概念与帧结构

SDH 全称为同步数字传输体制，是一种传输的体制协议。SDH 不仅适用于光纤传输，也适用于微波和卫星传输的全世界统一的技术体制，形成了一套高度标准化的技术规范。

1. SDH 网络节点接口、速率等级

一个传输网由传输设备和网络节点设备构成。传输设备可以是光纤线路系统，也可以是微波或卫星系统。而网络节点设备有多种，简单的仅有复用功能，复杂的有复用、交叉连接和交换功能。为了实现全球统一传输网的最终目标，必须统一网络节点接口（Network-to-Network Interface，NNI），规范一个统一的网络节点接口速率和信号的帧结构。SDH 网络节点与节点之间具有世界统一的 NNI，如图 5-2 所示。

SDH 网节点有一套标准化的信息结构速率等级，称为"同步传输模块"（STM-N，N 为 1、4、16、64、…）。如果 SDH 信号是 STM-1，其网络节点接口的速率为 155.520 Mbit/s，更高等级的 STM-N 速率是 155.520 Mbit/s 的 N 倍。目前 SDH 能支持的等级 N 为 1、4、16、64 和 256。

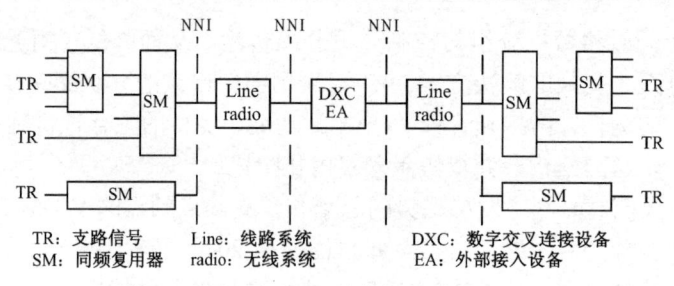

图 5-2　NNI 的位置示意图

2. SDH 的帧结构

SDH 采用以字节为基础的块状帧结构，STM-N 的帧结构如图 5-3（a）所示，其帧周期为 125 μs，帧频为 8 000 帧/s，合计 9×270×N 字节，每帧分为 9 行，270N 列个字节。帧结构中字节的传输从左到右，由上而下，在 125 μs 时间内按顺序一个字节一个字节地传完一帧的全部字节。

例如：STM-1 的帧结构：一帧的字节数为 9×270=2 430Bytes，一帧的比特数 2 430×8=19 440 bit，速率 $f_b = \dfrac{\text{一帧比特数}}{\text{传一帧的时间}} = \dfrac{9 \times 270 \times 8}{125 \times 10^{-6}} = 155.520(\text{Mbit/s})$

STM-N 帧结构分为 3 个区域：净负荷、段开销和管理单元指针，如图 5-3（a）所示。

净负荷是结构中存放各种信息容量的地方，其中含有少量用于通道监测、管理和控制的通道开销字节（Path Overhead，POH），POH 包含低阶 LPOH（VC-11/VC-12 的 POH）和高阶 HPOH（VC-3/VC-4 的 POH）；段开销（Section Overhead，SOH）如图 5-3（b）所示，是为了保证信息净负荷正常、灵活地传送所必需的附加字节，主要供网络运行、管理和维护使用。SOH 分为两部分，第 1~3 行为再生段开销（RSOH），其作用是监控 STM-N 信号在再生段的传输状态，第 5~9 行为复用段开销（MSOH），作用是监控 STM-N 信号在复用段的传输状态；管理单元指针（AU-PTR：Administration Unit Pointer）是一种指示符，主要用来指示信息净负荷的第一个字节在 STM-N 帧内的准确位置，以便在接收端根据这个指示符的值（指针值）正确分离信号净负荷。

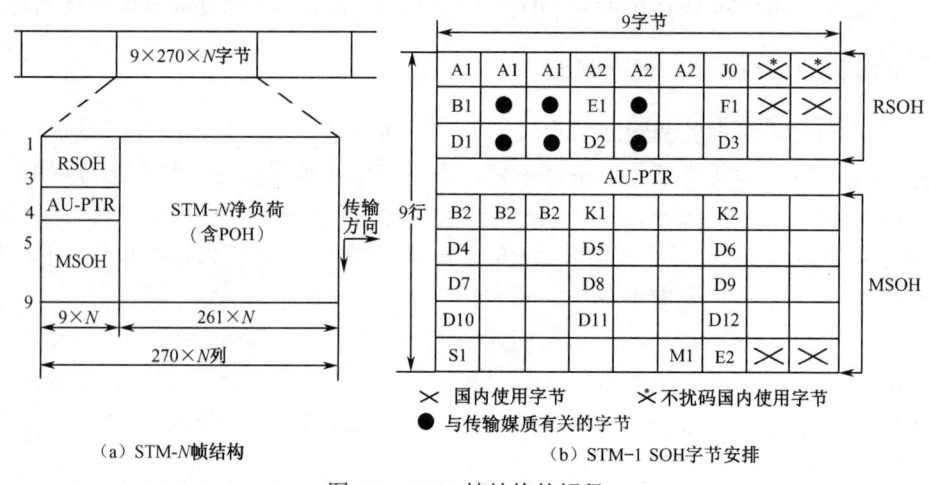

图 5-3　STM 帧结构的解释

3. SDH 的段开销字节

段开销字节传送的不是用户的业务信息,而是 SDH 网络中的控制与维护信息。对于 STM-N(N=1,4,16,…)的帧结构和段开销,由 STM-1 帧结构和段开销按一定规律经字节间插同步复用而成,因而分析清楚 STM-1 结构,STM-N 结构就不难分析。

STM-1 段开销中各字节的安排及它们的功能和用途如表 5.1 所示。

表 5.1 SOH 各字节的功能

类 别	缩写字符	功 能
帧定位字节	A1, A1, A1, A2, A2, A2	识别帧的起始位置 A1=11110110,A2=00101000
再生段踪迹字节	J0	重复发送"段接入点识别符"
比特间插奇偶校验码(BIP-8)	B1	再生段误码监测
公务字节	E1, E2	E1 和 E2 分别用于 RSOH 和 MSOH 的公务通信通路
使用者通路	F1	为使用者(通常指网络提供者)特定维护目的而提供的临时通路连接
数据通信通路(DCC)	D1~D12	SOH 中用来构成 SDH 管理网(SMN)的传送链路
误码监测(BIP-24)	B2	复用段误码监测
自动保护倒换(APS)通路	K1, K2	用做 APS 信令
同步状态字节	S1(b5~b8)	S1 的后 4 bit 表示同步质量等级
空闲字节	M1	未正式定义

5.1.3 SDH 的复用映射结构

同步复用映射结构是 SDH 的特色之一,它使数字信号的复用由 PDH 大量僵硬的硬件配置转变为灵活的软件配置。SDH 的复用分为两步:一是将不同制式的 PDH 低速信号和异步转移模式(ATM)信元通过映射、定位和复用成 STM-1,二是把 STM-1 通过字节间插复用成 STM-N。

ITU-T G.707 建议了 SDH 的基本复用映射结构,如图 5-4 所示。图中 SDH 的基本复用单元包括标准容器(C-n)、虚容器(VC-n)、支路单元(TU-n)、支路单元群(TUG-n)、管理单元(AU-n)和管理单元群(AUG),其中 n 为单元等级。

复用映射结构中各部分单元功能与作用简介如下。

1)标准容器 C-n

标准容器是一种用来装载各种速率等级的数字业务信号的信息结构,对应 PDH 速率体系有 C-11、C-12、C-2、C-3 和 C-4,例如 2.048 Mbit/s 的 PDH 码流装进 C-12 容器里。这些容器主要完成码速调整等适配功能。

2)虚容器 VC-n

虚容器是由标准容器输出的数字流加上通道开销 POH 后构成的,这个过程称为映射。

虚容器 VC-n 根据承载净负荷容量可分为高阶和低阶虚容器，VC-11、VC-12 和 VC-2 为低阶虚容器，VC-3 和 VC-4 为高阶虚容器。

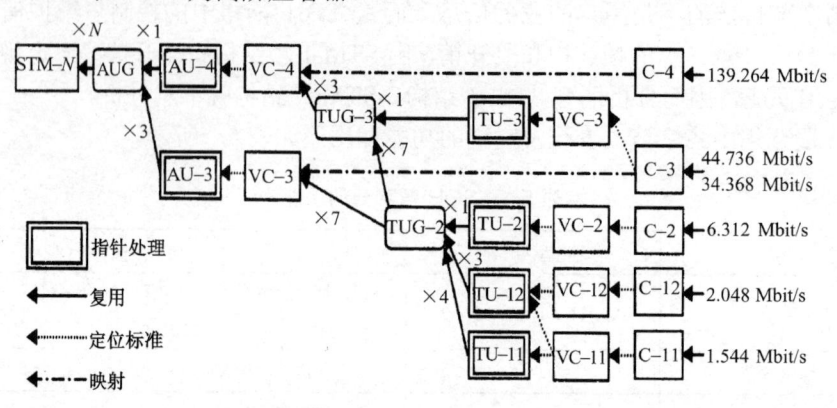

图 5-4　G.707 建议的 SDH 基本复用映射结构图

3）支路单元 TU-n 和支路单元群 TUG

TU-n 由一个相应的低阶 VC-n 和一个相应的支路单元指针 TU-n PTR 组成，即：

$$TU\text{-}n = VC\text{-}n + TU\text{-}n\ PTR$$

TU-n PTR 又称为一级定位指针，它指示低阶 VC-n 净负荷起点相对于高阶 VC 帧起点间的偏移。

TUG 把一些不同规模的 TU-n 组合成一个 TUG 的信息净负荷，可增加传送网络的灵活性。例如 1 个 TUG-2 由 1 个 TU-2 或 3 个 TU-12 或 4 个 TU-11 按字节间插组合而成。

4）AU-n 管理单元和管理单元群

AU-n 由一个相应的高阶 VC-n 和一个相应的管理单元指针 AU-n PTR 组成：

$$AU\text{-}n = 高阶\ VC\text{-}n + AU\text{-}n\ PTR$$

AU-n PTR 又称为二级定位指针，它指示高阶 VC-n 净负荷起点相对于复用段帧起点的偏移。AU 指针相对于 STM-N 帧的位置总是固定的。

AUG 由在 STM-N 的净负荷中固定占有的 1 个 AU 或多个 AU 集合构成。例如 1 个 AUG 由 1 个 AU-4 或 3 个 AU-3 按字节间插组合而成，在 AUG 中加入段开销后便可进入 STM-N。

5）指针

指针除了用来指定信息净负荷的起点位置，在 SDH 中还利用指针来调整频率或相位，以便实现码流同步。

5.2　SDH 的基本网络单元设备

从 5.1.2 节介绍的 SDH 基本概念与帧结构可知，SDH 制式本身只对信息的电域处理，对于 SDH 的网络单元设备在电域信息处理上加光收发模块，实现信息在光域介质中传输的作用。因此，SDH 设备是根据 SDH 帧结构、复接方式和光收发模块来设计的。SDH 基本网络单元有终端复用器（TM）、分插复用器（ADM）、再生中继器（REG）和同步数字交叉连接器（DXC）等，下面进行简单介绍。

5.2.1　终端复用器（TM）和分插复用器（ADM）

SDH 网的基本网络单元中最重要的两个网络单元是终端复用器和分插复用器。以 STM-1 等级为例，其各自的功能如图 5-5 和图 5-6 所示。

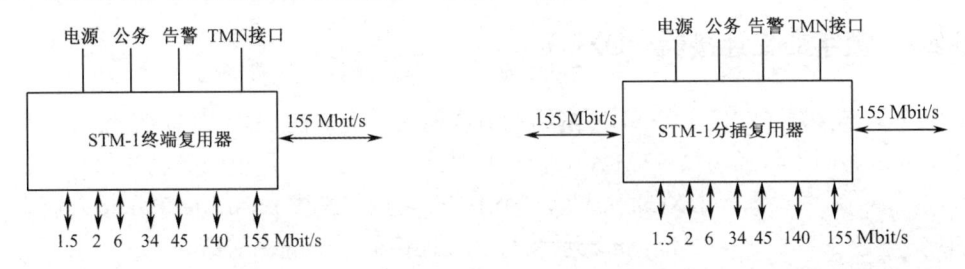

图 5-5　STM-1 终端复用器（TM）　　　　图 5-6　STM-1 分插复用器（ADM）

终端复用器（TM）的主要任务是将 PDH 各低速支路信号纳入 STM-1 帧结构，并经电光转换为 STM-1 光线路信号，其逆过程正好相反。

分插复用器（ADM）是将同步复用和数字交叉连接功能综合于一体，具有灵活地分插任意支路信号能力的网络设备，在组网上有很大灵活性。支路盘接口速率是 2 Mbit/s、34 Mbit/s 和 140 Mbit/s。另外，ADM 也具有电光转换、光电转换功能。

ADM 设备可以替代 TM 作为终端复用器，其内部结构如图 5-7 所示。它可以在系统中间站方便地将支路信号从主信号码流中提取出来，也可将支路信号方便地插入到主信号码流中。还可以将西向线路的 STM-1 光信号穿到东向线路上。从而方便地实现网络中信号码流的分配、交叉与组合。

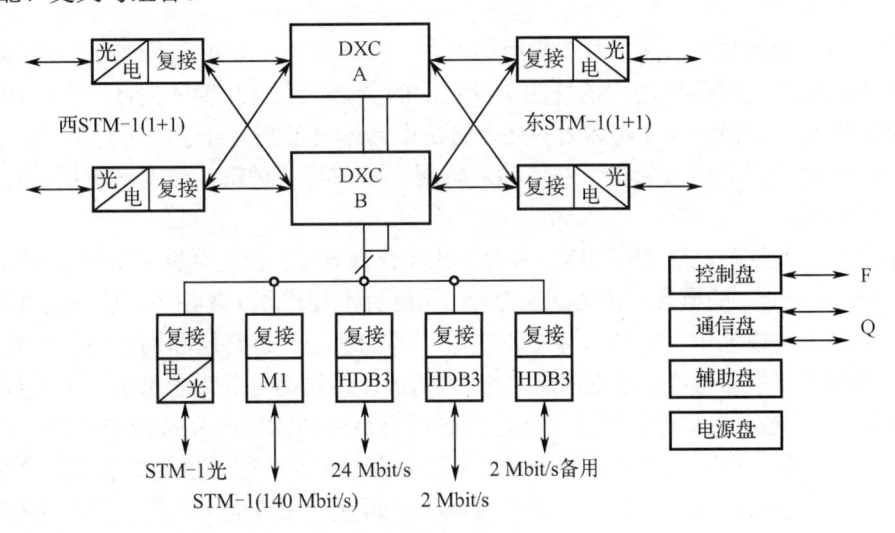

图 5-7　ADM 内部结构

5.2.2 再生中继器（REG）

再生中继器（REG）如图 5-8 所示。其作用是将光纤长距离传输后受到较大衰减及色散畸变的光脉冲信号转换成电信号进行放大、整形、再生为原电脉冲信号，再调制光源变换为光脉冲信号送入光纤继续传输，以延长通信距离。

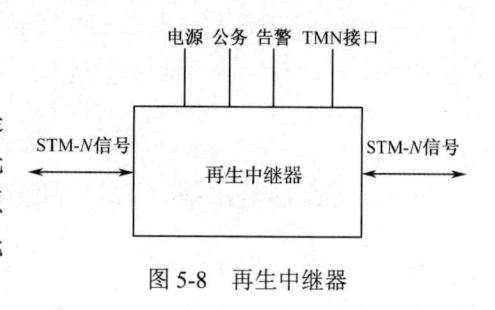

图 5-8　再生中继器

5.2.3 数字交叉连接器（DXC）

数字交叉连接器（DXC）是 SDH 网络的重要网络单元。在 SDH 中 DXC 实现交叉连接的支路可以是各同步传递模块 STM-N（N=1, 4, 16, 64），也可以是更低等级的信号。通常用 DXCm/n 表示一个 DXC 类型，其中 $m \geq n$，m 表示接入速率最高等级，n 表示参与交叉连接的最低速率等级。

DXC 的作用与交换机不同，交换机实现的是用户之间的动态连接，用户有权改变这个连接；而 DXC 实现的是支路之间的交叉连接，是半永久性的连接，用户无权改变这个连接，这个连接的改变由网管中心控制。DXC 的交叉结构，如图 5-9 所示。

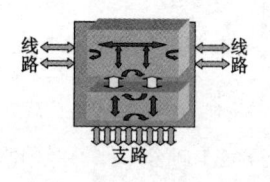

图 5-9　DXC 的交叉结构

5.3　SDH 传送网

5.3.1 传送网分层与分割

传送网与传输网是电信网中两个常用的概念，传送网是一个强调逻辑功能的网络概念，定义为在不同地点之间传递用户信息的全部功能的集合，它与传输网的概念存在着一定的区别。传输网是一个强调物理实体的网络，它是由具体设备的集合组成的。在某种意义下，传输网或传送网都可泛指全部实体网络和逻辑网，本节将从逻辑的角度简单描述有关传送网的定义和规范。

传送网是一个复杂、庞大的网络，为了设计和管理方便，传送网也采用分层（Layering）和分割（partitioning）的概念。传送网在 ISO（国际标准化组织）/OSI（开放系统互连协议）网络体系结构分层模型中，它应该算是下三层，即物理层、链路层和网络层。因此就传送网从垂直方向可以分解为若干独立的层网络，如 SDH 传送网可分为电路层（对应 OSI 的链路层和网络层）、通道层和传输媒质层（这两层对应 OSI 的物理层），如图 5-10（a）所示，该三层之间彼此都是相互独立的，符合客户与服务者的关系，即下层为上层提供透明服务，上层为下层提供服务内容。在分层结构的基础上，再从水平方向上将每一层网络按照其内部结构分为若干部分（子网），如图 5-10（b）所示，这就是分割。因而分层与分割的关系是相互正交的。

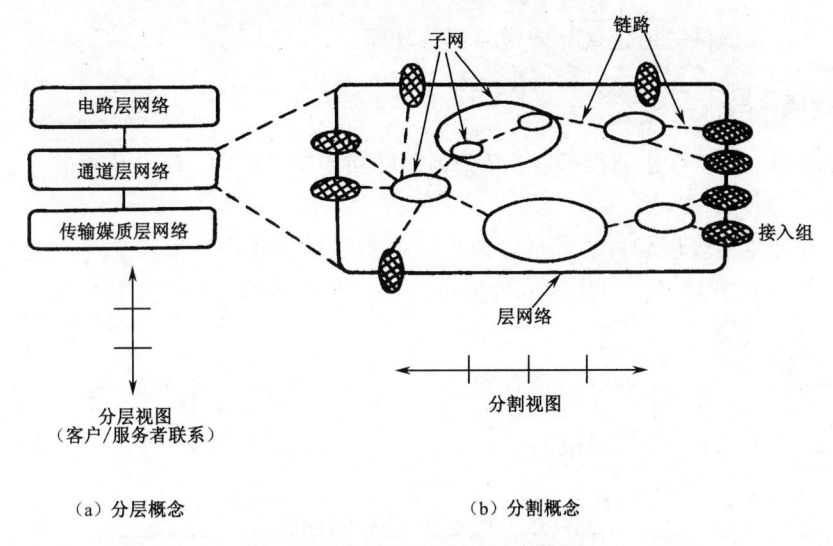

图 5-10 传送网分层与分割的关系

(a) 分层概念　　　(b) 分割概念

首先介绍 SDH 传送网垂直方向分层模型，然后对分层模型进行再分析（解剖），SDH 传送网分层模型，如图 5-11 所示。

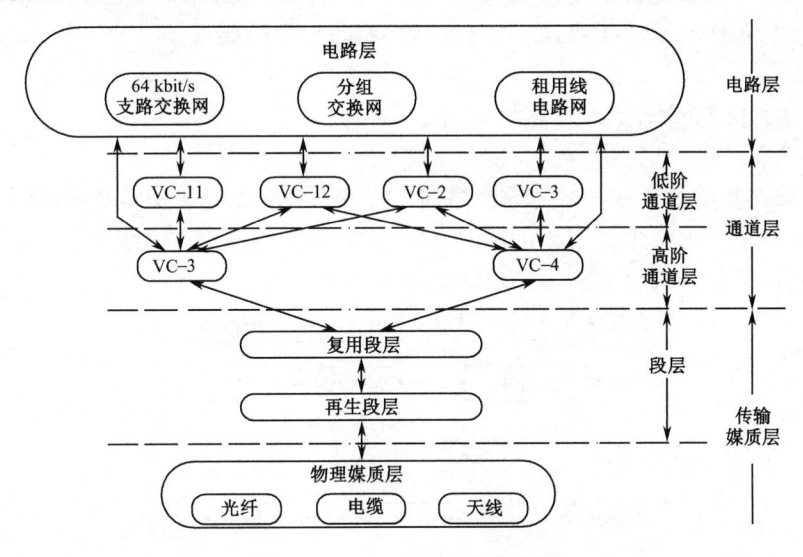

图 5-11 SDH 传送网分层模型

1. 电路层

电路层（对应 OSI 的链路层和网络层）主要为用户提供各种交换数字业务信号，它包括电路交换网提供的话音信号，分组交换网提供的数据信号，以及宽带交换信号（如异步转移模式 ATM 信号）等。

2. 通道层

通道层（对应 OSI 的物理层）主要实现使不同类型电路层信号通过接口进入 SDH 终端的功能。其步骤是首先通过适配进入虚容器（如 VC-11/ VC-12 或 VC-3/ VC-4），处理后在高阶复用汇合，并提供通道连接和通道监视等功能。

3. 传输媒质层

传输媒质层（对应 OSI 的物理层）又分为段层和物理媒质层，段层及通道含义如图 5-12 所示。

段层可分为复用段层和再生段层。复用段层为通道层提供同步和复用功能，完成复用段开销 MSOH 处理和传递；再生段层为再生段开销 RSOH 处理、监视和传递等功能。

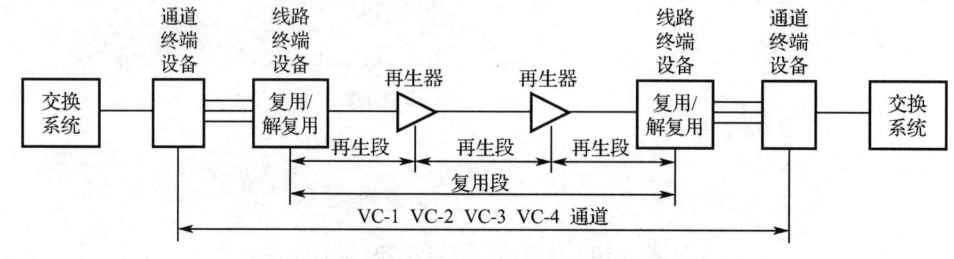

图 5-12 再生段、复用段及通道含义的图解

物理媒质层可分为光纤、电缆、微波和卫星等传输介质。

光纤传输介质是最适合于传送 SDH 信号的传输介质，因此称用光纤线路传输 SDH 信号为"光同步传输体制"。ITU-T 对 SDH 光接口有较全面的要求。

5.3.2 SDH 网络结构

SDH 网络结构的选择应综合考虑网络的生存性，网络配置的难易及网络结构是否适合新业务的引入等多种因素来决定。SDH 网络由 SDH 网元设备通过光缆互连而成，其基本网络的物理形状即拓扑结构有如图 5-13 所示的 5 种类型。

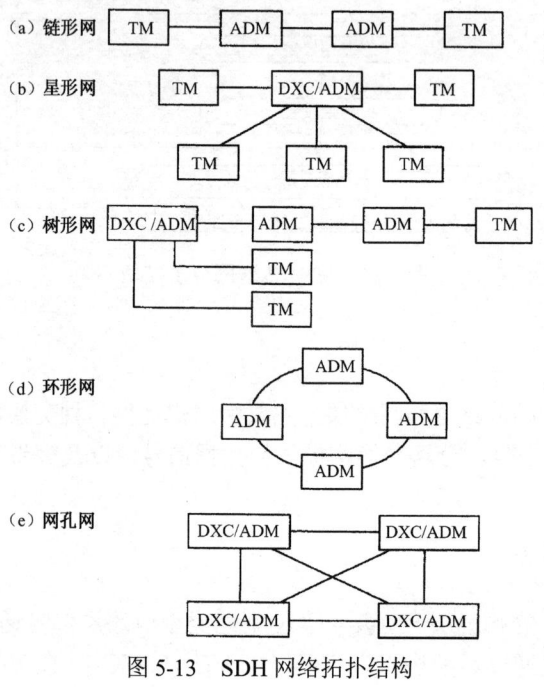

图 5-13 SDH 网络拓扑结构

1. 链形网

将通信网中的所有节点串联起来，首末两端开放配置 TM，中间各节点配置 ADM 或 REG，构成比较经济的线形链形拓扑网。

2. 星形网和树形网

网中有一个特殊点以辐射的形式与其余所有点直接相连，而其余点之间互相不能直接相连，便构成了星状拓扑。当末端点连接到几个特殊点时就形成了树状拓扑。星状和树状网都适合于广播式业务，这两种网络拓扑不适合提供双向通信业务。

3. 环形网

将链形网首末两开放点相连便形成了环形网。环形网的最大优点是具有很高的网络生存性，因而在 SDH 网中受到特殊的重视，在中继网和接入网中得到广泛的应用。

4. 网孔网

当涉及通信的许多点直接相连时就形成了网孔网拓扑，网孔网拓扑不受节点瓶颈问题的影响，两点间有多种路由可选，网络可靠性高，适合于业务量很大的干线网。

我国的 SDH 网络结构，一般都采用有自愈功能的环形网结构及少部分的点对点链形网结构（一级干线）。

5.3.3 SDH 自愈环网原理

SDH 传输网中所采用的网络结构有多种，其中环状结构才具有真正意义上自愈功能，故称为自愈环。即网络在无须人为干预情况下，就能在极短时间内（ITU-T 建议小于 50 ms）从失效状态自动恢复所携带的业务，使用户感觉不到网络已出现了故障。

SDH 网络保护原理有 1+1 保护方式和 1:1 或 1:n 保护方式。1+1 保护方式是指发端在主备两个信道上发同样的信息（并发），收端在正常情况下选收主用信道上的业务，在主用信道损坏时，选收备用业务，即双发选收，也称为热备份。1:1 保护方式指在正常时发端在主用信道上发主用业务，在备用信道上发额外业务（低级别业务）；收端从主用信道收主用业务，从备用信道收额外业务。当主用信道损坏时，发端将主用业务发到备用信道上，收端将切换到从备用信道选收主用业务，此时额外业务被终结，也称为冷备份。1:n 保护方式是指一条备用信道保护 n 条主用信道，这时信道利用率更高，但一条备用信道只能同时保护一条主用信道，所以系统可靠性降低了。

1. 二纤单向通道保护（倒换）环

二纤单向通道倒换环的结构如图 5-14（a）所示，它采用 1+1 保护方式。若环网中网元 A 与 C 互通业务，网元 A 和 C 都将业务"并发"到环 S1 和 P1 上，S1 和 P1 上的所传业务相同且流向相反。在网络正常时，A→C 方向传送过程为：信息由网元 A 插入，一路由主环光纤 S1 携带，经 B 网元（节点）到达 C 节点，另一路由备环光纤 P1 携带，经 D 到达 C 网元,在网元 C 自动"选收"主环纤 S1 上的 A 到 C 的业务,完成网元 A 到网元 C 的业务传输。同理,C→A 方向传送过程为:当信息由网元 C 插入后,分别由主环光纤 S1 和备环光纤 P1 所携带,前者经网元 D,后者经网元 B,到达网元 A,在网元 A 仍然"选收"主环纤 S1 上的 C 到 A 的业务,完成网元 A 到网元 C 的业务传输。

当 B、C 节点间出现断纤故障时,如图 5-14(b)所示,由于网元 A、C 在环上业务的"并发"功能没有改变,也就是 S1 环和 P1 环上的业务还是一样的。这时网元 A 与网元 C 之间的业务是如何被保护的呢?网元 A 到网元 C 的业务由网元 A 并发到 S1 和 P1 光纤上,其中 P1 业务经网元 D 传至网元 C,S1 的业务经网元 B,由于 B 与 C 间光纤断了,所以光纤 S1 上的业务无法传到网元 C,此时网元 C 立即切换选收备环 P1 上的 A 到 C 的业务。于是 A 到 C 的业务得以恢复,完成环上业务通道保护。

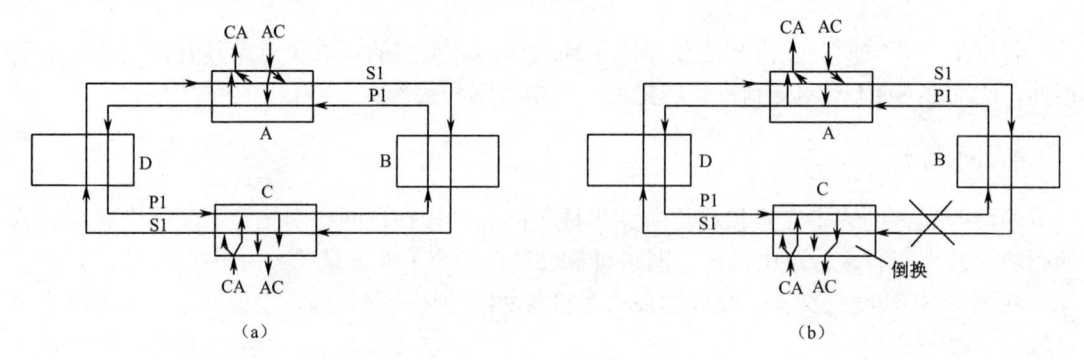

图 5-14 二纤单向通道保护(倒换)环

同样网元 C 到网元 A 的业务也是并发到 S1 环和 P1 环上,其中 P1 环上的 C 到 A 业务,由于 B 与 C 间光纤断了,所以无法传到网元 A,而 S1 环上的 C 到 A 业务经网元 D 传到网元 A 并未断纤,再加上网元 A 本身设置为默认选收主环 S1 上的业务,这时网元 C 到网元 A 业务并未中断,网元 A 不做保护倒换。

2. 二纤双向复用段倒换环

二纤双向复用段倒换环结构如图 5-15(a)所示,它采用 1:1 保护方式。从图 5-15(a)可见,S1 和 P2,S2 和 P1 的传输方向相同,由此人们设想采用时隙技术,将总时隙数一分为二,前半时隙用于传送主用光纤 S1 的信息,后半时隙用于传送备用光纤 P2 的额外信息,这样可将 S1 和 P2 的信号置于一根光纤(即 S1/P2 光纤);同样 S2 和 P1 信号也可同时置于另一根光纤(即 S2/P1 光纤)上,这样可以将四纤环简化为二纤环。

具体结构如图 5-15 所示。下面还是以网元 A、C 间的信息传递为例,说明其工作原理。

正常工作情况下当信息由 A 插入时,首先是由 S1/P2 光纤的前半时隙(例如 STM-16 系统中前 1~8 个 STM-1)所携带,经 B 节点到 C 节点,完成由 A 到 C 节点的信息传送,而当信息由 C 节点插入时,则是由 S2/P1 光纤的前半时隙来携带,经 B 节点到达 A 节点,从而完成 C 到 A 节点信息传递。当 B、C 节点间出现断纤故障时,如图 5-15(b)所示,由于光纤断线故障点相连的网元 B、C 都具有环回功能,这样当信息由网元 A 插入时,信息首先由 S1/P2 光纤的前半时隙携带,到达 B 节点,通过环回功能电路,将 S1/P2 光纤前半时隙所携带的信息桥接装入 S2/P1 光纤的后半时隙,此时 S2/P1 光纤 P1 时隙上的额外信息被冲掉，然后，经网元 A、D 传输到达 C，在 C 处利用其环回功能电路，又将 S2/P1 光纤中后半时隙所携带的信息置于 S1/P2 光纤的前半时隙之中，从而实现网元 A 到 C 的信息传递，而由 C 插入的信息则首先被送到 S2/P1 光纤的前半时隙之中，经 C 节点的环回功能转入 S1/P2 光纤的后半时隙，沿线经 D、A 到达 B，又由 B 节点的环回功能处理，将 S1/P2 光纤后半时隙中携带的信息转入 S2/P1 光纤的前半时隙传输，最后到达网元 A，以此完成由 C 到 A 的信息传递。

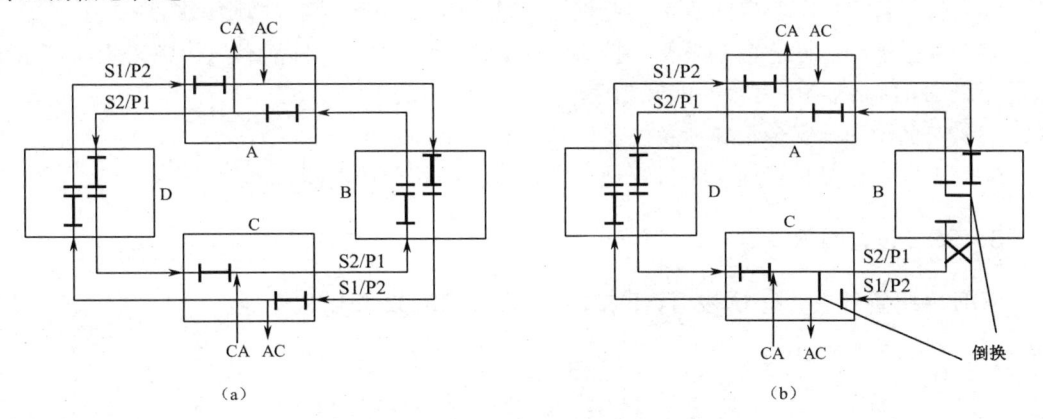

图 5-15 二纤双向复用段倒换环

5.3.4 SDH 网络管理

1. SDH 网络管理系统的组成

最常用的 SDH 网络管理系统由网管计算机（包括软、硬件）与 SDH 网络中网元（NE）的连接构成，如图 5-16 所示。图 5-16（a）是用直连网线连接传输网络的一个网关网元的以太网接口，图 5-16（b）是用 Modem 通过公用交换电话网连接传输网络中的多个网关网元的 X.25 口，SDH 网元之间通过光纤保持连通。

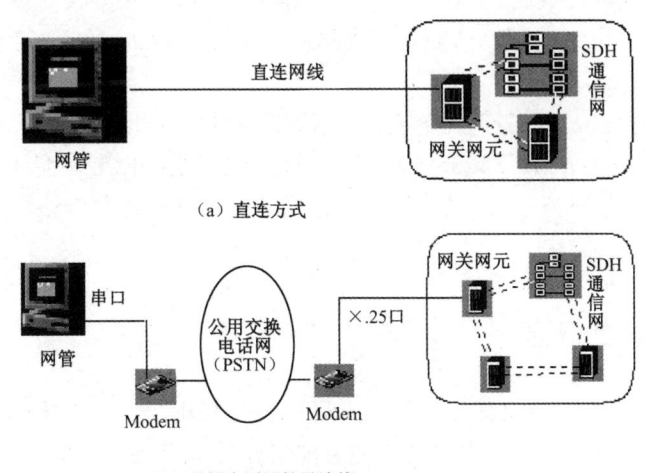

图 5-16 SDH 网络管理系统示意图

2. SDH 网络管理基本功能

网络管理的基本功能是嵌入控制通路的管理。为了 SDH NE 间能进行通信，必须对构成其逻辑通信链路的 ECC 进行有效的管理。其他功能包括安全、软件下载、远端注册等。

（1）系统管理：创建 SDH 网关/网元、数据库转储管理、日志管理等。

（2）配置管理：按 TMN 原理，主要实施对网络单元的控制、识别和数据交换。

（3）告警管理：有告警的查询、监视、自动上报、告警声响等故障诊断测试。

（4）性能管理：性能数据采集，按协议 G82X 规定的误码性能有关事件采集，这些事件是利用 SDH 帧结构中有关性能开销字节采集的。

（5）安全管理：安全管理涉及注册、口令和安全等级等。

（6）账目（计费）管理：账目管理涉及计费功能和资费功能。

3. SDH 设备网管接口

SDH 网络管理主要有 Q 接口、F 接口、X.25、RS232 和以太口等。

5.4 基于 SDH 的 MSTP

由于传统的 SDH 技术主要为话音业务传送设计，虽然也可以传输几乎所有的数据格式（IP、ATM 等），但存在传送突发数据业务效率低下、保护带宽至少占用 50%的资源、传输通道不能共享，导致资源利用率低。对于 SDH 技术的未来走向，业界有两种声音：一是 SDH 技术需要不断增强和完善，以确定其作为下一代网络架构基础的地位；二是 IP 网络架构才是通信的未来，简化或放弃 SDH 网络架构才是明智之举。

多业务传送平台（MSTP）是为下一代 SDH 技术应运而生的。MSTP 技术就是依托 SDH 技术平台，进行数据和其他新型业务的功能扩展，并对网络业务支撑层加以改造，以适应多业务应用，实现对二层、三层的数据智能支持。MSTP 构建统一的城域多业务传送网，将传统话音、专线、视频、数据、VOIP 和 IPTV 等业务在接入层分类收敛，并统一送到骨干层对应的业务网络中集中处理，从而实现所有业务的统一接入、统一管理、统一维护，提高了端到端电路的 QoS 能力。

中国通信标准协会于 2002 年发布了关于 MSTP 的行业标准，《基于 SDH 的多业务传送节点的技术要求》（编号：YD/T 1238—2002）。同时，中国通信标准协会还制订了《基于 SDH 的多业务传送平台的测试方法》，以便在对厂家设备的入网验证，为多厂家互通性测试提供一个行业标准。

5.4.1 MSTP 的概念

MSTP 是基于 SDH 发展演变而来的。MSTP 采用 SDH 平台，实现 TDM、ATM、以太网等业务的接入、处理和传送，提供统一网管的多业务节点接口。

MSTP 可以将传统的 SDH 复用器、数字交叉连接器（DXC）、TM 终端、网络二层交换机和 IP 边缘路由器等多个独立的设备集成为一个传输或网络设备的处理单元，优化了数据业务对 SDH 虚容器的映射，从而提高了带宽利用率，降低了组网成本。

MSTP 的关键点是除应具有标准 SDH 传送节点所具有的功能外，在原 SDH 上增加了多业务处理能力，其具有以下主要功能特征。

（1）支持多种业务接口：MSTP 支持话音、数据、视频等多种业务，提供丰富的业务（TDM、ATM 和以太网业务等）接入接口，将业务映射到 SDH 虚容器的指配功能，并能通过更换接口模块，灵活适应业务的发展变化。

（2）带宽利用率高：具有以太网和 ATM 业务的点到点透明传输和二层交换能力，支持带宽统计复用，传输链路的带宽可配，带宽利用率高。

（3）组网能力强：MSTP 支持链、环（相交环、相切环），甚至无线网络的组网方式，具有极强的组网能力。

5.4.2　MSTP 的功能块模型及实现

1．MSTP 的功能块模型

基于 SDH 的 MSTP 设备，应具有 SDH 处理功能、ATM 业务处理功能和以太网/IP 业务处理功能，关于 MSTP 设备的功能块模型在 YD/T 1238—2002（基于 SDH 的多业务传送节点技术要求）中进行了规定，其整体功能块模型如图 5-17 所示。

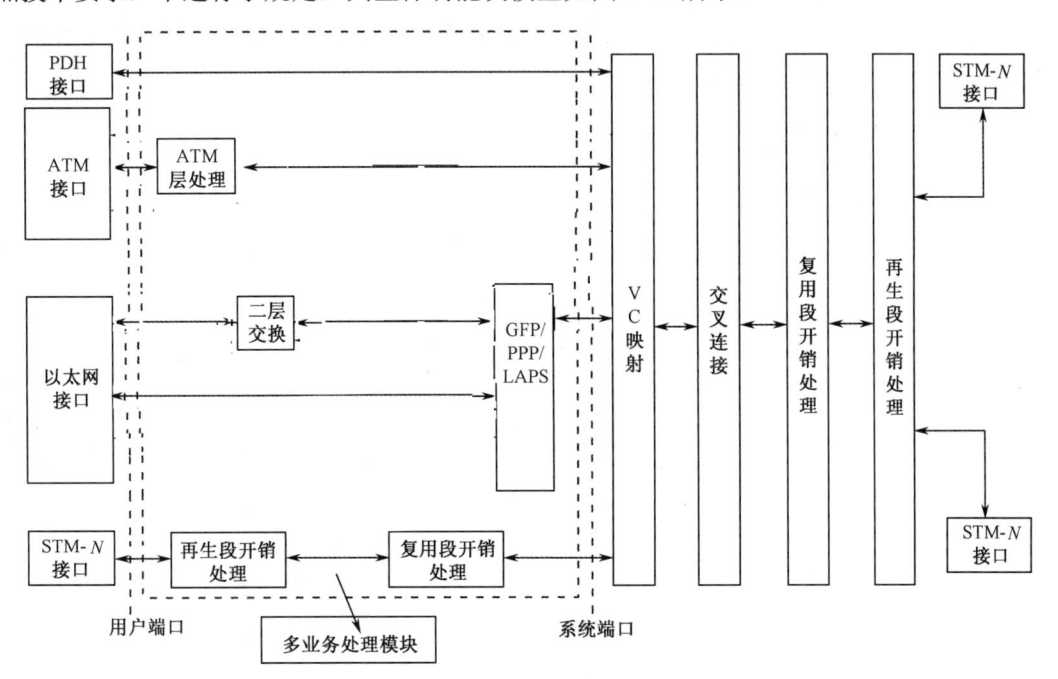

图 5-17　MSTP 的功能块模型

从图 5-17 中可见，MSTP 设备是由多业务处理模块（含 ATM 处理模块、以太网处理模块等）和 SDH 设备构成的。多业务处理模块端口分为用户端口和系统端口。用户端口与 PDH

和 SDH 接口、ATM 接口、以太网接口连接，系统端口与 SDH 设备的内部电接口连接。

2. 各业务在 MSTP 上传送实现

1）PDH/SDH 业务在 MSTP 上传送实现

MSTP 的用户端口提供了标准的 PDH 和 SDH 接口，支持 VC12/3/4 级别的连续级联与虚级联。对从 PDH 接口输入到用户端口的 PDH 各等级信号可通过系统端口直接进行映射复用定位和加开销处理，最终形成 STM-N 帧结构，以线路信号发送出去。对从 SDH 接口输入到用户端口的 SDH 各等级信号，进行去复用段开销和再生段开销处理后，通过系统端口映射至 VC 虚容器中，再经过 VC-n 交叉连接，加入复用段开销和再生段开销，最终形成 STM-N 的帧结构以线路信号发送出去。

2）以太业务在 MSTP 上传送实现

以太网处于 OSI 模型的物理层和数据链路层，遵从网络底层协议。以太网业务是指在 OSI 第二层采用以太网技术来实现数据传送的各种业务。

从图 5-17 中可见，MSTP 对 SDH 设备的改造主要体现在对以太网业务的支持上。就以太网业务在 MSTP 上的传送实现过程来看，以太网处理模块能提供以太网点到点透传功能、支持以太网二层交换功能，并且可实现多个用户端口业务占用一个系统端口带宽的共享和多个系统端口业务占用一个用户端口带宽的汇聚功能，如图 5-18 所示。以太网处理模块不仅融合了弹性分组环（RPR）技术，还在以太网和 SDH 间引入智能的中间适配层 RPR 和多协议标签交换（MPLS）来处理以太网业务的按需带宽（BoD）和 QoS 要求。

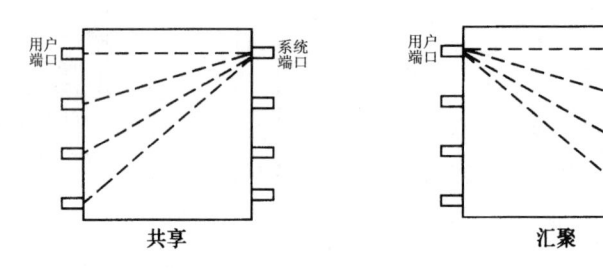

图 5-18　以太网多业务处理模块的端口

以太网的透传方式是指太网接口的信号不经过二层交换，直接映射进 SDH 的 VC 虚容器中，再通过 SDH 设备实现点对点传输；以太网的二层交换方式则是在用户侧的以太网数据通过以太网端口进入，经过业务处理，选择在进入 VC 映射之前进行二层交换、环路控制，再通过 PPP/LAPS/GFP 协议封装、映射至 SDH 的 VC 中，并经过 VC-n 交叉连接，再加入复用段开销和再生段开销，最终形成 STM-N 的帧结构以线路信号发送出去。

接下来主要分析 MSTP 承载以太网业务的核心技术，即封装和映射过程中相关技术。

对于以太网承载，应满足透明性，映射封装过程应支持带宽可配置。在这个前提之下，不论是否进行交换，对于二层交换功能的要求，都应该支持如 STP（Spanning Tree Protocol）、VLAN、流控、地址学习、组播等辅助功能。我国行业标准中规定以太网数据帧的封装方式可以选用如下三种技术：

一是通过点到点协议（Point to Point Protocol，PPP：属于 IETF 系列 RFC）转换成 HDLC 帧结构，再映射到 SDH 的 VC 中；二是 SDH 链路接入规程（Link Access Procedure for SDH，LAPS：属于 ITU-T X.85），将数据包转换成 LAPS 帧结构映射到 SDH 的 VC 中；三是通过通用成帧规程（Generic Frame Procedure，GFP：属于 ITU-T G.7041）协议进行封装。其中 PPP 和 LAPS 封装帧定位效率不高，而 GFP 封装采用高效的帧定位方法，是以太网帧向 SDH 帧映射的比较理想的方法。

GFP 封装协议可透明地将上层的各种数据信号封装映射到 SDH/OTN 等物理层通道中传输。GFP 和传输通道的关系，如图 5-17 所示。

GFP 封装协议可以把异步传送的以太网信号适配到同步传输平台 SDH 上。对以太网业务帧的处理是在每个以太网帧结构上增加 GFP-Header（8 bit），用以标识以太网帧的长度和类型，用 GFP 空闲帧（4 比特长）填充帧间的空隙。

GFP 有两种封装映射方式，如图 5-19 所示。一是帧映射（GFP-F）。它是面向协议数据单元（PDU）的。GFP-F 封装方式适用于分组数据，把整个分组数据（PPP、IP、RPR、以太网等）封装到 GFP 负荷信息区中，对封装数据不做任何改动，并根据需要来决定是否添加负荷区检测域。二是透明映射（GFP-T）。GFP-T 封装方式适用于采用 8B/10B 编码的块数据，从接收的数据块中提取出单个的字符，然后把它映射到固定长度的 GFP 帧中。映射得到的 GFP 帧可以立即进行发送，而不必等到此用户数据帧的剩余部分完成全部映射。

PL1 2 byte	cHEC 2 byte	负荷头 4 byte	业务数据（PPP、IP、RPR等） 2 byte	FCS 4 byte

（a）GFP-F帧

PL1 2 byte	cHEC 2 byte	负荷头 4 byte	$N\times[536, 520]$块	FCS 4 byte

（b）GFP-T帧

图 5-19　GPF 封装映射方式

GFP 适用于点到点、环形、全网状拓扑，无须特定的帧标识符，安全性高，可以在 GFP 帧里标示数据流的等级，可用于拥塞处理。具有通用、简单、灵活和高效等特点，标准化程度高，是目前正在广泛应用的、先进的数据封装协议。大多数厂商的 MSTP 产品都采用 GFP 封装方式。

映射过程中的关键技术即虚级联 VCAT。

实际应用时，数据包所需要的带宽和 SDH 的 VC 带宽并不都是匹配。例如 IP 包可能需要高于 VC-12 带宽，但又低于 VC-3 的带宽，可行的办法是用级联的办法将 X 个 VC-12 捆绑在一起组成 VC-12-X，在它所支持的净荷区 C-12-X 中建立链路。这种方式容易配置，不要求负载平衡，没有时延差的问题，便于管理，适于支持高速 IP 包传送。

级联方式分为连续级联与虚级联两种：

① 连续级联是把被级联的各个 VC-n 连续排列，在传送时它们被捆绑成为一个整体来考虑。级联后的 VC 记为 VC-n-Xc，其中 X 表示有 X 个 VC-n 级联在一起，通常以 VC-n-Xc 中第一个 VC-n 的通道开销 POH 作为级联后的 VC-n-Xc 的 POH。

② 虚级联是指被级联的各个 VC-n 并不连续排列，级联后的 VC 记为 VC-n-Xv，其中 X

也表示被级联 VC-n 的数目。组成虚级联的各个 VC-n 可能独立传送，因此各 VC-n 都需要使用各自的 POH 来实现通道监视与管理等功能，接收端对组成 VC-n-Xv 的各 VC-n 在传送中引入的时延差必须给予补偿，使各 VC-n 在接收侧相位对齐。连续级联和虚级联的示例，如图 5-20 所示。

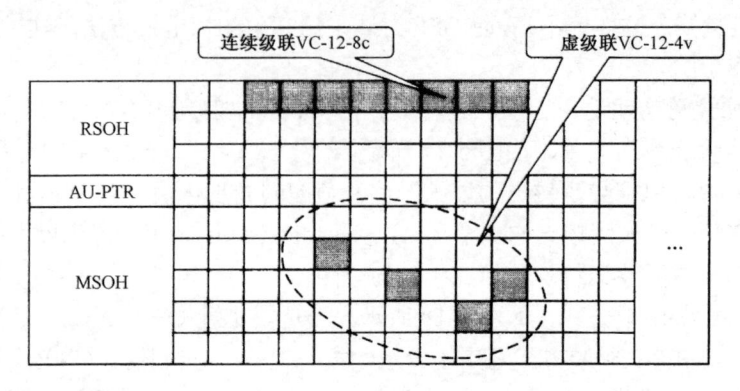

图 5-20 连续级联与虚级联示意图

数据帧的映射采用 VC 通道的连续级联（Contiguous Concatenation）、虚级联（Virtual Concatenation）或 ML-PPP（Multi-link Point to Point Protocol）协议来保证数据帧在传输过程中的完整性。采用连续级联需所有相关节点支持该项功能。虚级联技术则将信号封装在几个标准的容器中，然后各自通过网络独立传送，最终在接收端将信号组合还原，从而实现带宽利用率的最优化。它与链路容量调整机制（Link Capacity Adjustment Scheme，LCAS）等技术配合，可以实现带宽的动态调整。以太网帧映射到 SDH 虚容器的对应关系如表 5.2 所示。

表 5.2 以太网映射到 SDH 虚容器的对应关系

以太网接口业务速率	未采用级联映射方式		采用级联宽带映射方式	
	虚容器	映射效率	虚级联（或连续级联）	映射效率
10 Mbit/s	VC-3（48.384 Mbit/s）	20%	VC-12-5v/c	92%
100 Mbit/s	VC-4（149.760 Mbit/s）	67%	VC-3-2v/c，VC-12-46v/c	100%
200 Mbit/s	VC-4-2v/c	67%	VC-3-4v/c	100%
1000 Mbit/s	VC-4-8 v/c	83%	VC-3-22 v/c	94%

在映射过程中还有一个关键技术就是链路容量调整方案（LCAS），如果虚级联中一个 VC-n 出了故障，整个虚级联组将失效，但数据传输具有可变带宽的要求，可采用虚级联和 LCAS 协议相结合解决此状况。例如，在表 5-2 中，MSTP 现行分配 46 个 VC-12 的虚级联来承载一个 100 Mbit/s 的 FE 业务，如果其中的 6 个 VC-12 出现故障，剩余的 40 个 VC-12 能无损伤地（比如不丢包和无较大延时）将此 FE 业务传送过去；如果故障恢复，FE 业务也相应恢复到原来的配置。

虚级联最大的优势在于它可以使 SDH 为数据业务提供大小合适的带宽通道，避免了带宽的浪费。虚级联技术可以以很小的颗粒（如 2 Mbit/s）来调整传输带宽，以适应用户对带宽的不同需求。由于每个虚级联的 VC 在网络上的传输路径是各自独立的，这样当物理链路有一个路径出现中断时，不会影响从其他路径传输的 VC。

3）ATM 业务在 MSTP 上传送实现

对于 ATM 接口，在映射入 VC 之前，MSTP 系统还能提供统计 ATM 复用功能和 VP、VC 交换功能。可对多个 ATM 业务流中的非空闲信元进行抽取，复用进一个 ATM 业务流，从而节约了 ATM 交换机的端口数，提高了 SDH 通道的利用率。对于宽带数据业务的映射，MSTP 还应该支持低阶和高阶的 VC 级联功能，包括相邻级联和虚级联。

3. MSTP 的优势

MSTP 主要优势有：

（1）业务的带宽灵活配置，MSTP 提供 10/100/1000 Mbit/s 系列接口，通过 VC 的捆绑可以满足各种用户的需求。现阶段大量用户的需求还是固定带宽专线，主要是 2 Mbit/s、10/100 Mbit/s、34 Mbit/s、155 Mbit/s。对于这些专线业务，大致可以划分为固定带宽业务和可变带宽业务。对于固定带宽业务，MSTP 设备从 SDH 那里集成了优秀的承载、调度能力，对于可变带宽业务，可以直接在 MSTP 设备上提供端到端透明传输通道，充分保证服务质量，可以充分利用 MSTP 的二层交换和统计复用功能共享带宽，节约成本，同时使用其中的 VLAN 划分功能隔离数据，用不同的业务质量等级（QoS）来保障重点用户的服务质量。

（2）可以根据业务的需要，工作在端口组方式和 VLAN 方式，其中 VLAN 方式可以分为接入模式和干线模式；而端口组方式，单板上全部的系统和用户端口均在一个端口组内。这种方式只能应用于点对点对开的业务。换句话说，任何一个用户端口和任何一个系统端口被启用了，网线插在任何一个启用的用户端口上，那个用户端口就享有了所有带宽，业务就可以开通。

（3）可以工作在全双工、半双工和自适应模式下，具备 MAC 地址自学习功能。

（4）QoS 设置。QoS 实际上限制端口的发送，原理是发送端口根据业务优先级上有许多发送队列，根据 QoS 的配置和一定的算法完成各类优先级业务的发送。因此，当一个端口可能发送来自多个来源的业务，而且总的流量可能超过发送端口的发送带宽时，可以设置端口的 QoS 能力，并相应地设置各种业务的优先级配置。当 QoS 不作配置时，带宽平均分配，多个来源的业务尽力传输。

（5）对每个客户独立运行生成树协议。

（6）在城域汇聚层，实现企业网络边缘节点到中心节点的业务汇聚，具有节点多、端口种类多、用户连接分散和较多端口数量等特点。采用 MSTP 组网，可以实现 IP 路由设备 10 Mbit/s/100 Mbit/s/1 000 Mbit/s POS（Packet Over SDH）和 2 Mbit/s/FR 业务的汇聚或直接接入，支持业务汇聚调度，综合承载，具有良好的生存性。根据不同的网络容量需求，可以选择不同速率等级的 MSTP 设备。

5.4.3 MSTP 技术应用

MSTP 技术在现有城域传输网络中备受关注，得到了规模应用，它的技术优势与其他技术相比在于：解决了 SDH 技术对于数据业务承载效率不高的问题；解决了 ATM/IP 对于 TDM 业务承载效率低、成本高的问题；解决了 IP QoS 不高的问题；解决了 RPR 技术组网限制问题，实现双重保护，提高业务安全系数；增强数据业务的网络概念，提高网络监测、维护能力；降低业务选型风险；实现降低投资、统一建网、按需建设的组网优势；适应全业务竞争需求，快速提供业务。

MSTP 技术支持点对点传输以太网的 MSTP 组网，其典型组网方案如图 5-21 所示；MSTP 提供的 10 Mbit/s/100 Mbit/s/1000 Mbit/s 系列接口，解决了以太网承载的瓶颈问题，给网络建设带来了充分的选择空间；城域之间的业务汇聚点往往比较多，为了提高频带利用率，需要在 MSTP 中使用二层交换功能。

MSTP 技术支持 ATM 业务高效复用，通过现有城域网利用 ATM 交换机或者专门的 ATM 集中器复用 ATM 码流；由于城域传送网对 ATM 业务采取透明传输的方式，通过城域网在局端汇聚 ATM 业务，通常将 ATM 集中器的统计复用和汇聚功能放在城域传送网的每一个节点处进行处理，如图 5-21 所示。

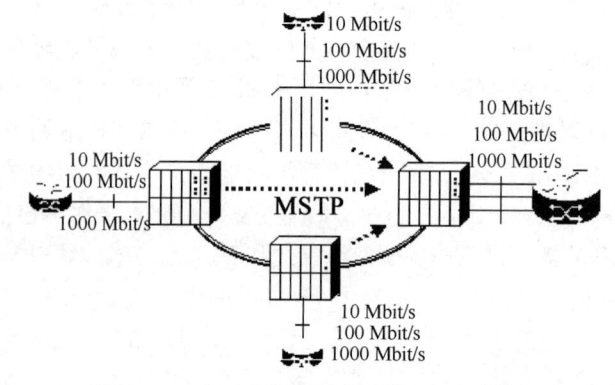

图 5-21 点对点传输以太网的 MSTP 组网

习 题 5

1. 比较 PDH 与 SDH 在特点上的差异。
2. 画出从 2 Mbit/s 速率到 SDH 的 STM-1 复用映射结构。
3. 解释 SDH 帧结构中，信息净负荷区、段开销区、管理单元指针的主要作用。
4. SDH 网络的基本网元有哪些？并解释其主要功能。
5. 计算 STM-1 段开销 RSOH、MSOH 的比特率、信息净负荷的比特率。
6. 已知二纤单向通道保护自愈环和二纤双向复用段保护自愈环，如图 5-22 所示。A、B、C、D 均为 ADM 光节点，若 C、D 两点之间光纤断裂，试分别写出两种自愈环 A 与 C 两点之间的业务流向来说明此自愈环的保护原理。

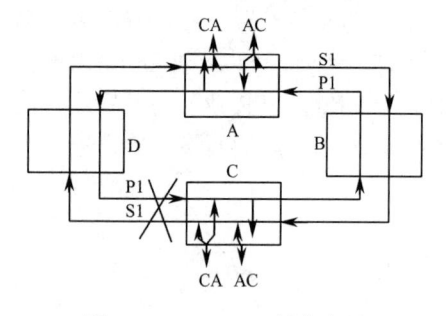

图 5-22 STM-4 二纤自愈环

7. 解释 MSTP 的多业务处理能力主要功能特征。
8. 简述 MSTP 的功能块模型主要功能及优势。

第 6 章 DWDM/OTN 光传送网络

为了满足多种宽带业务（会议电视、高清晰度电视等）对传输容量和网络交互性、灵活性的要求，在光纤传输网上，产生了多种复用技术，如采用时分复用，在现有光纤线路基础上使用更高比特率的时分多路复用系统是扩大容量的方法之一，从 PDH 到 SDH 的发展就是例证，更高比特率（如 40 Gbit/s）的时分多路复用系统也在研究中，但是制造数十吉比特率的电子线路将会遇到很多困难。另一扩容的重要方法是采用光波分复用（WDM），即将多个不同光波长的光纤通信系统合在一根光纤里传输，这些不同波长的光信号所承载的可以是不同速率、不同格式或不同种类的信号，从而大大提高了信息传输容量。本章首先介绍光波分复用和光传送网络（OTN）的概念，然后着重对 DWDM 系统结构，基于 DWDM 的 OTN 分层、帧结构、复用映射、新增基本网元和组网保护等进行讨论。

6.1 DWDM 的基本概念

DWDM 能在一根光纤上同时传送多个携带信息（模拟或数字）的光载波，可以承载 SDH 业务、IP 业务、ATM 业务，是一种只需通过增加波长（信道）来实现系统在光域介质复用扩容与传输的光纤通信技术。目前在光纤传输网中商用的大多为密集波分复用（DWDM）系统，其最大容量已达 82×10 Gbit/s。在实验室容量已达到 82×40 Gbit/s。

6.1.1 波分复用定义及在传输网中的位置

1. 波分复用定义

把不同波长的光信号复用到一根光纤中进行传输（每个光波长承载一个 TDM 电信号或模拟电信号等）的方式统称为波分复用。波分复用可细分为波分复用（WDM）、粗波分复用（CWDM）和密集波分复用（DWDM）。WDM 是指光纤不同低损耗窗口的光波即 1310 nm 和 1550 nm 波长复用，波长间隔为 240 nm。CWDM 常用相邻波长间隔为 20 nm 的波长复用，其通带宽度为 13 nm，G.694.2 标准规定的全光谱 CWDM 共有 18 个波长数目。DWDM 是指光纤 1550 nm 同一低损耗窗口的相邻波长间隔较小（0.8~10 nm 量级）的多个光波复用，如图 6-1 所示。

WDM、CWDM 和 DWDM 的主要区别在于复用与解复用的波长间隔$\Delta\lambda$不同。WDM 系统在 1310 nm 和 1550 nm 两个窗口上实现复用，其波长间隔$\Delta\lambda$在 200~250 nm 之间；DWDM 复用的波长间隔$\Delta\lambda$=1.6 nm（频率间隔约 200 GHz）或 0.8 nm（频率间隔约 100 GHz）或 0.4 nm（频率间隔约 50 GHz）或 0.2 nm（频率间隔约 25 GHz），16/32 波长 DWDM 系统对应的中心波长和频率如表 6.1 所示。DWDM 因传输的波长数多，所以系统的传输容量更高。但由于复用的波长间隔减小，故 DWDM 系统要求光源有精确的波长、更窄谱宽及高度的波长稳定性，这样导致激光器价格昂贵、控制技术复杂，系统的造价高。由于高性能和高价格，DWDM 比较适用于长途干线传输系统。

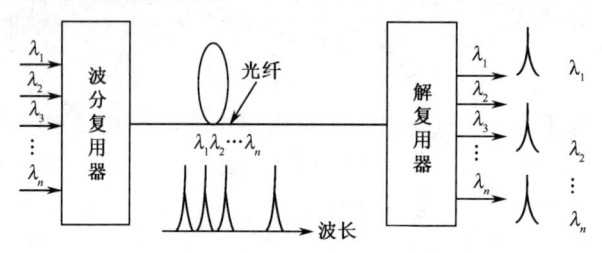

图 6-1 DWDM 的示意图

表 6.1　ITU-T G.692　16/32 波长 DWDM 系统对应的中心波长和频率

序　号	频率/THz	波长/nm	序　号	频率/THz	波长/nm
01	192.1	1 560.61	17	193.7	1 547.72
02	192.2	1 559.79	18	193.8	1 546.92
03	192.3	1 558.98	19	193.9	1 546.12
04	192.4	1 558.17	20	194.0	1 545.32
05	192.5	1 557.36	21	194.1	1 544.53
06	192.6	1 556.55	22	194.2	1 543.73
07	192.7	1 555.75	23	194.3	1 542.94
08	192.8	1 554.94	24	194.4	1 542.14
09	192.9	1 554.13	25	194.5	1 541.35
10	193.0	1 553.33	26	194.6	1 540.56
11	193.1	1 552.52	27	194.7	1 539.77
12	193.2	1 551.72	28	194.8	1 538.98
13	193.3	1 550.92	29	194.9	1 538.19
14	193.4	1 550.12	30	195.0	1 537.40
15	193.5	1 549.32	31	195.1	1 536.61
16	193.6	1 548.51	32	195.2	1 535.82

近年来，宽带城域网正成为电信和网络建设的热点。由于城域网传输距离短，业务接口复杂多样化，如果照搬应用于长途传输的 DWDM 技术，会带来成本的大幅度提高。CWDM 技术在系统成本、性能及可维护性等方面与 DWDM 相比具有明显的优势，正逐渐成为日益增长的城域网市场的主流技术。CWDM 复用波长间隔$\Delta\lambda$在 10～20 nm 之间。ITU 针对 CWDM 的工作波长（频率）通过了 G.694.2 建议，如表 6.2 所示。从表中可见，其工作波长从 1 270 nm 开始到 1 610 nm 结束，共有 18 个通道，覆盖了 O、E、S、C、L 共 5 个波段。

表 6.2 ITU-T G.694.2 CWDM 标准波长

波段	序号	波长/nm	波段	序号	波长/nm	波段	序号	波长/nm
O	1	1 270	E	7	1 390	S	13	1 510
	2	1 290		8	1 410	C	14	1 530
	3	1 310		9	1 430		15	1 550
	4	1 330		10	1 450		16	1 570
	5	1 350	S	11	1 470	L	17	1 590
E	6	1 370		12	1 490		18	1 610

2．DWDM 在传输网中的位置

DWDM 将几种不同波长的光信号组合（复用）起来传输，传输后将光纤中组合的光信号再分离开（解复用），送入不同的通信终端，即在一根物理光纤上提供多个虚拟的光纤通道，也可称为虚拟光纤。DWDM 在传输网中的位置如图 6-2 所示。

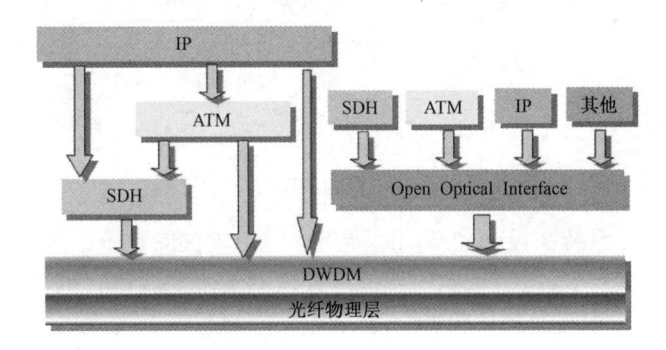

图 6-2 DWDM 在传输网中的位置

6.1.2 DWDM 系统模型

DWDM 系统的原理和实用系统的构成如图 6-3～图 6-5 所示。

1．二纤单向 DWDM 系统组成

二纤单向 DWDM 传输是指所有波长的光通路同时在一根光纤上沿同一方向传输，二纤单向 DWDM 系统原理如图 6-3 所示。在发送端将载有各种信息的、具有不同波长的已调光信号 λ_1，λ_2，…，λ_n 通过光复用器组合在一起，并在一根光纤中单向传输，由于各种信号是通过不同光波长携带的，因而彼此之间不会混淆。在接收端通过光解复用器将不同波长的光信号分开，完成多路光信号传输的任务，反方向通过另一根光纤传输的原理与此相同。

2．单纤双向 DWDM 系统组成

单纤双向 DWDM 传输是指光通路在一根光纤上同时向两个不同的方向传输，其系统原理如图 6-4 所示，所用波长相互分开，以实现双向全双工的通信。

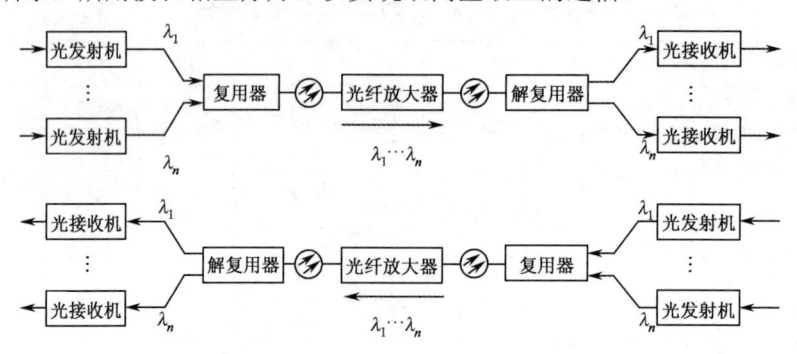

图 6-3　二纤单向 DWDM 系统原理图

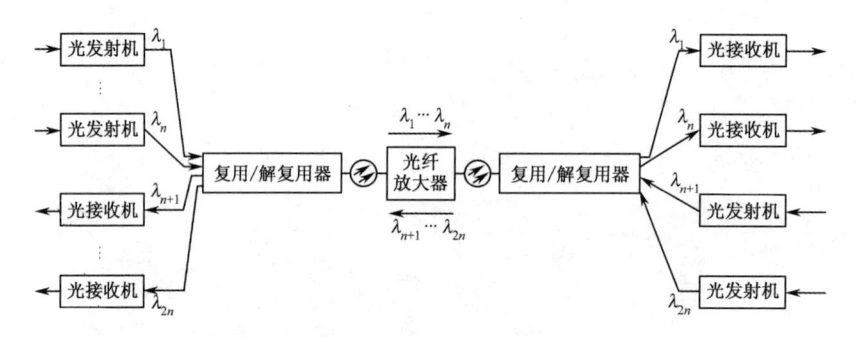

图 6-4　单纤双向传输的 DWDM 系统原理图

单纤双向 DWDM 系统在设计和应用时要考虑几个关键的系统因素，如为了抑制多通道干扰（MPI），应该注意光反射的影响、双向通路之间的隔离、串扰的类型和数值、两个方向传输的功率电平值和相互间的依赖性、光监控信道（Optical Supervisory Channel，OSC）传输和自动功率关断等问题，同时要使用双向光纤放大器。所以双向 DWDM 系统的开发和应用相对说来要求较高，但与单向 DWDM 系统相比，双向 DWDM 系统可以减少使用光纤和线路放大器的数量。

6.1.3　实用 DWDM 系统的构成

实用点到点 DWDM 系统主要由 5 部分组成：光发射机、光中继放大、光接收机、光监控信道和网络管理系统，如图 6-5 所示。其简单工作过程是，首先把 $1\sim n$ 个来自终端设备（如标准的 SDH 信号、ATM 信号、Ethernet 信号终端等）的光信号送到 DWDM 系统的光发射机的前端口。若该终端设备的光信号满足 ITU-T G.692 要求，可越过光转发器（Optical Transponder Unit，OTU）或波长转换器（Wavelength Conversion，WC），若该终端设备的光信号不满足 G.692 要求，则利用 OTU 把符合 ITU-T G.957 建议的非特定波长的光信号转换成符合 ITU-T G.692 建议的具有稳定的特定波长的光信号，如图 6-6 所示。OTU 的功能是将某一波长光信号转换为需要的另一个或同一波长上，实现波长变换，其方法是采用光/电/光变换方式。OTU 对输入端的信号波长没有特殊要求，可以兼容任意厂家生产的设备输出的 SDH 信号、ATM 信号、Ethernet 信号，其输出端满足 G.692 的光接口，即采用标准的光波

第 6 章 DWDM/OTN 光传送网络

长和满足长距离传输要求的光源。再利用光合波器合成多路光信号，通过光功率放大器（BA）放大后输出多路光信号，在送入光纤信道前插入光监控信号，最后送入光纤信道传送。

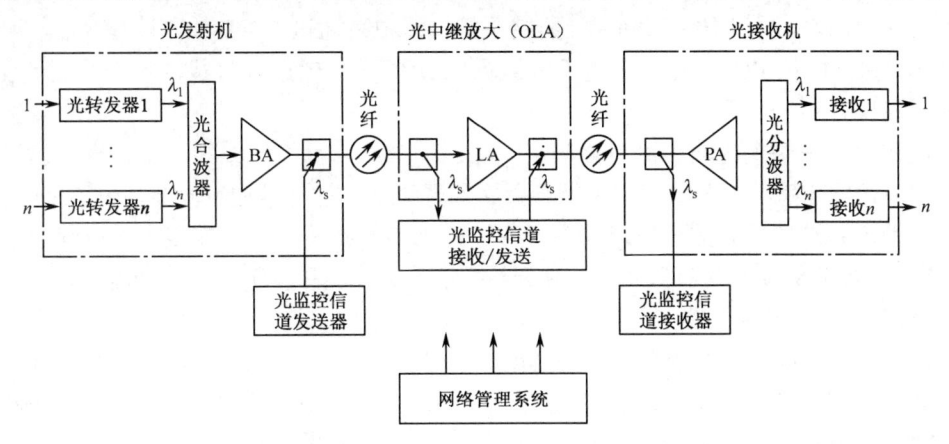

图 6-5 实用点到点 DWDM 系统的基本结构

传输一定距离后，再经 EDFA 对多波长光信号同时光中继放大。在应用时可根据具体情况，将 EDFA 用作"线放（LA 或 OLA）""功放（BA 或 OBA）"或"前放（PA 或 OPA）"。

在光接收机，先将光监控信号与业务信号分离，然后把经长途衰减了的主业务弱光信号（1 530～1 556 nm）送入前置放大器（PA），由分波器从业务信道中分出各种波长的光信号送入接收机。接收机不仅要满足灵敏度、过载功率等参数的要求，还要能承受有一定光噪声的信号，要有足够 O/E 的电带宽特性。

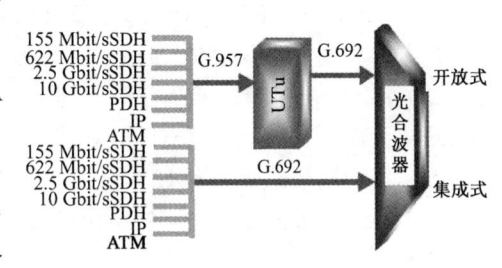

图 6-6 OTU 功能

光监控信道（OSC）主要用于监控系统内各信道的传输情况，在光发射机，插入本节点产生的波长为 λ_s（1 310 nm 或 1 480 nm 或 1 510 nm+10 nm）的光信号，与主信道的光信号合波输出；在光接收机，将接收到的监控光信号分离，分别输出 λ_s 波长的光监控信号和业务信道光信号，如图 6-7 所示。

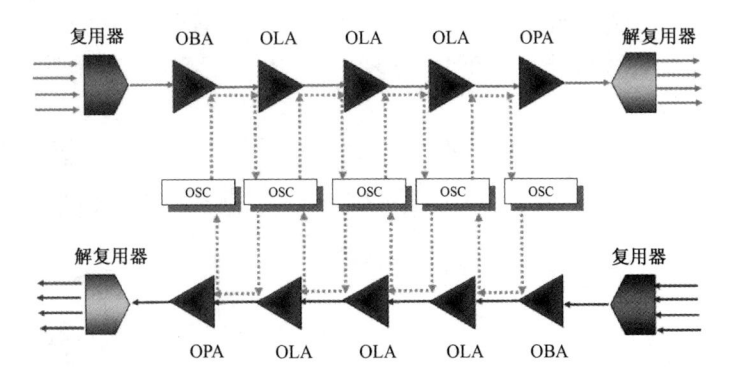

图 6-7 业务信道与监控信道的分离

OSC 的信息帧结构有两种：一是码型为 CMI、工作速率为 2 Mbit/s 的监控系统，利用 32 个 64 kbit/s 承载各种监控信息，并以 PCM 的 E1 帧格式传递与交换；二是采用 4B/5B 编码、速率为 10 Mbit/s 和 100 Mbit/s 的监控系统，以中兴通讯的 DWDM 设备为例，监控通道采用 10/100 Mbit/s 以太网技术，将各种数据以 IP 数据包的形式封装，并在以太网数据帧中传递与交换。

光监控信号在整个传输中没有参与放大，但每个站点都被终结和再生，重新发送。光波分复用的帧同步字节、公务字节和网管所用的开销字节等都是通过光监控信道来传输的。

网络管理系统通过光监控信道物理层传输开销字节到其他节点或接收来自其他节点的开销字节对 DWDM 系统进行管理，实现配置、故障、性能和安全管理等功能，并与上层管理系统（如 TMN）相连。

目前国际上已商用的系统有 4×2.5 Gbit/s，8×2.5 Gbit/s，16×2.5 Gbit/s，40×2.5 Gbit/s，32×10 Gbit/s，40×2.5 Gbit/s。在实验室已实现了 82×40 Gbit/s 的速率，传输距离达 300 km。据 OFC2000（Optical Fiber Communication Conference）提供的情况，主要的商用系统设备有以下 4 种。

（1）Bell Labs：82×40 Gbit/s 在 3×100 km=300 km 的 True Wave（商标）光纤（即 G.655 光纤）上，利用 C 和 L 两个波段联合传输。

（2）日本 NEC：160×20 Gb/s，利用归零信号沿色散平坦光纤，经过增益宽度为 64 nm 的光纤放大器，传输距离达 1 500 km。

（3）日本富士通：128×10.66 Gbit/s，经过 C 和 L 波段（C 波段为 1 525～1 565 nm；L 波段为 1 570～1 620 nm），用分布拉曼放大（Distributed Raman Amplification，DRA），传输距离达 6×140 km=840 km。

（4）美国 Lucent Tech：100×10 Gbit/s，各路波长的间隔缩小到 25 GHz，用 L 波段，沿 G.655 光纤传输 400 km。

6.2　DWDM 的基本网络单元设备

DWDM 基本网络单元设备，一般按用途可分为：光终端复用设备（OTM），光线路放大设备（OLA）、光分插复用设备（OADM）和光交叉连接设备（OXC）4 种类型，在光传送网（OTN）中增加一个网元即可重构光分插复用器（ROADM），本节分别简单介绍 DWDM 基本网络单元结构及功能。

如图 6-8 所示是实用的 16 波 DWDM 系统，它由两个 OTM 组成，在两个 OTM 之间由一对光纤和一个 OLA 相连，在距离较长的传输线路中，可以在线路中间增加多个 OLA。

6.2.1　光终端复用设备（OTM）

DWDM 网络中最重要的网元之一是 OTM，这里以图 6-8 所示的 16 波 DWDM 实用系统为例介绍其功能。

OTM 的主要任务是将来自各终端设备（如 SDH 的 TM）输出的光信号 $\lambda_1, \lambda_2, \cdots, \lambda_{16}$，

第 6 章 DWDM/OTN 光传送网络

分别利用发送端波长转换器（TWC），把非特定波长的光信号转换成符合 ITU-T G.692 建议的特定波长的光信号，然后再把各个特定光波长经合波器（M16）复用成多波长的光信号放大，并附上波长为 λ_s 的光监控信道，送入光纤传输。其逆过程是 OTM 从光纤中先把光监控信道 λ_s 取出，然后对多波复用的主信道进行光放大，经分波器（D16）解复用成 16 个波长的各终端信号，再经接收端波长转换器（RWC）还原成原光信号送至各终端设备（如 SDH 的 TM）。OTM 功能示意图如图 6-9 所示。

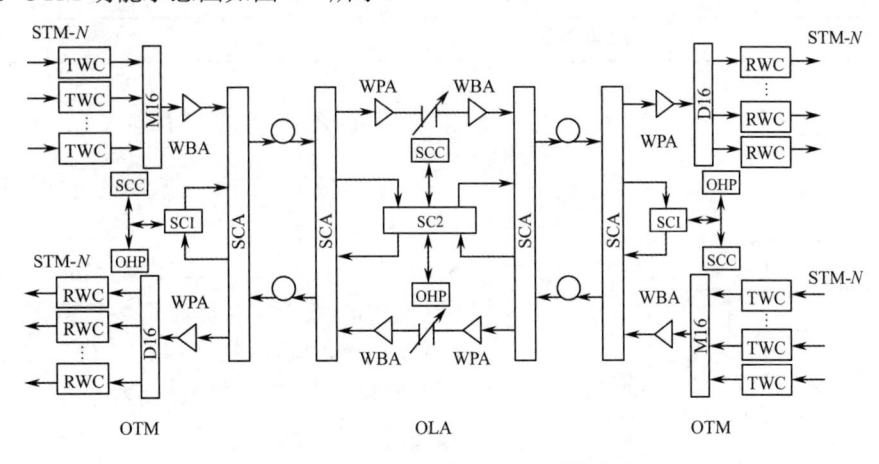

图 6-8 实用的 16 波 DWDM 系统组成

下面进一步介绍组成 OTM 的各部分功能原理，OTM 的机框如图 6-10 所示，其作用如表 6.3 所示。

图 6-9 OTM 功能示意图

图 6-10 OTM 的机框

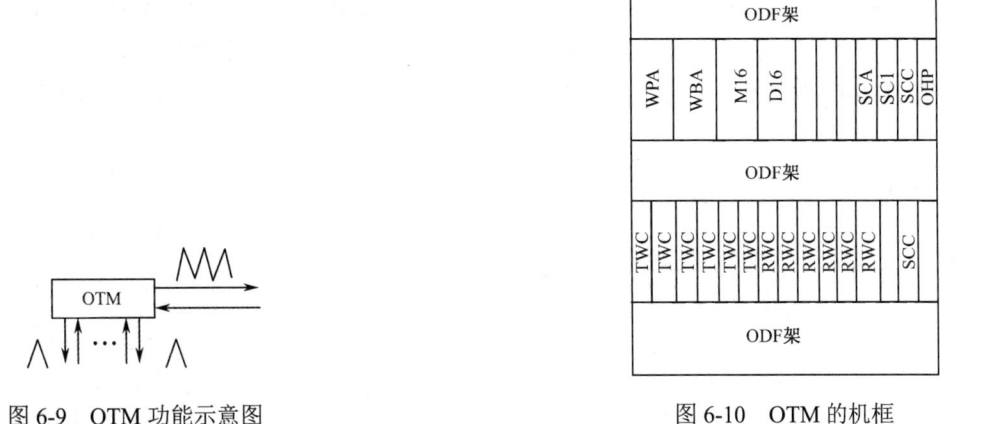

表 6.3 OTM 机框组成及各部分作用

OTM 机框组成	作 用
TWC	发端波长转换器（OTU）把 G.957 信号变为 G.692 信号
RWC	收端波长转换器（OTU）把 G.692 信号还原为 G.57 信号
SCC	主控板（人机对话的桥梁）
SC1/SC2	单向/双向光监控板

续表

OTM 机框组成	作用
M16	16 合波器
D16	16 分波器
WBA/ WPA	光功率/光前置放大器
SCA（OSC）	光监控通道接入和合波/分波板
OHP	公务电话板

1. TWC 板组成及功能

TWC 板采用的是 O/E/O 的方式，其原理框图如图 6-11 所示。TWC 的光输入端口接收来自 SDH 设备符合 ITU-T G.957 建议的 STM-N 光信号，输出光波长完全符合 ITU-T G.692 建议的光信号，标称中心频率为 192.1～195.2 THz，中心频率偏移≤10 GHz（寿命期内）。发送光信号的最小消光比 EXT≥10 dB。

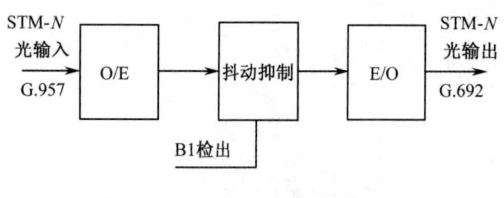

图 6-11 TWC 板的原理框图

TWC 板还具有再生中继功能，可完全达到 ITU-T 规定的输入抖动容限和抖动转移特性等性能指标；TWC 提供再生段 B1 字节的监测（B1 误码上报），可以通过对 B1 字节的监测，定位线路的故障所在；光接收机 O/E 模块在比特误码率 BER=10^{-12} 条件下，最小接收灵敏度为-25 dBm（APD 接收模块）或-18 dBm（PIN 接收模块），光接收机过载光功率为-9 dBm（APD 接收模块）或 0 dBm（PIN 接收模块）；提供以下监测功能：激光器偏流监测、激光器制冷电流监测、发送光功率监测和接收光功率监测等。特别是接收光功率的监测，使得定位故障更加方便；具有激光器自动关断功能，当接收无光时，自动关断光发送模块 E/O 模块。

2. RWC 板组成及功能

RWC 板是 TWC 板的逆过程，在此不多讲述。

3. M16 板组成及功能

M16 板完成 16 通道光复用，也称作合波板，其原理框图如图 6-12 所示。按照功能模块划分，它主要由光路模块和电路模块构成。光路模块包括一个 16 通道合波器和两个 10∶90 光耦合器，完成 16 个波长通道的复用，90%进入主信道，10%中的 90%提供在线光监测口 MON。可以由该光口接入光谱分析仪，在不中断业务的情况下，监测主信道的光谱，而 10%中的 10%进行输出光功率检测，通过 PIN 的 O/E 变换，再通过邮箱保持与主控板 SCC 及网管系统的通信，上报单板告警及性能事件。M16 板上使用的合波器为多层介质膜滤波器型或耦合器型。

M16 板的 16 个通道对应的波长和频率见表 6.1，表中序号为 01～16。

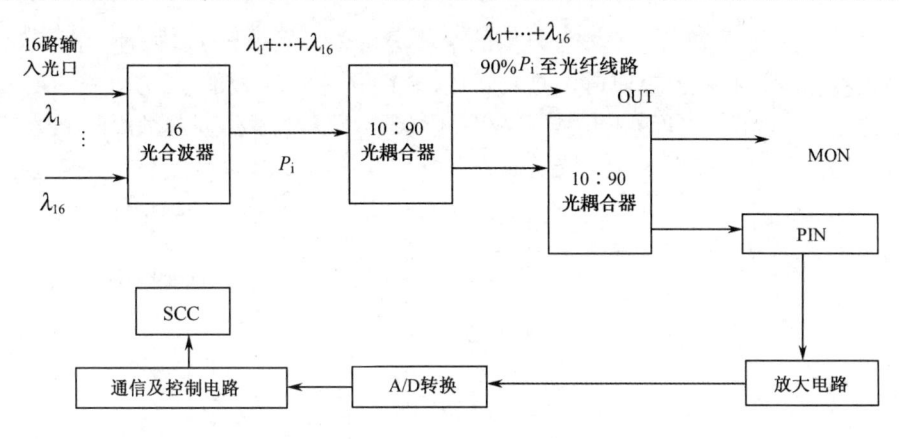

图 6-12 M16 板的原理框图

4．D16 板组成及功能

D16 板完成 16 通道分波，是 M16 的逆过程，其原理框图如图 6-13 所示。按照功能模块划分，它主要由光路模块和电路模块构成。光路模块包括一个 16 通道分波器和两个 10∶90 光耦合器，完成 16 个波长通道的解复用并提供在线光监测口 MON，分波器为多层介质膜滤波器型。其他输出口作用与 M16 板相同。

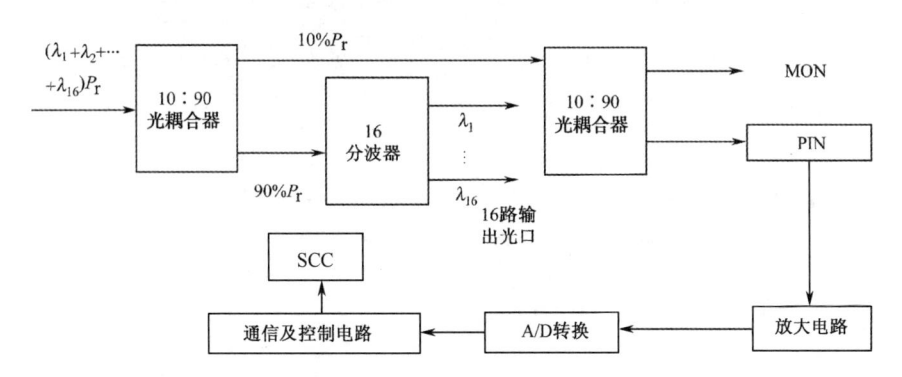

图 6-13 D16 板的原理框图

D16 板的 16 个通道对应的波长和频率见表 6.1，表中序号为 01～16。

5．SCA 板组成及功能

DWDM 系统的监控功能由 SCA 板和 SC1 板共同完成。目前，DWDM 系统主要承载 SDH 业务，SDH 本身具有强大的管理功能，所以对 SDH 业务监控可直接利用 SDH 本身开销进行管理。DWDM 系统的监控主要内容是对波长转发器（WC 或 OTU）、分波/合波器、EDFA，对光纤线路运行情况，如运行质量、故障定位、告警等进行监控。

在 DWDM 系统中需要设置光监控信道，用于放置监视和控制系统内各信道传输情况的监控光信号，在发送端插入 λ_s（1 550 nm）波长光监控信号，与主信道的光信号合波输出，如图 6-14（a）所示。在接收端，从合波信道中分离出 λ_s 波长光监控信号，如图 6-14（b）所示。

SCA 板的核心部分是一个光波分复用的合波器和一个分波器，其原理如图 6-14 所示。它的功能是将主信道和光监控通道合并或分开。单独设计 SCA 板的原因是由于 SCA 板的作用，它使主信道和光监控通道相互独立，互不影响。当系统发生局部故障时，若是光监控通道出现问题，可以直接更换光监控通道处理板 SC1 或 SC2，而不会影响主信道的业务。

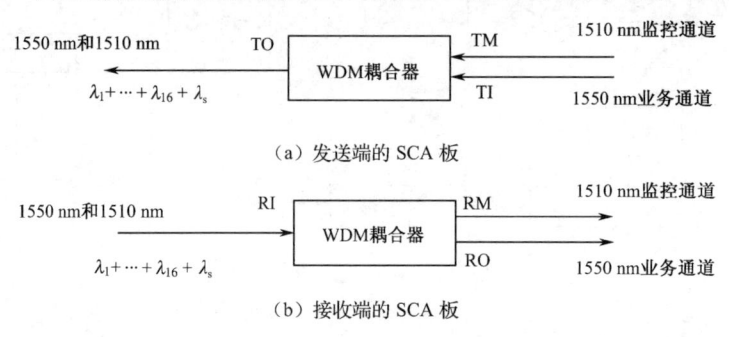

```
1550 nm和1510 nm      TO  ┌─────────┐  TM   1510 nm监控通道
─────────────────────────>│WDM耦合器│<──────────────────
   λ₁+ ⋯ +λ₁₆ + λₛ        │         │  TI   1550 nm业务通道
                          └─────────┘<──────────────────
```
(a) 发送端的 SCA 板

```
1550 nm和1510 nm      RI  ┌─────────┐  RM   1510 nm监控通道
<────────────────────────│WDM耦合器│──────────────────>
   λ₁+ ⋯ +λ₁₆ + λₛ        │         │  RO   1550 nm业务通道
                          └─────────┘──────────────────>
```
(b) 接收端的 SCA 板

图 6-14 SCA 板的原理框图

6. SC1 板组成及功能

SC1 板用于实现对 λ_s 光监控通道信号的处理，完成终端站光监控通道光信号的收、发处理，SC1 板原理框图如图 6-15 所示。

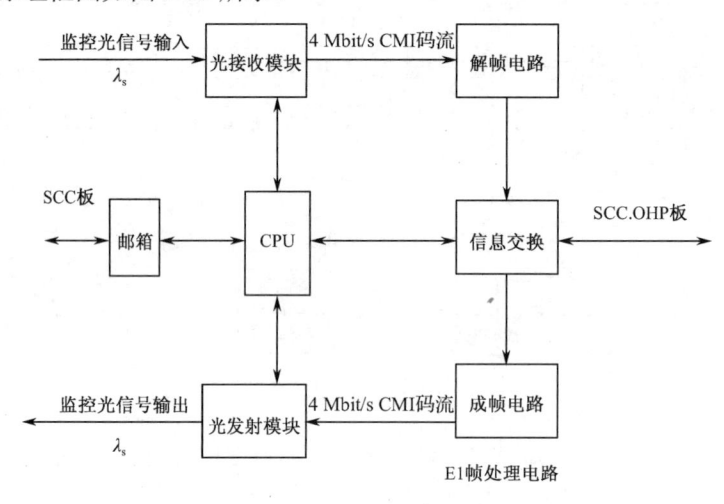

图 6-15 SC1 板的原理框图

光接收模块完成光/电转换，以便监控板进行处理，并在无光时给出告警信号，通过 CPU 上报 SCC 板。

解帧电路首先将光接收模块送来的电信号进行 CMI 解码，再从解码数字流中搜索复帧结构的 E1 帧，提取 E1 帧中的 E1、E2、F1、D1～D12 等字节，提供给 SCC 板和开销处理板 OHP 处理，同时完成 E1 信号处理功能，包括误码计数、远端告警和帧失步告警等，CPU 收集这些信息上报给 SCC 板。

监控通道帧结构所采用的典型 E1 帧时隙安排如表 6.4 所示。

表 6.4 典型 E1 帧结构的时隙安排

0	1	2	3	...	14	15	16	...	31

E1 帧时隙安排：0 时隙为帧定位字节，1 时隙为 E1 字节（中继段公务），2 时隙为 F1 字节，3～14 时隙为 D1～D12 字节(数据通信通道)，15 时隙为 E2 字节(复用段公务)，16～31 时隙备用保留字节。

信息交换是完成 SC1 板与 SCC，OHP 板的数据交换。SC1 板可提供 D1～D12 共 768 kbit/s 的数据通道，以串行方式与 SCC 板连接，并提供当 SCC 板不在位时，DCC 穿通保护功能，以及 OHP 板不在位时的 E1、F1、E2 字节的穿通保护功能。

成帧电路是将信息交换后的监控信息变成 E1 数据流，再经 CMI 编码发往光发射模块进行传输。

光发射模块将 CMI 码流转换为光信号通过光口输出，同时接受 CPU 的控制，以便在需要时关断激光器。

CPU 收集 SC1 单板的一些状态、告警信息，通过邮箱与 SCC、OHP 通信，并完成 A/D 转换、环境温度检测、控制端口（如激光器关断、运行灯闪烁、告警灯闪烁等）及 Watchdog 防程序死循环等功能。

SC2 板可以实现对两路光监控通道的信号处理，适应光中继站对两个方向光监控信号的收、发处理的需要。SC2 板硬件原理、功能、应用及告警等与 SC1 板基本相同，只是在光口处理上增加了一路，这里不再赘述。

7. SCC 板组成及功能

SCC 板承担的是对设备的管理及相互之间通信的功能，可以说 SCC 板是整个 DWDM 系统的控制中心，如图 6-16 所示。

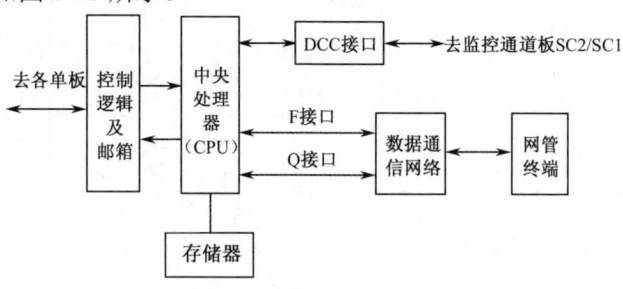

图 6-16 SCC 板的原理框图

8. 光功率/前置放大/光线路放大板（WBA/WPA/WLA）

WBA 一般安装在 OTM 的发送端，简称功放，用来提高光发射功率。WPA 板一般安装在 OTM 的接收端，简称前放，用来提高光接收机的接收灵敏度，补偿光无源器件的插入损耗。WLA 板一般安装在收发 OTM 之间，补偿光纤线路的损耗。WBA/WPA/WLA 的功能可同时放大 32 个信道（通道间隔为 0.8 nm）的光信号，工作波长范围为 1 535～1 561 nm；在工作波长范围内增益平坦，平坦度<2dB，WBA/WPA/WLA 板的功能框图如图 6-17 所示，其各型号参数如表 6.5 所示。

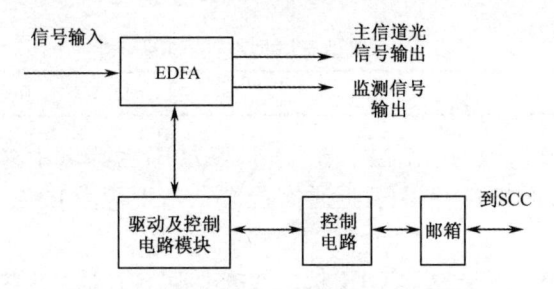

图 6-17　WBA/ WPA/ WLA 板功能框图

表 6.5　WBA/WLA/WPA 的各型号参数

单 板 名 称	最小输入光功率/dBm	最大输入光功率/dBm	增益/dB
16 通道系统 WBA01	-20	-6	23
16 通道系统 WLA05	-30	-16	33
16 通道系统 WPA01	-28	-13	23

6.2.2　光线路放大设备（OLA）

OLA 主要完成对多个光载波进行放大，通常用 EDFA 作为 OLA，其功能如图 6-18 所示。

OLA 的组成框图如图 6-19 所示，其作用如表 6.6 所示。OLA 中与 OTM 组成中相同的单板功能，在此不详细叙述。

图 6-18　OLA 的基本功能示意图

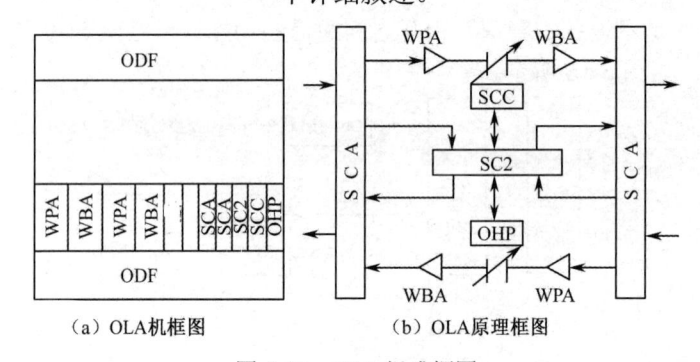

（a）OLA 机框图　　（b）OLA 原理框图

图 6-19　OLA 组成框图

表 6.6　OLA 组成单元及作用

OLA 组成单元	作 用
SCC	主控板（人机对话的桥梁）
SC1/SC2	单向/双向光监控板
WBA/ WPA	光功率放大器/光前置放大器
SCA（OSC）	光监控信道合波/分波
OHP	公务电话板

6.2.3 光分插复用设备（OADM）

在 DWDM 环状网络中，OADM 是不可缺少的基本网元，其功能如图 6-20 所示。

OADM 将光复用、解复用、直通、发/收端波长转换器（TWC/RWC）、光预放大器、光前置放大器等功能综合于一体，具有灵活的上、下波长功能，在网络设计上有很大灵活性。可将 SDH 设备输出的光信号 λ_1，λ_2，…，λ_n，分别利用 TWC 把非特定波长的光信号转换成特定波长的光信号，然后再把各个特定光波长信号复用成多波长的光信号，送入东向或西向或东西向光纤传输，其逆过程正好相反。OADM 设备可以替代 OTM 作为光终端复用器，可在系统中间站方便地将光支路信号从主信号码流中提取出来，也可将光支路信号方便地插入主信号码流中。还可以将西向线路的光信号通到东向线路上，从而方便地实现网络中信号码流的分配、交叉与组合。在实际应用中，有多种类型的设备。

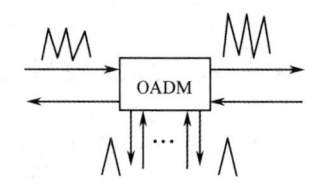

图 6-20 OADM 功能示意图

以图 6-21 所示的 OADM（上/下 4 通道）组成为例，其作用如表 6.7 所示。

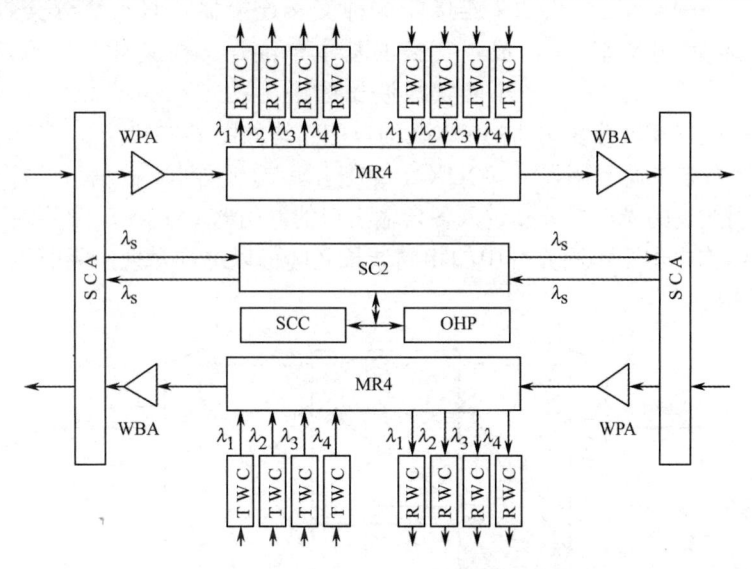

图 6-21 OADM 设备的组成

表 6.7 OADM 组成单元及作用

OADM 组成单元	作 用
TWC/RWC	发端和收端波长转换器(OTU)
SCC	主控板（人机对话的桥梁）
SC2	双向光监控板
MR4	复用、解复用、直通和 OXC
WBA/WPA	光功率放大器/光前置放大器
SCA（OSC）	光监控信道合波/分波板
OHP	公务电话板

从 OADM 组成来看，除 MR4 单板外，其他单板功能与相应的 OTM 组成相同，这里只介绍 MR4 的作用。

MR4 的作用是完成复用、解复用、直通和波长路由选择动态重构的交叉连接。

6.2.4 光交叉连接设备（OXC）

OXC 是 DWDM 网络中的一个重要网元设备，其与 DXC 在网络中的作用相同，但功能和实现方法有所不同，OXC 是对光信号交叉连接，并可以对不同传输代码格式和不同速率等级（如 PDH、SDH 和 ATM 等各种速率和格式）的信号进行交叉连接，实现光波分复用网的自动配置、保护/恢复和重构。

光交叉连接器通常分为 2 类，即光纤交叉连接器和波长交叉连接器，这里着重对其结构和工作原理进行介绍。

光纤交叉连接器连接的是多路输入输出光纤，如图 6-22 所示，每根光纤上所有光波长信号一起参与交叉连接，这种交叉连接器，只有空分交换开关才能完成，交换的基本单位是一根光纤，而不是一个波长，不能实现波长选路。

图 6-22 光纤交叉连接器

基于光开关矩阵和波分复用器的 OXC 的典型结构如图 6-23 所示，多路光纤中的波长光信号分别接入各自的解复用器（DMUX），解复用后的相同波长的信号进行空分交换，交换后的各路相同波长的光信号分别进入各自输出口的复用器（MUX），复用后从各输出光纤输出。在这种结构中由于不同光纤中的相同波长之间可以进行交换，因而可以较灵活地对波长进行交叉连接。

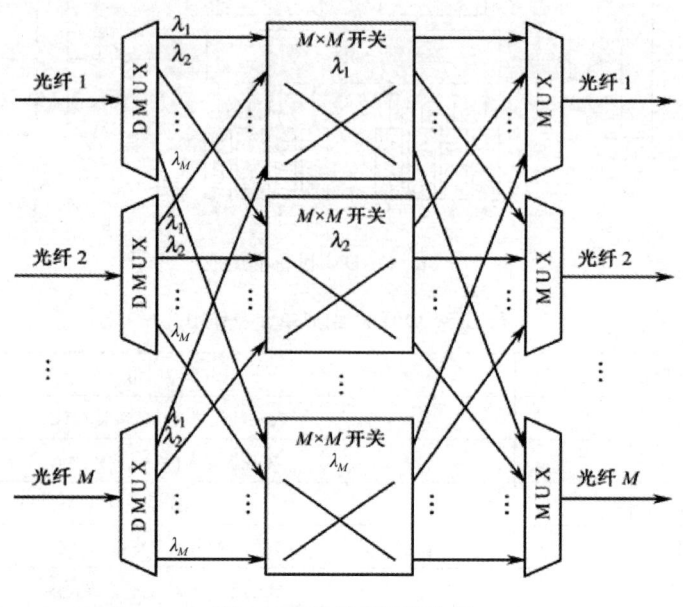

图 6-23 波长交叉连接器

6.3 DWDM 网络结构与保护

DWDM 技术极大地提高了光纤的传输容量，随之带来了对电交换节点的压力和变革的动力。为了提高交换节点的吞吐量，需要在交换方面引入光技术，从而引起了对 WDM 全光通信的研究。WDM 全光通信网是在现有的传输网上加入光层，在光上进行 OADM 和 OXC，目的是减轻电节点的压力。

6.3.1 DWDM 网络结构

由于 WDM 系统的应用及 OADM、OTM、OXC 和光交换设备的出现，使各系统连接成全光网。其连接方式与一般网络拓扑类型类似，可分为链形、星形、环形、树形、网孔形等。其中点到点组网是目前 DWDM 设备组网最普遍的一种方式，它可选择是否需要 OADM 设备，但 OTM 设备和 OLA 设备是必需的。DWDM 的基本组网方式有点到点链形方式、星形组网方式、环形组网方式，由这 3 种方式可组合出其他较复杂的网络形式。

1. 链形组网

链形 DWDM 网络组成如图 6-24 所示，它由 OTM、OADM、STM-16 光支路信号设备组成。

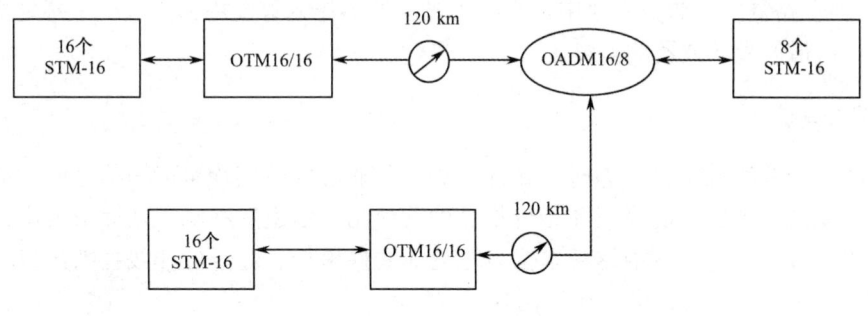

图 6-24 链形 DWDM 网络组成

2. 环形组网

环形 DWDM 网络组成如图 6-25 所示。

3. DWDM 网络设计中考虑的重要问题

DWDM 网络设计中最重要的问题是信道串扰，所谓串扰是指一个信道的能量转移到另一个信道，因而当信道之间存在串扰时，会引起接收信号误码率升高，灵敏度下降，所以对串扰产生机理的研究更显其重要性。

产生串扰的原因主要有两类，一类是选择信道的解复用元件的非理想特性导致的线性串扰，另一类是由光纤线路的非线性引起的非线性串扰。当 DWDM 网络在分配多信道信号或用户要选择自己所需的信号时，通常用两种方法实现信道选择，一种在光域进行选择，另一种在电域进行选择。电域选择适用于相干检测技术，光域选择适用于直接检测和相干检测。光域选择要求在光接收机前接入一个光滤波器。

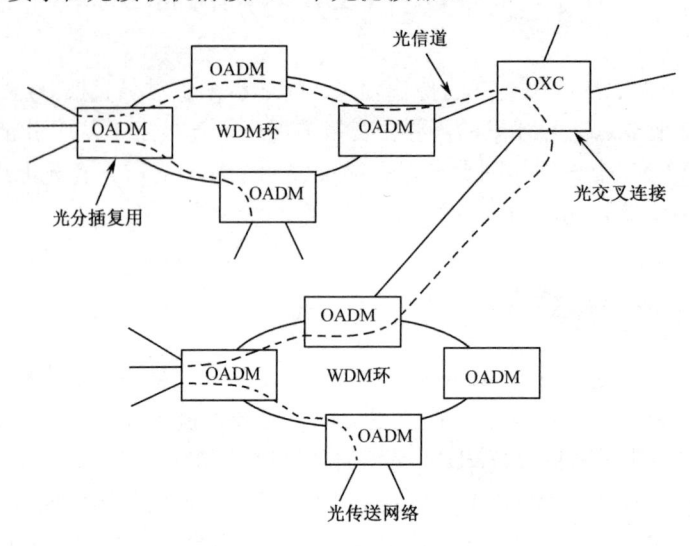

图 6-25 环形 DWDM 网络组成

1) 线性串扰

线性串扰通常发生在解复用过程中,它与信道间隔、解复用方式及器件的性能有关。在 IM-DD 的多路复用光通信系统中,常采用光滤波器作为解复用器,因而串扰的大小取决于用于选择信道的光滤波器的特性。

2) 非线性串扰

当光纤处于非线性工作状态时,光纤中的几种非线性效应均可能在信道间构成串扰,具体来讲,就是一个信道的光强和相位将受到其他相邻信道的影响,从而形成串扰。由于是光纤非线性效应引起的,故这种串扰被称为非线性串扰。光纤的非线性效应包括受激拉曼散射、受激布里渊散射、交叉相位调制和四波混频等。

6.3.2 DWDM 自愈环网原理

DWDM 光网保护与恢复的方法较多,主要表现在光线路故障的保护与恢复和光通道(光电器件)故障的保护与恢复,具体分析与 SDH 网络类似。DWDM 网络保持了较高的生存性,其自身具有自愈功能。它们可分为单纤环、二纤环和四纤环等。以下主要介绍 1+1 光复用段保护、二纤单向通道保护环和 1:1 二纤双向共享保护环。

1. 光复用段保护

光复用段保护只在光路上进行 1+1 保护方式,而不对终端设备进行保护。在发送端和接收端分别使用 1×2 光分路器和光开关,在发送端,对合路的光信号进行 1:1 分离,实现 WDM 线路 1、线路 2 传输相同信号。在接收端,对光信号进行选路。图 6-26 所示是光复用段保护方案。这种系统特点是,只有光缆和 WDM 的线路系统有备份,而其他如 SDH 终端和复用器则是没有备用的。正常情况下接收端的多波光信号在 WDM 线路 1（工作系统）与光开关连通。而保护系统与光开关处于断开状态。当 WDM 线路 1 光缆断裂，同时发出高电平使接收端的光开关自动闭合 WDM 线路 2（保护系统），从而达到保护作用。

光复用段保护只有在独立的两条光缆路由中实施才有真正的实际意义。

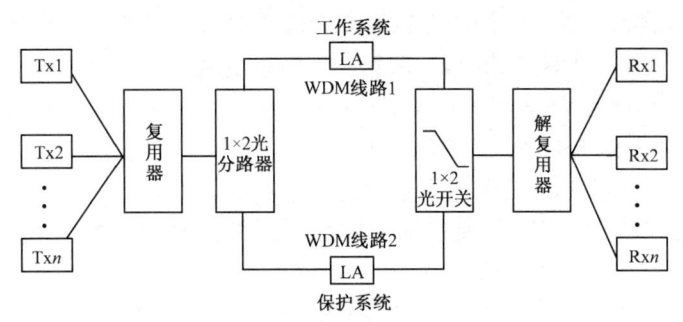

图 6-26　光复用段（OMSP）保护方案

2. 二纤单向通道倒换环

二纤单向环是当前研究最多，也是比较成熟的一种环状网物理结构，它采用 1+1 保护方式。二纤单向通道环结构如图 6-27 所示。其外环光纤为工作光纤，正常工作时携带复用的多波长工作业务，内环光纤为备用保护光纤。若环网中 A、B 互通业务，网元 A 和 B 都将上环的业务"并发"到外环和内环，所传业务相同且流向相反。在网络正常时，信息由网元 A 插入，经 D、C 网元到达 B 网元，另一路由备用光纤携带，直接到达 B 网元，在网元 B 自动"选收"工作光纤上的 A 到 B 的业务，完成网元 A 到网元 B 的业务传输。同样当信息由网元 B 插入后，分别由工作光纤和保护光纤所携带，前者直接到网元 A，后者经网元 C、D 到达网元 A，在网元 A 仍然"选收"工作光纤上 B 到 A 的业务，完成网元 A 到网元 B 的业务传输。

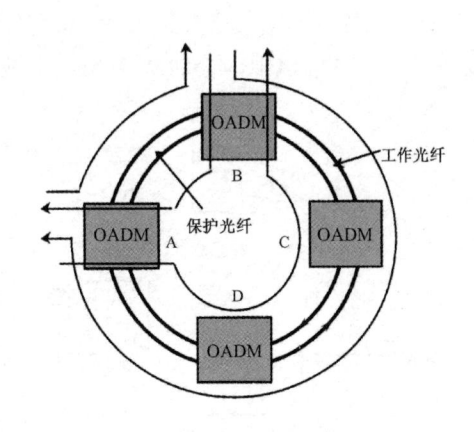

图 6-27　二纤单向通道环结构

当 A、B 方向上光纤出现故障，如被切断，A 到 B 业务实际传输的路由不变，而 B 到 A 业务相当于被切换到反向传输的内环光纤上，即从 B 插入，经 C、D 网元到达 A 网元。这里由接收端从内环光纤中选择光信号实现业务的恢复。此保护方式使用"源端并发，宿端选优"的配置方式，不需要协议就可以完成通道恢复。

3. 二纤双向共享环

二纤双向共享环类似于 SDH 的复用段保护环，它采用 1:1 保护方式。它是将每一根光纤上的波长信道一分为二（平分）如 $\lambda_1 \sim \lambda_{N/2}$ 和 $\lambda_{N/2+1} \sim \lambda_N$，如图 6-28（a）所示，光纤 1 上把前半段波长组 $\lambda_1 \sim \lambda_{N/2}$ 分为工作信道，后半段波长组 $\lambda_{N/2+1} \sim \lambda_N$ 分为光纤 2 的保护信道（或光纤 1 的额外信息信道）。同样光纤 2 上也把前半段波长组的 $\lambda_1 \sim \lambda_{N/2}$ 作为工作信道，后半段波长组 $\lambda_{N/2+1} \sim \lambda_N$ 也作为光纤 1 的保护信道（或光纤 2 的额外信息信道）。在图 6-28（b）中，网元 A 与 B 之间的光纤切断后，光纤 1 上的工作信道倒换到光纤 2 上的保护信道，这里需要进行波长转换。

下面还是以节点 A、节点 C 间的信息传递为例（如图 6-28 所示）说明其自愈环的工作原理。正常工作情况下，如图 6-28（a）所示，当信息由 A 插入时，首先是由光纤 1 前半段波长组 $\lambda_1 \sim \lambda_{N/2}$ 携带信息，经 B 节点到 C 节点下业务，完成由 A 到 C 的信息传输。而当信息由 C 节点插入时，则也是由光纤 2 前半段 $\lambda_1 \sim \lambda_{N/2}$ 携带对应信息，经 B 节点到达 A 节点下业务，从而完成 C 节点到 A 节点信息传递。

当 A 节点、B 节点间出现断纤故障时，如图 6-28（b）所示，由于断纤故障点相连的网元 A、B 都具有环回功能，这样当信息由网元 A 插入时，首先由光纤 1 前半段 $\lambda_1 \sim \lambda_{N/2}$ 携带，经网元 A 波长转换器将前半段所携带信息转换到光纤 2 的后半段 $\lambda_{N/2+1} \sim \lambda_N$ 保护信道中，此时光纤 2 的后半段额外信息被中断，然后经过 D 节点到达 B 节点，再通过波长转换器又将光纤 2 的后半段波长组 $\lambda_{N/2+1} \sim \lambda_N$ 携带信息置于光纤 1 前半段 $\lambda_1 \sim \lambda_{N/2}$ 工作信道中，最后到达 C 节点，从而完成了 A 节点到 C 节点的信息传递。而由 C 节点插入的信息则先由光纤 2 的前半段 $\lambda_1 \sim \lambda_{N/2}$ 携带，经 B 节点的波长转换器转换到光纤 1 的后半段 $\lambda_{N/2+1} \sim \lambda_N$ 保护信道中，沿线经 C 节点、D 节点到达 A 节点，又由 A 节点再通过波长转换器转入到光纤 2 的前半段 $\lambda_1 \sim \lambda_{N/2}$ 工作信道中，最后从 A 节点下业务，以此完成由 C 节点到 A 节点的信息传递。

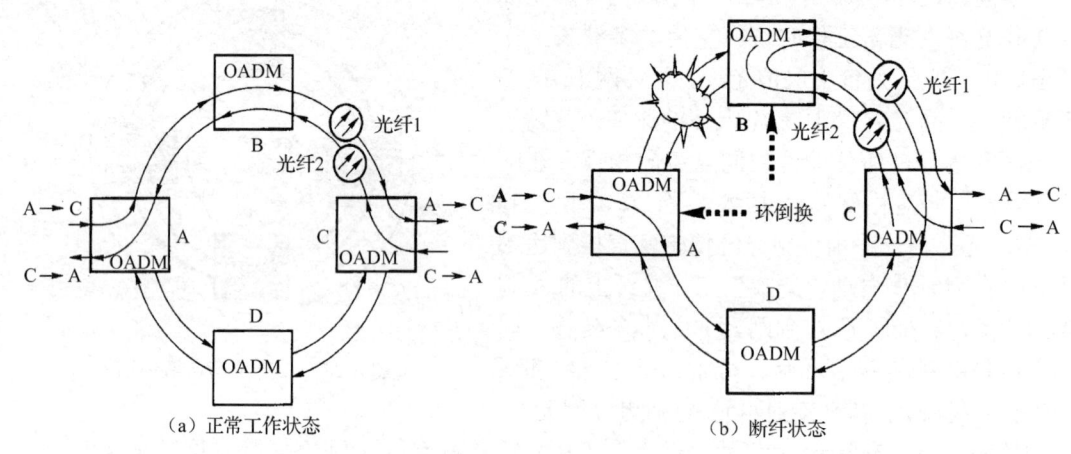

图 6-28　二纤双向共享环

这里要说明的是，在工作情况下，光纤 1、光纤 2 的后半段 $\lambda_{N/2+1} \sim \lambda_N$ 信道可用来传输额外信息，当线路出现故障时，光纤 1、光纤 2 后半段 $\lambda_{N/2+1} \sim \lambda_N$ 信道已作为保护信道，此时原来的额外信息被冲掉，从而实现自愈保护功能。

6.3.3　DWDM 网络管理

1．网络的管理系统组成

DWDM 光网络的管理系统结构如图 6-29 所示。此系统采用数据网来传输网管信息，它与光的传输网本身分开，通过 ITU-T 协议的数据通信网（DCN），如 G.773 中 X.25 协议等来进行连接。此网管系统不仅提供了光网络与光设备等网管功能，而且还能实现网络的操作系统与网元之间的通信功能。在操作系统和网络单元之间通过 Q3 接口进行连接。

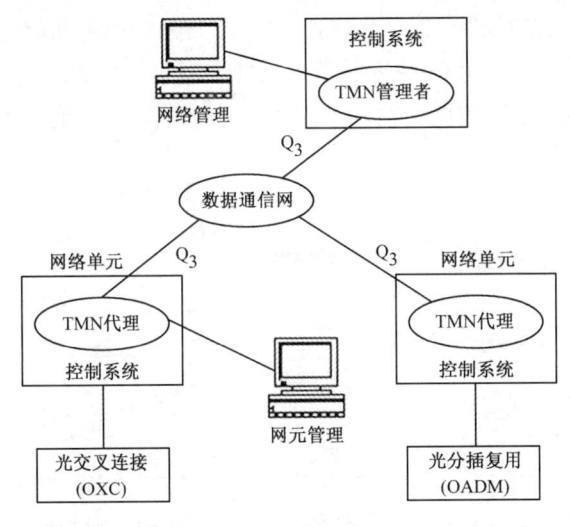

图 6-29 DWDM 光网络管理系统结构

DWDM 光网络的管理信息主要有信号失效的故障信息，路经终端失配和连续性丢失等缺陷信息，还有光波长、光强、信噪比、光复用段 AIS（Alarm Indication Signal）、RDI（Remote Defect Indication）及保护控制信号的性能质量信息等。

2. 管理信息传输方案

目前已经提出多种实现光网络管理信息的传输方案。利用额外的光频率可以很容易地实现带外方式的开销通信。此时，可以采用某一数据波长（工作于 1 510 nm 或其他波段的波长 1 300 nm）传递开销信息，即用一个单独的光监控信道（OSC）通道作为管理信道。高速的数据信道和管理信道在传输过程中进行复用，只在网络节点处通过解复用器分离。在 EDFA 的增益带边缘设置一个专门用于光传输段通信的信道，同时在 EDFA 增益带内设置一个用于光复用段和光通道层通信的信道，是一种值得推荐的做法。

在光传输网中，OSC 就是在光传输段层的传输实体间传递开销信息的光载波。光监控信道终结于光传输段层，但它可携带多种开销信息，并且某些开销可被其他层网络使用。光传输段层和光复用段层的所有开销信息都可放到光监控信道中。其优点是可以减少用于网络监视所牺牲的光带宽，同时也避免了在 DWDM 系统中占用净负荷的光带宽。

对于 OSC，建议采用的载波波长是（1 510±10）nm。OSC 的传输速率暂时采用 2.048 Mbit/s，OSC 由帧定位信号（FAS）和净负荷组成。光监控信道的净负荷可分为两类信息：维护信号和管理消息。维护信号是在网元之间进行交换的，在网络中采用面向比特的协议来传递。网络层的管理开销基本上都可以放到维护信号段传输。可以将维护信号按网络分层结构进行划分。

管理消息实现了数据通信通道,用在网元与操作系统之间传递管理数据,采用的是面向消息的协议。网元管理信息都是通过管理消息的数据通信通道传输的,采用 DCC 字节。

关于 OSC 数据通路的保护措施,当 OSC 通路双向光纤段都断路时,网元管理系统将无法获取网元的监控信息,为防止这种情况带来的严重后果,DWDM 系统具有监控通路的保护功能。例如,在 DWDM 系统的两个终端站可提供 OSC 中 DCC 通道的保护路由(如 X.25),如图 6-30 所示。

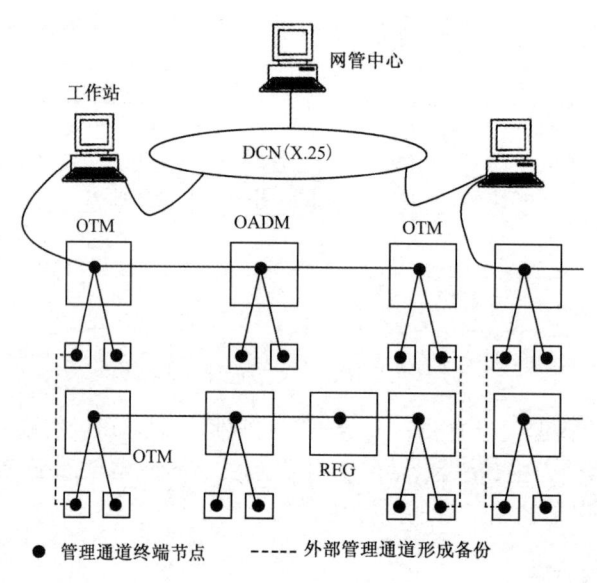

图 6-30 灵活的管理通道

6.3.4 DWDM 光网络在长途干线的应用

DWDM 光网络在长途干线的应用实例一为贵州省干线 DWDM 传输网实验局,如图 6-31 所示。实例二为黑龙江 DWDM 传输干线,如图 6-32 所示。

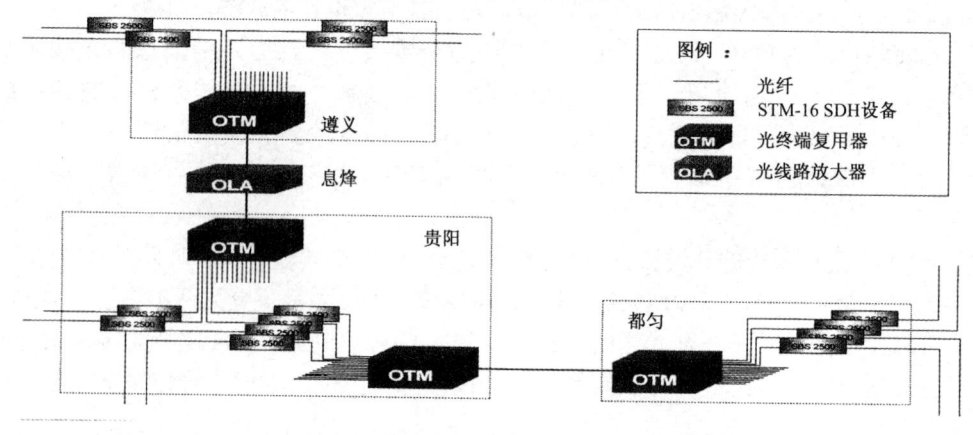

图 6-31 贵州省干线 DWDM 传输网实验局示意图

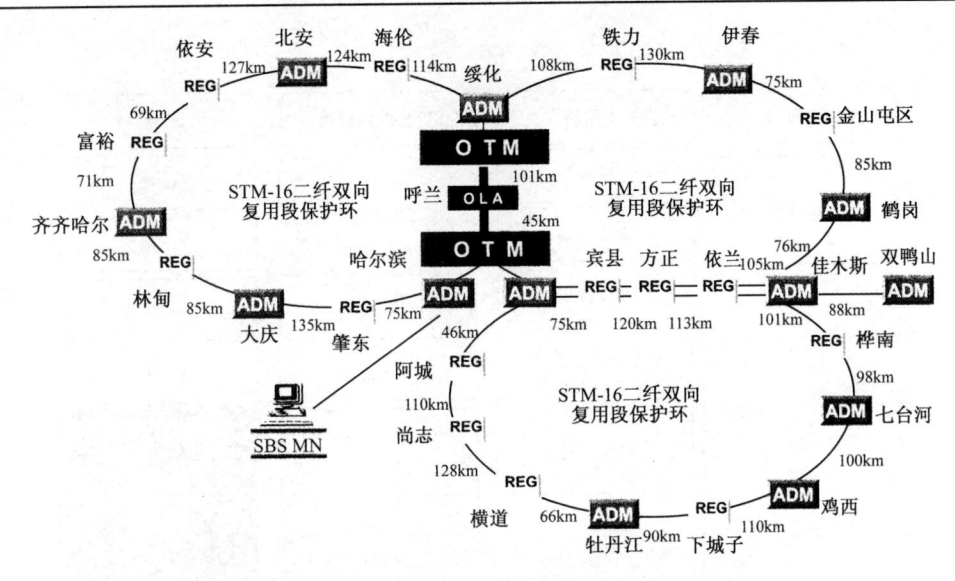

图 6-32 黑龙江 DWDM 传输干线示意图

6.4 OTN 光传送网

光传送网（OTN）以波分复用（WDM/DWDM）技术为平台，充分吸收 SDH（MSPT）出色的网络组网保护能力和 OAM 运行维护管理能力，是 SDH 和 WDM 技术优势的综合体现。在 OTN 技术中，能以大颗粒、大容量的 IP 化业务在城域骨干传送网及更高层次的网络结构里，提供电信级网络的保护恢复功能，大大提高单根光纤的资源利用率。

6.4.1 基本概念与分层结构

OTN 技术由 WDM 技术演进而来，初期在 WDM 设备上增加了 OTN 接口，并引入 ROADM（光交叉），实现了波长级别调度，起到光配线架作用。

1999 年，ITU-T 正式提出光传送网（OTN）的概念，在 1999—2009 年期间 OTN 用 G.872、G.709、G.798 等一系列 ITU-T 的建议来规范新一代光传送技术体制，又通过 ROADM 技术、OTH 技术、G.709 封装和控制平面的引入，来解决传统 WDM 网络无波长/子波长业务调度能力弱、组网能力弱、保护能力弱等问题。OTN 在光域内可以实现业务信号的传递、复用、路由选择、监控，并保证其性能要求和生存性。OTN 的主要特点是引入了"光层"概念，在 SDH 传送网的电复用段层和物理层之间加入光层，如图 6-33 所示。由图所示 SDH 传送网和 OTN 的分层结构的对应关系，OTN 可以看成传送 SDH 信号的光层的扩展，又可以将光层分为若干子层，即 OTN 的光层分为光通道层（OCH）、光复用段层（OMS）和光传输段层（OTS）。这种子层的划分方案既是多协议业务适配到光网络传输的需要，也是网络管理和维护的需要。下面重点介绍光层功能。

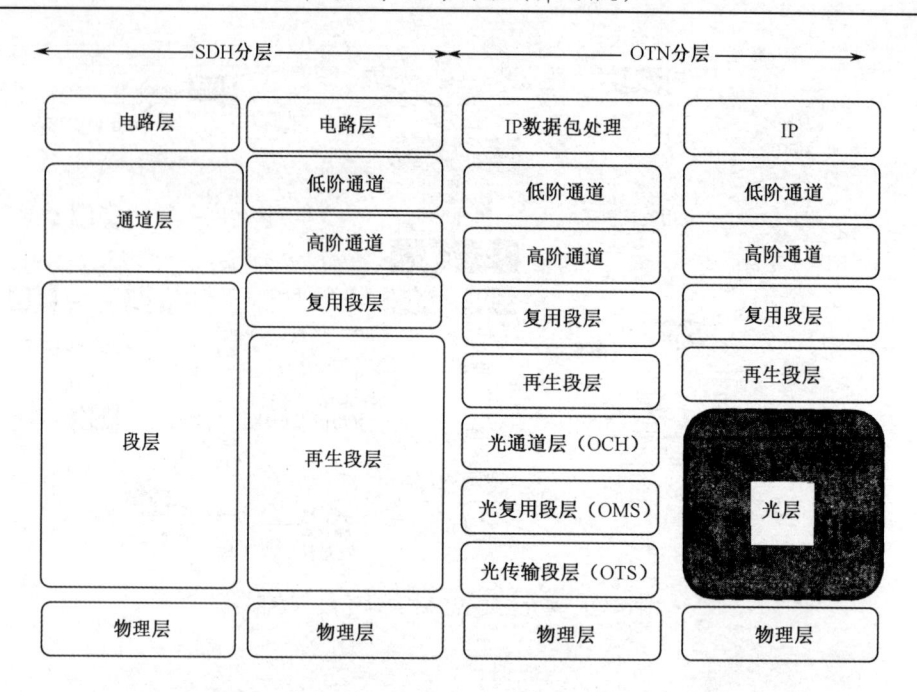

图 6-33 SDH 传送网和 OTN 的分层结构

1. 光通道层（OCH）

OCH 负责为来自电段层（复用段和再生段）的不同格式的客户信息如 PDH、SDH、ATM 信元等选择路由、分配波长和灵活地安排光通道路径连接、开销处理和监控功能等，从而提供端到端透明传输的光通道连网功能。

OCH 层所接收的信号来自电通道层，它是 OTN 主要功能载体，根据 G.709 的建议，OCH 层又可以进一步分为光通道 3 个电域的净荷单元子层（OPU）、数据单元子层（ODU）、传输单元子层（OTU）和 1 个光域的光通道子层（OCh）。

2. 光复用段层（OMS）

OMS 保证相邻两个波分复用传输设备间多波长信号完整传输，并提供网络功能。该层网络功能包括：为灵活的多波长网络选路重新安排光复用段连接；为保证多波长光复用段适配信息的完整处理光复用段开销；为网络的运行如复用段生存性和管理提供光复用段监控功能。

3. 光传输段层（OTS）

OTS 为光复用段信号在不同类型的光传输介质（如 G.652、G.653、G.655 光纤等）上提供传输功能，包括对光放大器的监控功能。

由于上述的光通道层、光复用段层和光传输段层所传输的信号均为光信号，故称它们为光层。

图 6-34 所示是光传送网从水平角度分层的一个示例，用于表示光传送网提供端到端的连接。由图中可以看出整个光传送网的分层结构，OCH 层、OMS 层、OTS 层形成客户/服

务者关系,服务层是为客户服务的,它是客户层网络的基础。OMS 段层由多个 OTS 段层组成,OCH 层又由多个 OMS 层组成。如果某一个 OTS 段层出现故障,必将影响相应的 OMS 段层和 OCH 段层。

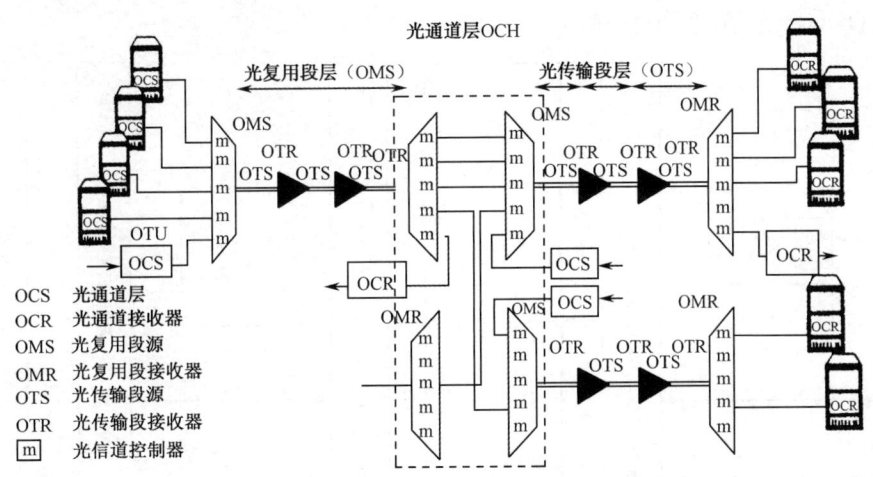

OCS 光通道层
OCR 光通道接收器
OMS 光复用段源
OMR 光复用段接收器
OTS 光传输段源
OTR 光传输段接收器
m 光信道控制器

图 6-34 光传送网的分层结构(用于端到端的连接)

根据 ITU-T 的 G.805 建议,光传送网的每层网络可以进一步分割成子网和子网间链路,以反映该层网络的内部结构。对传输网进行分层和分割,可以使复杂的网络变得简单,便于管理、规划和设计。当发生故障时,可以把故障的影响范围限制在最小的范围内,同时也便于故障的及时修复。

4. OTN 的 OTM 设备层次结构

从图 6-33 中单独列出 OTN 的光层结构,如图 6-35 所示。从 OTN 的光层结构图可以看出,各种不同用户信号,如 IP/MPLS、ATM、Ethernet、STM-N、GbE 等先映射到 OCH 中,然后通过 OCH、OMSn、OTSn 完成复用和映射,最终通过 OTM-0 或 OTM-n 送入光纤进行有效可靠的传输。

光传送模块 OTM 设备为 OTN 的关键节点设备。OTN 技术和 SDH 技术在功能上类似,只不过 OTN 所规范的速率和格式都有自己的标准,能够提供有关客户层信息的传送、复用、选路、管理、监控和生存性功能。图 6-36 所示是 OTN 的 OTM

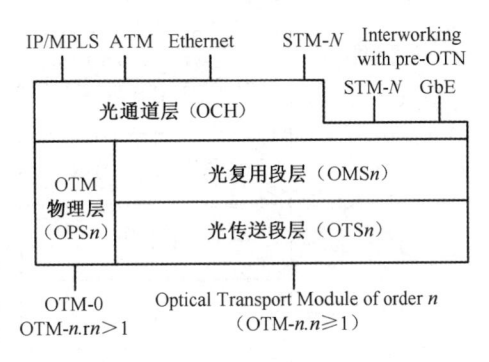

图 6-35 OTN 的光层结构图

设备功能模型,包括电层域内的业务映射封装、复用和交叉,光层域的传送和交叉。OTN 组网灵活,可以组成点到点、环形和网状网拓扑。

在 2001 年 ITU-T 发布的 G709/Y.1331 建议中将 OTM-n 分成两种不同的情况:一种是具有完整功能的 OTM 接口(OTM-$n.m$),另外一种具有简化功能的 OTM 接口(OTM-0.m 和 OTM-$nr.m$),其中 m 表示比特率,n 表示支持波长数,r 表示简化功能,如图 6-37 所示。

完整功能的 OTM-$n.m$($n \geq 1$)的光层结构包含光传输段层(OTSn)、光复用段层(OMSn)、光通道子层（OCh）、标准功能的光通道传输单元（OTUk/OTUkV）、光通道数据单元（ODUk）和光通道的净荷单元（OPUk）；简化功能 OTM-0.m 和 OTM-nr.m 包含光物理段层（OPSn）、简化功能的光通道子层（OChr）、标准功能的光通道传输单元（OTUk/OTUkV）、光通道数据单元（ODUk）和光通道的净荷单元（OPUk）。

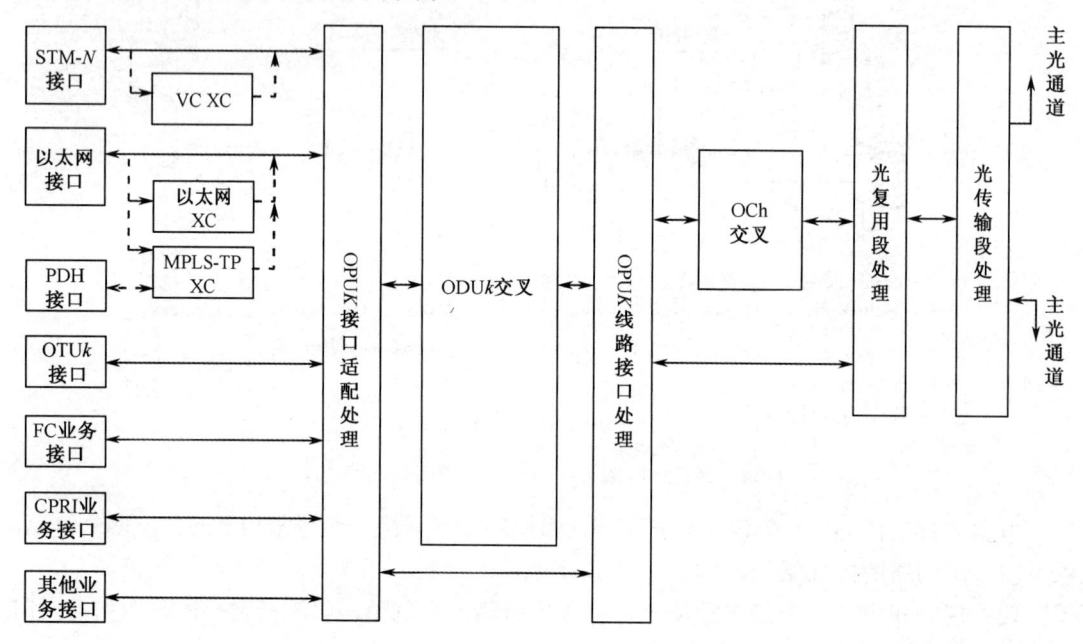

图 6-36　OTN 的光传送模块（OTM）设备功能模型

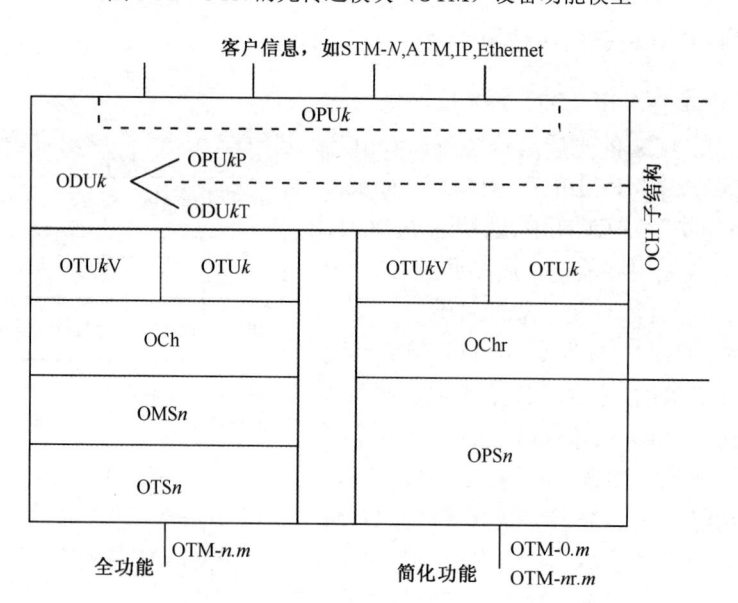

图 6-37　OTN 的全功能 OTM 和简化 OTM 的光层次结构

OPU 是提供客户信号的映射功能。ODU 是提供用户信号的数据封包、保护倒换、踪迹监测、通用通信处理等功能。OTU 是提供 OTN 成帧、FEC 处理、通信处理等功能。在波分复用设备中，发送端的 OTUk/OTUkV 单板可完成信号从用户信号（clinet）到光通道载波

（OCC）的变化，接收端的 OTUk/OTUkV 单板可完成信号从 OCC 到 clinet 的变化。

6.4.2 OTN 的帧结构与开销

OTN 帧格式与 SDH 的帧格式类似，通过引入大量的开销字节来实现基于波长的端到端业务调度管理和维护功能。用户业务信号经过 OPU、ODU、OTU 的 3 层封装最终形成 OTUk 单元。因此 OTUk 的帧结构实质就是 OTN 的（电层）帧结构。在 OTN 系统中，以 OTUk 为颗粒在 OTS（光传输段）中传送，而在 OTN 的 O/E/O 交叉时，则以 ODUk 为单位进行波长级调度。

OTN 的 G.709 帧结构相比于 SDH 帧结构要更为简单，同时开销更少。

1. OTUk 的帧结构

G.709 OTUk 的帧结构如图 6-38 所示。完全标准化 OTUk（k=1、2、3）帧由 ODUk 帧和 OTUk 附加的前向纠错（FEC）字节两部分组成。OTUk 帧共 4 行 4 080 列，以字节为单位，总共有 4×4080=16 320 字节。完整的 OTUk 帧由定帧字节（FAS）、OTUk 开销字节、ODUk 开销字节、OPUk 开销字节、客户信号映射 OPUk 净符字节和 OTUk 的用作前向纠错（FEC）开销字节组成。OTUk 帧在发送时按照先从左到右，再从上到下的顺序逐字节发送，不随客户信号速率而变化。

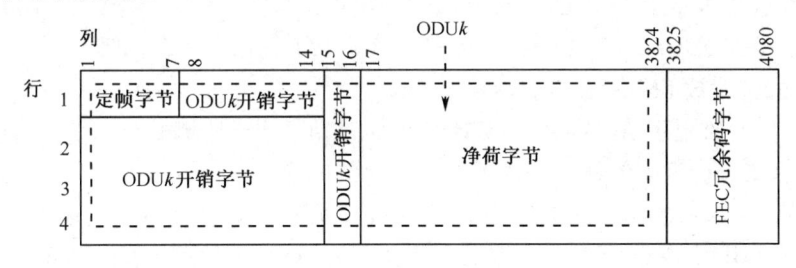

图 6-38 OTUk 的帧结构

OTUk 的帧结构与 SDH 相同的是采用固定长度的帧结构，对于不同速率的客户信号，如 OTU1（对应 STM-16 加 OTN 开销后的帧结构和速率）、OTU2（对应 STM-256 加 OTN 开销后的帧结构和速率）、OTU3 均具有相同的信息结构，即 4×4080=16 320 字节，但每帧的周期不同，帧的发送速率不同。当客户信号速率较高时，相对缩短帧周期，加快帧频率，而每帧承载的数据信号没有增加。这与 SDH STM-N 帧不同，STM-N 帧周期均为 125μs，不同速率信号其帧的大小不同。OTN 不需要全网同步，接收端只要根据定帧位开销（FAS）来确定每帧的起始位置即可。

OTUk 开销部分第 1 行的 1~6 列为定帧字节（FAS）、第 7 列为复帧标识字节（MFAS）、第 8~10 列为段层监控字节（SM）、第 11~12 列为两个 OTUk 终端之间进行通信而保留的通用通信通道字节（GCC0）、第 13~14 列为保留字节（RES）。GCC0 这两字节构成了两个 OTUk 终端之间进行通信的净通道，可用来传输任何用户自定义信息，G.709 标准中对这两字节的格式不作定义。

OTUk 的 FEC 的位置为 OTUk 信号帧的 3 825 列到最后一列 4 080，共 4 行。其功能增加了最大单跨距距离或跨距的数目，因而可以延长信号的总传输距离。在一个光放输出总功率有限的情况下，可以通过降低每通道光功率来增加光通道数。FEC 的出现降低了对器件指标和系统配置的要求。

2．ODUk 的帧结构

ODUk 的帧结构由两部分组成，分别为 ODUk 开销和 OPUk 帧，如图 6-39 所示。ODUk (k =1,2,3)帧结构基于字节块，共由 4 行和 3824 列组成。OPUk 帧将在下面的 OPUk 帧结构中介绍。这里介绍 ODUk 开销。

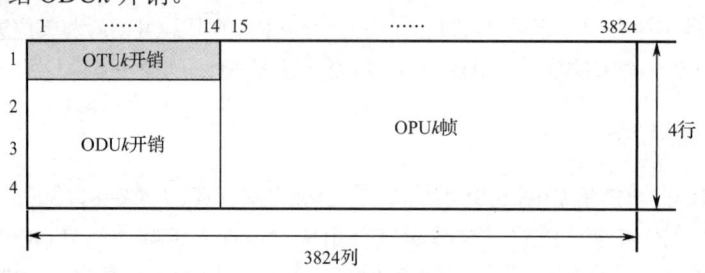

图 6-39 ODUk 的帧结构

ODUk 开销占用 OTUk 帧第 2,3,4 行的前 14 列。第 1 行的前 14 列被 OTUk 开销占据。ODUk 开销主要由 3 部分组成，分别为 PM、TCM 和其他开销。

PM 为路径监视字节，ODUk-PM 开销部分位置位于第三行，字节（3，10）至字节（3，12），共 3 字节。ODUk 的 PM 开销结构和 OTUk SM 开销差不多，唯一不同的是 SM-IAE 加 SM-RES 的位置被 PM-STAT 所代替

TCM 为串接监视字节，ODUk-TCM 开销部分为了便于监测 OTN 信号跨越多个光学网络时的传输性能，ODUk 的开销提供了多达 6 级的串连监控 TCM1-6。TCM1-6 字节类似于 PM 开销字节，用来监测每一级的踪迹字节（TTI）、负荷误码（BIP-8）、远端误码指示（BEI）、反向缺陷指示（BDI），判断当前信号是否是维护信号（ODUk-LCK，ODUk-OCI，ODUk-AIS），这 6 个串连监控功能可以以堆叠或嵌套的方式实现，从而允许 ODU 连接在跨越多个光学网络或管理域时实现任意段的监控。

3．OPUk 的帧结构

OPUk 用来承载实际要传输的用户净荷信息，由净荷信息和开销组成。开销主要用来配合实现净荷信息在 OTN 帧中的传输，即 OPUk 层的主要功能就是将用户净荷信息适配到 OPUk 的速率上，从而完成用户信息到 OPUk 帧的映射过程。

OPUk 的帧结构如图 6-40 所示。OPUk 的帧结构是一个以字节为单位的长度固定的块状帧结构，共 4 行 3 810 列，占用 OTUk 帧中的第 15 列至 3 824 列。

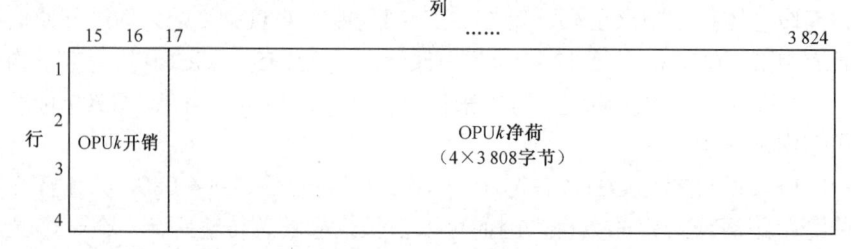

图 6-40 OPUk 的帧结构

OPUk 的帧由两部分组成,即 OPUk 开销和 OPUk 净荷。最前面的两列为 OPUk 开销(第15、16列),共 8 字节,第 17~3 824 列为 OPUk 净荷。

OPUk 开销结构规定了客户信号映射相关的开销,包括净荷类型标示、净荷映射过程中调整开销。

6.4.3 OTN 的复用映射结构

1. OTM-n 用户信号的复用映射结构

OTN 的 OTM-n 用户信号的复用结构和映射结构如图 6-41 所示。图中基本复用和映射单元包括光通道的净荷单元 OPUk、数据单元 ODUk、光通道数据支路单元群 OD TUGk、光信道载波 OCC、OCC 群 OCG-$n.m$ 和光通道(子层)OCh/OChr。

如图 6-41 显示了各种用户信息(SDH\IP\以太网等)可以按照一定复用映射结构接入OTM 中。由图 6-41 可见,当某一用户信号经过 OPU1 适配,映射到 ODU1,ODU1×4 复用到 OD TUG2。OD TUG2 作为大数据信号与另外用户信号复用到 OPU2、OPU2 映射到 ODU2,ODU2×4 和 ODU1×16 复用到 OD TUG3。OD TUG3 信号映射到 OPU3,OPU3 映射到 ODU3和 OTU 3[V]。OTU3 [V] 信号可以直接映射到简化功能的光通道信号 OChr 中,OChr 信号映射到简化功能的光通道载波 OCCr。OCCr 信号波分复用到一个光信道载波群 OCG-$n.m$。OCG-$n.m$ 依次映射到 OMSn、OTSn 和 OTM-$n.m$。

图 6-42 更详细地描述了用户信号首先被映射进 OPUk 的净负荷区,加上 OPUk 开销后便构成 OPUk,然后 OPUk 被映射到 ODUk,再到功能标准化 OTUk [V]或(OTUkV)。OTUk [V]信号可以直接映射到光通道信号(OCh/OChr)中。OCh/OChr 再被调制到光信道载波OCC/OCCr,最后多个 OCC/OCCr 波分复用形成一个光信道载波群 OCG-$n.m$,然后 OCG-$n.m$依次映射到 OMSn、OTSn 和 OTM-$n.m$。

2. 用户信息到 OTM 的适配过程

OTN 接口信息结构通过信息包含关系和流来表示。用户信号到 OTM 的适配过程,体现了基本信息包含关系,如图 6-42 所示。

由图 6-42 可知,OTN 中定义了两种客户信号适配进 OTN 的途径,分别是通过数据包适配进 ODU 和直接适配到 OCh。

用户信息通过加开销 OH 头部被映射到 OPUk,OPUk 加开销 OH 头部被映射到 ODUk,ODUk 加 OH 头部和带外前向纠错(FEC)映射 OTUk[V],OTUk[V] 映射到 OCh 或 OChr净荷,最后被调制到 OCC 或 OCCr。通过波分复用将最多 n(n>1)个 OCCr 波分复用到一个 OCG-$n.m$,再映射到 OMSn,OMSn 映射到 OTSn,OTSn 复用到 OTM-$n.m$。

OOS 为 OTM 开销信号,它由 OTS、OMS 和 OCh 开销组成。OOS 通过 OSC 来传送。OSC 为光监控信道。

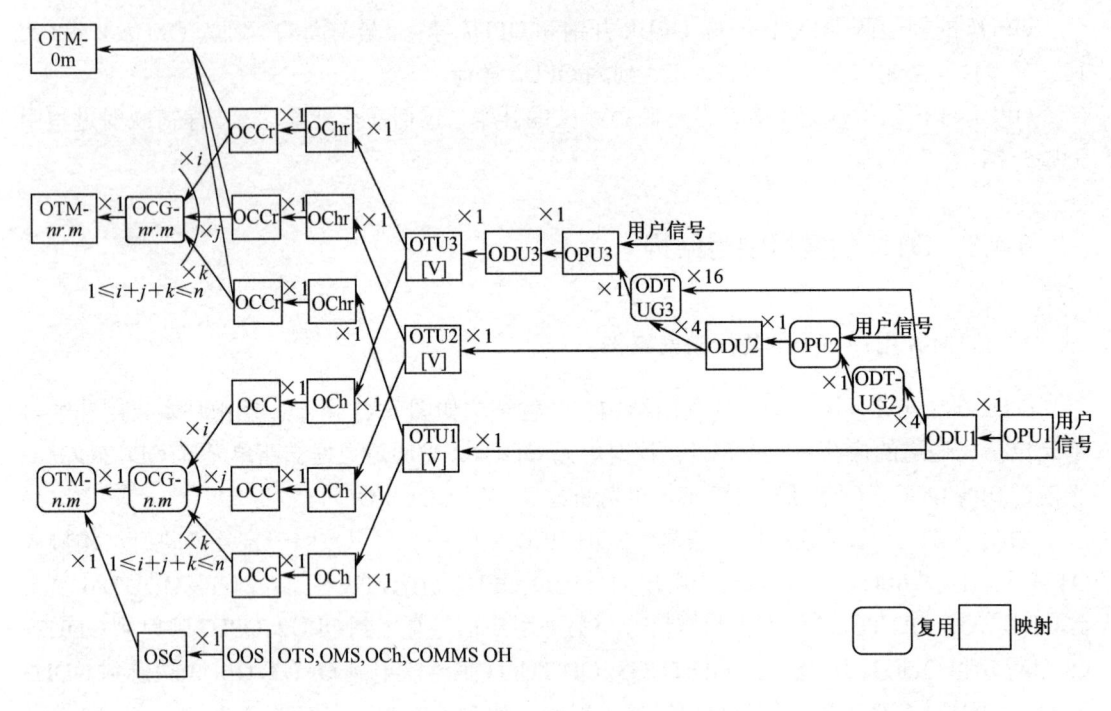

图 6-41 OTM-n 的复用和映射结构

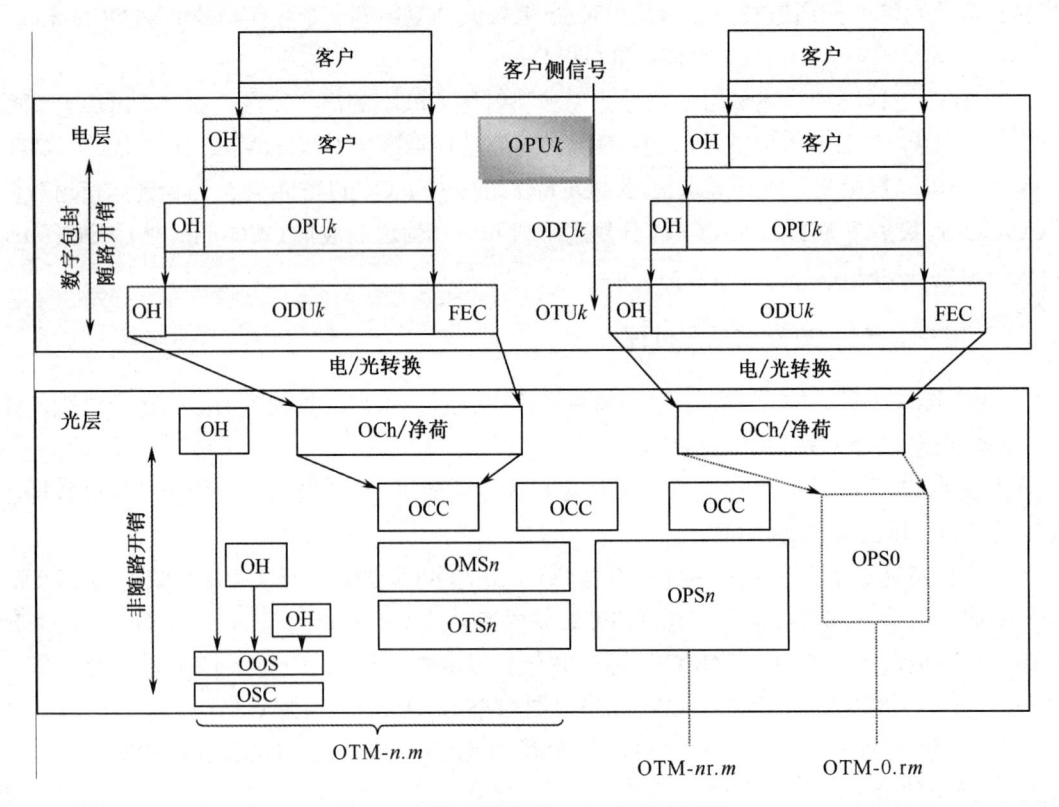

图 6-42 用户信号到 OTM 的适配过程

3. 比特速率和容量

OTUk 信号的类型、比特速率和容差见表 6.8。

表 6.8　OTU 类型、比特速率和容差

OTU 类型	OTU 标称比特速率/(kbit/s)	OTU 比特速率容差
OTU1	255/238×2 488 320	±20×10^{-6}
OTU2	255/237×9 953 280	
OTU3	255/236×39 813 120	
OTU4	255/277×99 532 800	

ODUk 信号的类型、比特速率和容差见表 6.9。

表 6.9　ODU 类型、比特速率和容差

ODU 类型	ODU 标称比特速率/(kbit/s)	ODU 比特速率容差
ODU1	239/238×2 488 320	±20×10^{-6}
ODU2	239/237×9 953 280	
ODU3	239/236×39 813 120	
ODU4	239/277×99 532 800	

OPUk 信号的类型、比特速率和容差见表 6.10。

表 6.10　OPU 类型、比特速率和容差

OPU 类型	OPU 净荷标称比特速率/(kbit/s)	OPU 净荷 比特速率容差
OPU1	2 488 320	±20×10^{-6}
OPU2	238/237×9 953 280	
OPU3	238/236×39 813 120	
OPU4	238/236×99 532 800	

OUTk/ODUk/OPUk 帧周期见表 6.11。

表 6.11　OTUk/ODUk/OPUk 帧周期

OTU/ODU/OPU 类型	周期/μs
OTU1/ODU1/OPU1/ OPU1-Xv	48.971
OTU2/ODU2/OPU2/ OPU2-Xv	12.191
OTU3/ODU3/OPU3/ OPU3-Xv	3.035
OTU4/ODU4/OPU4	1.168

6.5 OTN 的基本网元和组网保护

OTN 基本网元设备一般按用途可分为：光传送模块（OTM）、光线路放大设备（OLA）、光分插复用设备（OADM）、可重构光分插复用器（ROADM）、光波长交叉连接设备（OXC）和电层交叉连接器（OTH）6 种类型。本节只简单介绍 OTN 新增网元基本功能。

6.5.1 OTN 新增网元

1. ROADM

可重构光分插复用器（ROADM）是光传送网 OTN 采用的一种较为成熟的光交叉技术，ROADM 是相对于 DWDM 中的固定配置 OADM 而言的，其采用可配置的光器件，从而可以方便实现 OTN 节点中任意波长的上下和直通配置。

ROADM 为 OTN 网一个节点设备，它可以将任意数量的任意波长交叉调度到任意的上下路端口和任意的输出方向（实现交叉的波长无关性和方向无关性），是一种可以灵活进行波长调度、动态重构、有分插复用和交叉连接功能的 OTN 设备。ROADM 的结构可以分为两大类：波长阻塞型（WB）和波长选择型（WS）。

（1）波长阻塞型 ROADM

图 6-43 所示是两方向的波长阻塞型 ROADM 结构示意图。每个方向的输入信号经过光前置放大器（PA）后，采用光耦合器（Coupler）进行分路，分别送到下路解复用器（DMUX）和波长阻塞器（WB）。波长阻塞器阻断下路波长，让直通的波长与上路波长合在一起，经光功率放大器（BA）后输出。这种结构实现波长资源的可重构和多方向的波长重构，上下路较为灵活，成本较低。由于采用了光耦合器分路，可以支持波长广播/组播功能，适应 IPTV 类业务发展的需求。

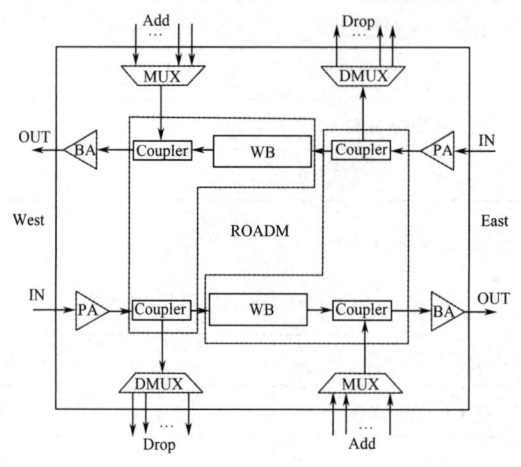

图 6-43 波长阻塞型（WB）的 ROADM 结构

（2）波长选择型 ROADM

波长选择型的单方向 ROADM 结构示意图如图 6-44 所示。由于波长选择开关（WSS）

可以将输入的多波长信号中的任意波长和任意数目的波长组合输出到任意输出端口上，因此，这种结构具有很强的端口和波长的重构特性，具体功能如下：

① 支持任意波长从任意端口上下，即具有端口的波长无关性。

② 支持群路上下，一个光端口同时上下多个波长，并可任意选择某端口的上下路波长及波长数目。

③ 通过图 6-44 中的交叉输入/输出端口很容易扩展为多方向 ROADM，并实现不同方向波长的交叉连接，实现方向无关性。

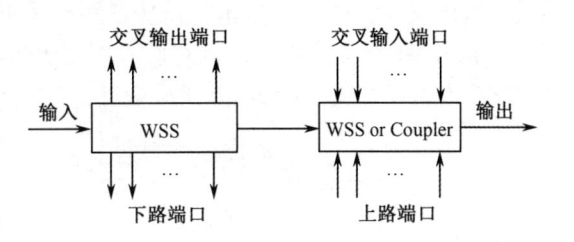

图 6-44 波长选择型的 ROADM 结构

图 6-45 所示是一个 4 个方向的波长选择型 ROADM 结构，任意方向输入的 WDM 信号经 WSS 选择后可以实现波长无关、端口无关的上下路；对不同方向的 WDM 链路，可以按照需要实现可控、可重构的交叉连接。以西向为例，输入的 WDM 信号经过 WSS 选择可以在本地下路，或直通到其他方向；本地下路的信号经过另外一个 WSS 可以指配到任何一个下路端口；上路光信号通过耦合器与直通部分及其他方向交叉来的信号合在一起，从东向输出。ROADM 不仅可以用在环网中，多方向的 ROADM 作为波长交叉连接设备在网孔网中也有重要应用。

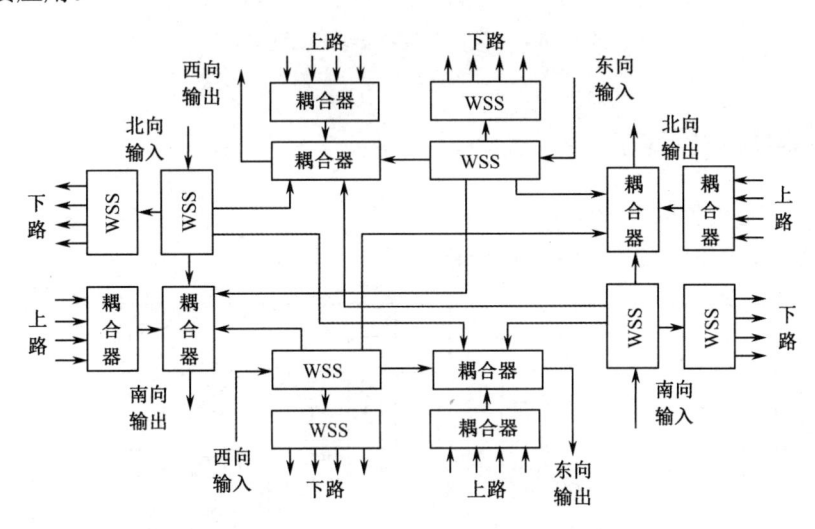

图 6-45 4 个方向的波长选择型 ROADM 结构

2. OXC

OXC 是光波长交叉连接设备，它还可以同时具备 ODUk 交叉和 OCh 交叉调度，OXC 设备功能示意图如图 6-22 所示。

3. OTH

电层交叉连接器（OTH）是具有波长级电交叉能力的 OTN 设备，主要完成电层的波长交叉和调度或电交叉连接矩阵实现 OXC 波长交叉。交叉的业务是以 ODUk 颗粒进行映射、复用和交叉，这和传统 SDH 设备 VC-12 和 VC-4 交叉比较类似。OTH 电层交叉速率可以是 2.5 Gbit/s、10 Gbit/s 和 40 Gbit/s。OTH 的主要优点是适用于大颗粒和小颗粒业务；支持子波长一级的交叉；O/E/O 技术使得传输距离不受色散等光特性限制；ODUk 帧结构比 SDH 简单，和 SDH 交叉技术相比具有低成本的优势。OTH 设备功能示意图如图 6-46 所示，图中 E-XC 为电层交叉连接矩阵，收、发机完成 O/E 和 E/O 变换。

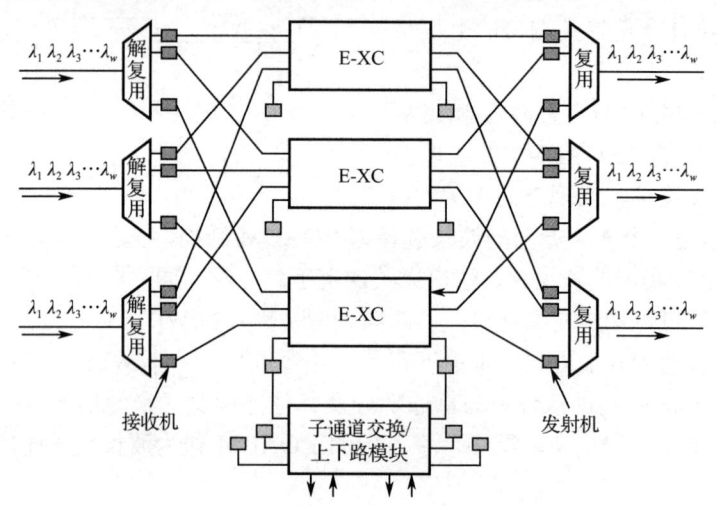

图 6-46 电层交叉连接器功能示意图

6.5.2 OTN 组网保护

OTN 目前可提供如下几种保护方式。

（1）光通道 1+1 路由保护如图 6-47 所示。

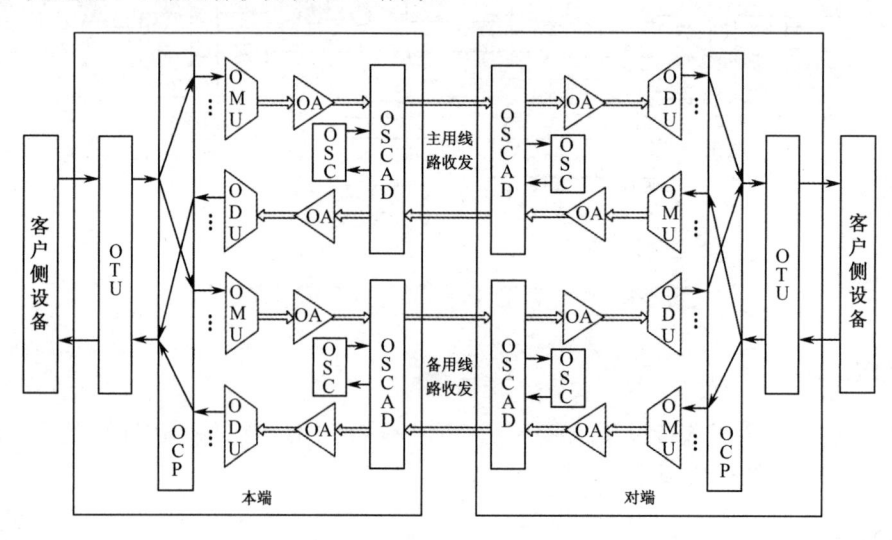

图 6-47 光通道 1+1 路由保护

（2）光复用段 1+1 保护如图 6-48 所示。

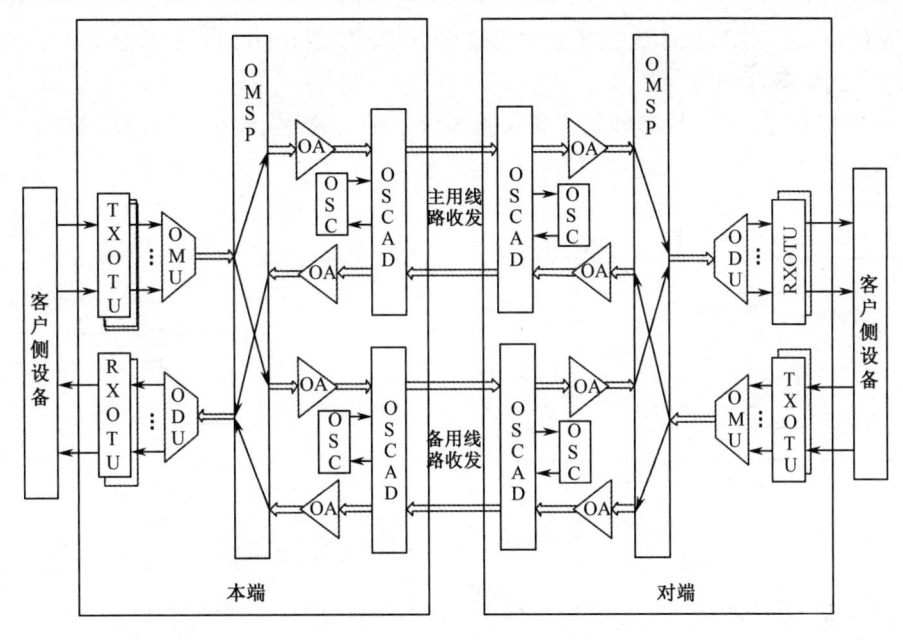

图 6-48 光复用段 1+1 保护

（3）光线路 1+1 保护如图 6-49 所示。

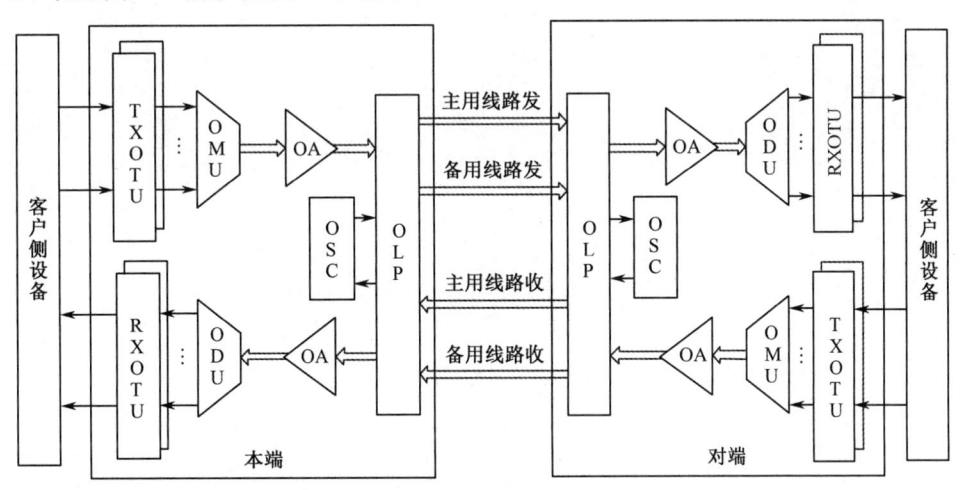

图 6-49 光线路 1+1 保护

习 题 6

1．比较波分复用（WDM）和密集波分复用（DWDM）在定义上的差别。
2．用 6 个 DWDM 器件设计出 4 端口的波长路由器，要求画出设计结构（光路）图，将波长分配标注在图上。
3．简述实现 DWDM 系统的关键技术。
4．画出实用 DWDM 系统基本结构图，并解释每一部分的功能。

5. 现有 32 波的 DWDM 的二纤双向共享自愈环，如图 6-50 所示。若 B 与 C 之间断纤，指出 A 与 C 的业务流向。

6. 将 DWDM 的网络基本单元，填入图 6-51 所示的网络 A, B, C, D, E, F, G, H, I, J 结构中。

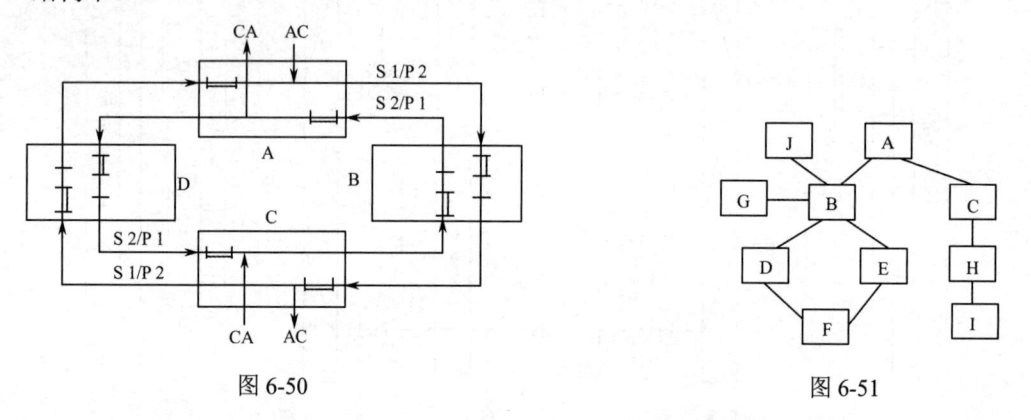

图 6-50

图 6-51

7. OTN 与 SDH 的分层主要区别是什么？OTN 的主要技术优势有哪些？
8. 基于光层交叉的 ROADM 与 OADM 的主要区别是什么？
9. 基于电层交叉的 OTH 特点有哪些？

第 7 章　PTN 分组传送网络

随着 SDH/MSTP/WDM 技术的发展，传送网的容量问题、生存性问题、QoS 保障问题已基本得到解决。为了能够灵活、高效和低成本地承载各种业务尤其是数据业务，分组传送网络（PTN）技术应运而生。

PTN 是基于分组交换面向连接的多业务统一传送技术，PTN 已成为全 IP 化的宽带网络核心技术之一，成为数据网和传送网融合发展的重要方向之一。PTN 大多应用于移动基站 NodeB 到 RNC 之间的信息传输，这一段信息传输被业界称为回传。

在 PTN 技术基础上，进一步演进推出 ATN（IP-RAN），IP-RAN（Radio Access Network，RAN）是用三层和二层技术（在核心汇聚层用三层技术，接入层用二层技术），表示全 IP 化的移动承载网络，承载 NodeB 到 RNC 之间或 eNB 到 MME/SGW 之间的网络流量。PTN 与 ATN，其基本概念和工作原理相似，硬件相同，软件不同。其系列产品的使用有所区别。PTN 用的软件在传输平台开发，ATN 则在数通平台开发，这样两者的命令接口就不同。

ATN 定位于城域网络边缘，面向多业务，但仍然支持端到端城域以太业务的接入、汇聚和核心分组传送。ATN 技术主要为移动通信 3G、4G 业务承载服务。同时，网管系统支持 PTN、微波、MSTP、波分设备统一管理，有效避免了多设备网管间的分界盲区，大大提高网络运维品质。

在 PTN 技术基础上，又演进出分组光传送网（POTN），它也是面向连接的分组传输网。POTN 定位于城域网的应用。POTN 从狭义的角度理解，是指 PTN 和 OTN 的有效融合；从广义的角度理解，是指对现有 OTN 进行改造，使得 OTN 网络适应业务层面的分组化，其技术特点是引入了任意固定比特率的映射方式，以适应各种类型、各种速率业务流，如 1 Gbit/s、10 Gbit/s 及 100 Gbit/s 的透明传输被认为是替代 SDH 的最好传输容器。

POTN 的优势是既解决大容量传送，又实现分组业务的高效处理。从便于运维、减少传送设备种类和从降低综合成本的角度出发，需要将 PIN+OTN 的功能有机融合。

本章从技术与应用的角度，较详细地介绍 PTN 的基本概念、体系结构、业务承载与数据转发、网络安全及在 3G、4G 传输承载网络中的应用等内容。

7.1　PTN 的基本概念

7.1.1　PTN 的基本概念及特点

1. PTN 的基本概念

网络的扁平化、宽带化、移动化、全 IP 化已成为当今网络发展的大方向。然而传统的传送网和数据网络由于受到其技术的限制,已越来越成为影响业务、网络 IP 化发展的障碍。在这种背景下,能够较好地承载电信级以太网业务,又能兼顾传统 TDM 业务(如 OTN、STM-N、xDSL 等),并继承了 SDH/MSTP 良好的组网、保护和可运维能力的分组传送网(PTN)技术的出现,适时地顺应了时代发展步伐。

PTN 是一种能够面向连接,以分组交换为核心的,承载电信级以太网业务为主,兼容传统 TDM、ATM 等业务的综合传送技术。它是针对分组业务流量的突发性和统计复用传送的要求而设计的。目前主要在移动通信 3G、4G 基站回传网(从 NodeB 到 RNC 之间或 eNode 到核心网之间的信息传输)的 IP 化和宽带化接入传输中得到了广泛应用。

目前,PTN 已形成传送-多协议标签交换(T-MPLS)和面向连接以太网(PBB-TE)两大类主流实用技术,前者是传输技术与 MPLS 技术结合的产物,后者基于以太网增强技术发展而来,即电信级以太网技术。PTN 技术的演进线路如图 7-1 所示。

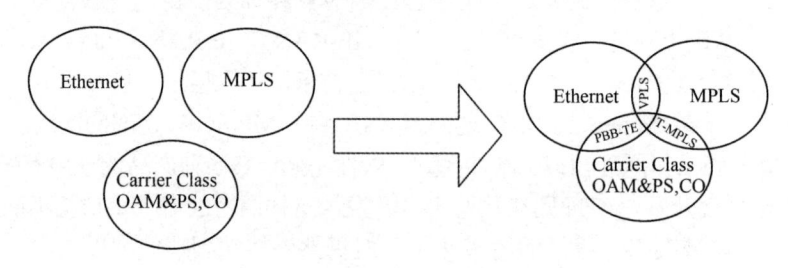

图 7-1 PTN 技术的演进线路

2. PTN 的特点

PTN 技术基于分组构架,PTN 网络是 IP/MPLS、以太网和传送网(如 OTN、STM-N、xDSL 等)三种技术相结合的产物,适用于承载电信运营商的无线回传网络、以太网专线、L2 VPN 及 IPTV(Internet Protocol Television)等高品质的多媒体数据业务。

PTN 具有如下技术特点。

(1)基于全 IP 分组内核。秉承 SDH 端到端连接、高性能、高可靠、易部署和维护的传送理念,保持传统 SDH 优异的网络管理能力和良好体验。

(2)提供时钟同步。PTN 不仅继承 SDH 的同步传输特性,而且可根据相关协议的要求支持时钟同步。

(3)融合 IP 业务的灵活性和统计复用、高带宽、高性能、可扩展的特性。

(4)具有分层的网络体系架构。

(5)继承了 MPLS 的转发机制和多业务承载能力。PTN 采用 PWE3/CES(端到端伪线仿真/电路仿真业务)技术,包括 TDM/ATM/Ethernet/IP 在内的各种业务提供端到端的、专线级别的传输管道。与数据通信方案不同,在 PTN 中即使数据业务也要通过伪线仿真,以确保连接的可靠性,而不是提供给电路层由动态电路来实现。

(6)提供完善的 QoS 保障能力,将 SDH、ATM 和 IP 技术中的带宽保证、优先级划分、同步等技术结合起来,实现承载在 IP 之上的 QoS 敏感业务的有效传送。

总之,PTN 作为具有分组和传输双重属性的综合传送技术,不仅能够实现分组交换、高可靠性、多业务、高 QoS 功能,而且还能提供端到端的通道管理、端到端的 OAM 操作维护、传输线路的保护倒换、网络平台的同步定时功能，同时所需传输成本最低。

7.1.2 PTN 的标准

PTN 有两类主流实现技术，即 T-MPLS 和 PBT（或 PBB-TE）。这两类技术具有类似的功能，都满足面向连接、可控可管的因特网传送要求，但具体细节上又有一定差别，在标签转发和多业务承载方面的主要区别如下。

一是两者采用的标签和转发机制不同。T-MPLS 采用 MPLS 的标签交换路径（Label Switch Path，LSP）（局部标签），在 PTN 网络的核心节点进行 LSP 标签交换；PBB-TE 采用运营商的 MAC 地址+VLAN 标签（全局标签），在中间节点不进行标签交换，标签处理上相对简单一些。

二是多业务承载能力不同。T-MPLS 采用伪线电路仿真（PWE3）技术来适配不同类型的客户业务，包括以太网、TDM 和 ATM 等；PBB-TE 目前主要支持以太网专线业务。

1. T-MPLS

传送-多协议标签交换（T-MPLS）是从 IP/MPLS 发展而来的。以 T-MPLS 为代表的 PTN 设备，作为 IP/MPLS、以太网承载技术和传送网技术相结合的产物，是目前 CE（Carrier Ethernet）的最佳实现技术之一。

T-MPLS 是一种面向连接的分组交换网络技术，利用 MPLS 标签交换路径（LSP），省去 MPLS 信令和 IP 复杂功能，支持多业务承载，独立于客户层和控制面，并可运行于各种物理层技术，具有强大的传送能力（QoS、OAM 和可靠性等）。

T-MPLS 可以看作是基于 MPLS 标签的管道技术，利用一组 MPLS 标签来标识一个端到端的转发路径（LSP）。T-MPLS 的 LSP 分为两层，内层为 T-MPLS 伪线（PW）层，标识业务的类型（如话音、IP 数据）；外层为 T-MPLS 隧道层（Tunnel），标识业务转发路径。

2. PBT/PBB-TE

PBT 是从以太网发展而来的、面向连接的以太网传送 PBB-TE 技术。PBB（运营商骨干桥接）解决了运营商和客户之间的安全隔离，并提供了网络的可扩展性，PBB-TE 增加了流量工程（TE），从而增强了 QoS 能力。

目前 PBT 主要支持点到点的传送，多点业务需要借助 PBB 和 PLSB（运营商链路状态桥接）技术的支持。由于 T-MPLS 与核心网络之间具有天然的互通性，因此目前 T-MPLS 已成为 PTN 的主流实现技术。

7.1.3 PTN 与 MSTP、以太网和 IP/MPLS 的性能比较

PTN 与 MSTP 的性能比较如表 7.1 所示；PTN 与以太网的性能比较如表 7.2 所示；PTN 与 IP/MPLS 的性能比较如表 7.3 所示。

表 7.1　PTN 与 MSTP 的性能比较

类　别	MSTP	PTN
网络总体成本	基于 SDH 体系，采用刚性管道，不具备分组的弹性和扩展性，带宽浪费严重	兼容 MSTP/WDM/OTH 主要部件，充分适应城域组网需求，适应网络演进需求，充分保护原有投资。网络总体成本低
面向连接特性	基于传统 SDH 的面向连接特性	相似的 SDH 面向连接的特性
OAM&PS 能力	基于传统 SDH 的 OAM&PS，满足电信级运营的要求	相似的 SDH 的 OAM&PS，满足电信级运营的要求
多业务承载能力	① 采用 TDM 结构承载分组业务，不能很好适应分组业务的特性，多次封装后降低了效率；② 受 SDH 架构限制，难以扩展，不符合网络分组化融合的趋势	① 通过 PWE3 机制支持现有及未来的分组业务，兼容传统的 TDM、ATM、FR 等业务；② 分组架构满足未来网络演进、业务扩展的需求
端到端管理能力	基于传统 SDH 的端到端管理	基于面向连接特性提供端到端的业务/通道监控管理
同步定时能力	不支持时间同步，不能在分组网络上为各种移动制式提供可靠的频率和时间同步信息	支持时钟/时间同步，可以在分组网络上为各种移动制式提供可靠的频率和时间同步信息

表 7.2　PTN 与以太网的性能比较

类　别	Ethernet Switch	PTN
网络总体成本	星形网络接入，技术简单，保护方案缺乏，不满足高品质业务需求。网络总体成本低	相似的 SDH 设计思想，组网灵活，充分适应城域组网需求，适应网络演进需求，充分保护原有投资。网络总体成本低
面向连接特性	无连接的特性	相似的 SDH 面向连接的特性
OAM&PS 能力	① 尽力而为的数据网络，OAM 非常欠缺；② 要依靠 STP/RSTP，不适合节点数众多的城域网络，倒换时间很长，从几秒到几十秒不等，不能满足电信级小于 50 ms 的要求	① 端到端、分层、分域和可靠的 OAM&PS 功能；② 为链形/环形/网孔形等各种网络提供最佳保护方式，硬件方式实现的快速保护倒换，满足电信级小于 50 ms 的要求
多业务承载能力	① 无法兼容原有传统业务；② 无法满足业务差异化 QoS 的需求	① 通过 PWE3 机制支持现有及未来的分组业务，兼容传统的 TDM、ATM、FR 等业务；② 智能感知业务，差异化 QoS 的服务
端到端管理能力	无法提供端到端的管理	基于面向连接特性提供端到端的业务/通道监控管理
同步定时能力	不支持时钟/时间同步，不能在分组网络上为各种移动制式提供可靠的频率和时间同步信息	支持时钟/时间同步，可以在分组网络上为各种移动制式提供可靠的频率和时间同步信息

表 7.3　PTN 与 IP/MPLS 的性能比较

类　别	IP/MPLS	PTN
网络总体成本	基于 IP/MPLS 技术架构，协议处理复杂，设备功耗大，价格昂贵。网络总体成本很高	既可全网部署，也可作为网关接入分组网络，组网灵活，适应网络演进需求，充分保护原有投资。网络总体成本低

续表

类别	IP/MPLS	PTN
面向连接特性	基于 IP/MPLS 技术架构，继承了过多 IP 无连接的特性	相似的 SDH 面向连接的特性
OAM&PS 能力	① OAM 主要基于 MPLS OAM，在故障管理、性能监视等方面与传统传输的要求有一定差距，不如 PTN 定义的功能强大；② 主要依靠 RR/FRR，需要软件控制重新路由，倒换时间偏长，很难达到电信级小于 50 ms 的要求	① 基于硬件机制实现层次化的 OAM，不仅解决了传统软件 OAM 因网络扩展性带来的可靠性下降问题，而且提供了延时和丢包率性能在线检测；② 保护功能完善，支持面向连接的链形/环网/网孔形保护，优化了保护的性能。满足电信级小于 50 ms 的要求
多业务承载能力	通过 PWE3 机制支持现有分组业务，兼容传统的 TDM、ATM、FR 等业务	通过 PWE3 机制支持现有及未来的分组业务，兼容传统的 TDM、ATM、FR 等业务
端到端管理能力	不能很好地提供端到端的管理	基于面向连接特性提供端到端的业务/通道监控管理
同步定时能力	不支持时钟/时间同步，不能在分组网络上为各种移动制式提供可靠的频率和时间同步信息	支持时钟/时间同步，可以在分组网络上为各种移动制式提供可靠的频率和时间同步信息

7.2 PTN 网络体系结构

7.2.1 PTN 的分层结构

按照下一代网络的体系构架，PTN（只讨论 T-MPLS）网络结构可划分为传送层、业务层和控制层，且从传送的角度分析，业务层与传送层的分离，各网络各司其职，以达到更高效运行的目的，同时要求作为服务层的传送网能够更好地提供分组传送业务，以适应全 IP 化环境发展的需求。

PTN 的分层结构，如图 7-2 所示，其中包括用户/客户业务层（Customer/Client service layer）、ETH(PTH)通道层（Channel layer）、PTN 通路层（Path layer）、PTN 段层（可选）和传输介质层 4 层结构。

（1）用户/客户业务层。该层表示任意客户信号，如以太网、IP/MPLS、TDM、ATM、FR 等。

（2）ETH(PTH)通道层。表示客户业务信息的特性，等效于 PWE3 的伪线层（或虚通道层）。该层封装客户业务进虚通道（VC）层，并传送虚通道（VC），提供客户信号点到点、点到多点、多点到多点的传送，提供 OAM、性能监控和子网连接（SNC）保护，如图 7-3 所示。

（3）PTN 通路层。该层封装和复用的虚通道（VC）放进虚通路（VP），并传送和交换虚通路(VP)，提供通过配置的点到点和点到多点虚通路(VP)层链路来支持 VC 层。T-MPSL 的 VP 层即隧道层。

图 7-2 PTN 的分层结构

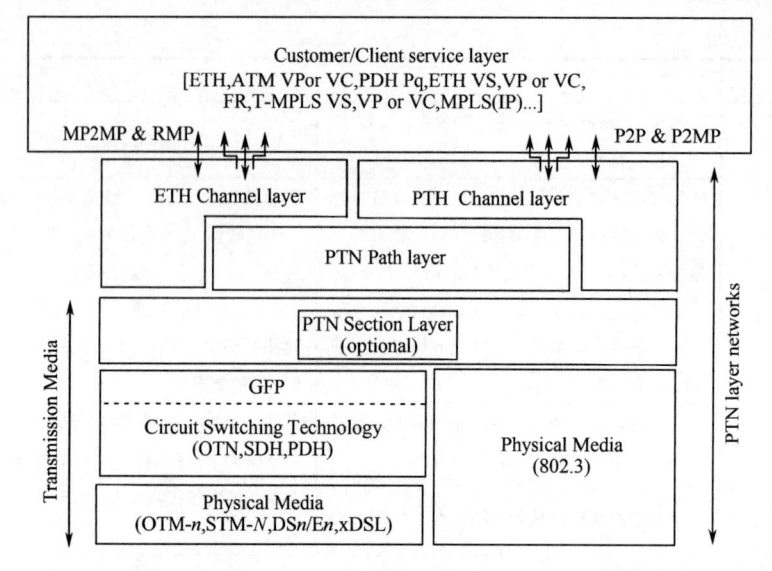

P2P：对等（点到点）；P2MP：点到多点；MP2MP：多点到多点；
RMP：路由选择管理协议

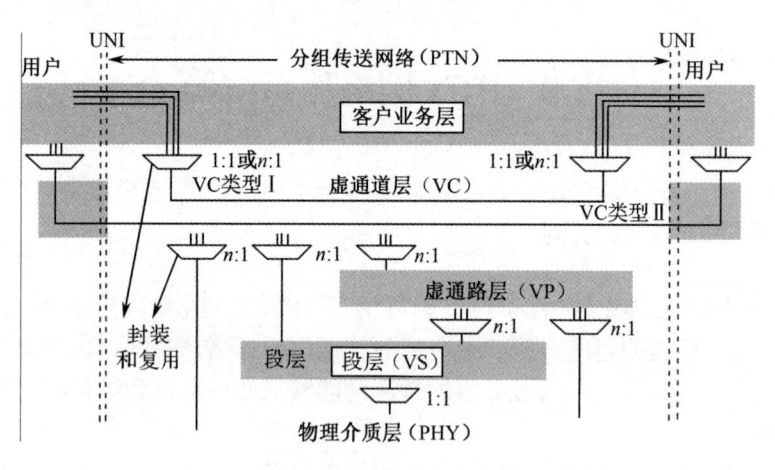

图 7-3 PTN 的分层与分域

（4）传输介质层（Physical Media）。它包括分组传送段层（Section Layer）和物理介质层（简称为物理层）。段层表示相邻的虚层连接，如 SDH、OTN、以太网或者波长通道，主要用来提供虚段（VS）层信号的 OAM 功能。物理介质层表示所使用的传输介质，如光纤、铜缆、微波等。

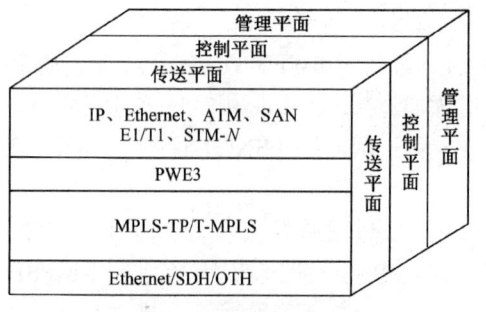

7.2.2 PTN 的功能平面

PTN 的功能平面由 3 个层面组成，即传送平面、管理平面和控制平面，如图 7-4 所示。

图 7-4 PTN 的功能平面

1. 传送平面

传送平面提供两点之间用户分组信息传送,也提供控制和网络管理信息的传送。

传送平面实现对 UNI 接口的业务适配、基于标签的业务报文转发和交换、业务 QoS 处理、面向连接的 OAM 和保护恢复、同步信息的处理和传送及线路接口的适配等功能。需要说明的是,传送平面上的数据转发是基于标签进行的。由于 T-MPLS 与 PBT 的实现技术不同,因而各自所采用的标签也不同。

2. 管理平面

管理平面实现网元级和子网级的拓扑管理、配置管理、故障管理、性能管理、计费管理和安全管理等功能。

3. 控制平面

控制平面是由信令网络支撑的,其中包括能够提供路由、信令、资源管理等特定功能的一系列控制元件。控制平面的主要功能包括通过信令支持建立、拆除和维护端到端连接的能力;通过选路为连接选择合适的路由;网络发生故障时,执行保护和恢复功能;自动发现邻居关系和链路信息,发布链路状态信息,以支持连接建立、拆除及保护恢复功能。

7.3 PTN 网元结构

7.3.1 PTN 网元分类

根据网元在一个网络中所处的位置不同,PTN 网元可分为 PTN 网络边缘节点(PE)和 PTN 网络核心(P)节点两类。PE 是与客户网络边缘设备(CE)直接相连的 PTN 网元。而在 PTN 中进行 VP 隧道转发或交换的节点称为节点(P)。PTN 网元在网络中所处位置如图 7-5 所示。

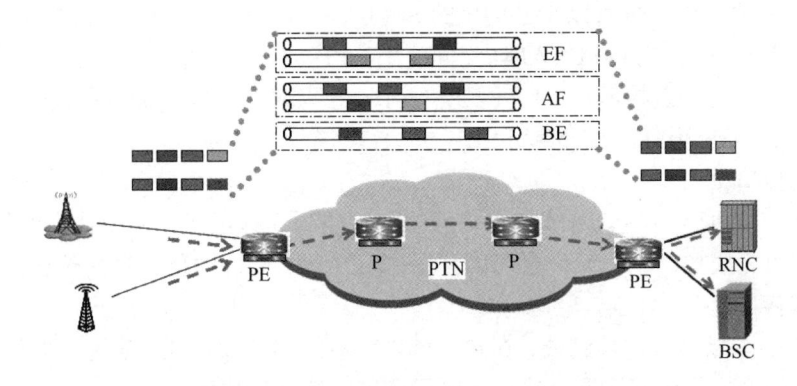

图 7-5 PTN 网元在网络中所处的位置

网络入口（PE）用于识别用户业务，进行接入控制，将业务的优先级映射到隧道的优先级；转发节点（P）根据隧道优先级进行调度；网络出口（PE）要完成弹出隧道层标签，还原业务自身携带的 QoS 信息。图 7-5 所示是提供端到端的区分服务。

需要说明的是，PE 节点和 P 节点均具有逻辑处理功能。通常对任意给定的 VP 管道而言，一个特定的 PTN 网元只能承担 PE 节点或 P 节点的一种功能。而对于某一 PTN 网元所同时承载的多条 VP 管道而言，该 PTN 网元可能既是 PE 节点，又是 P 节点。

7.3.2 PTN 网元的功能结构

PTN 网元的功能模块是由传送平面、管理平面和控制平面构成的，如图 7-6 所示。

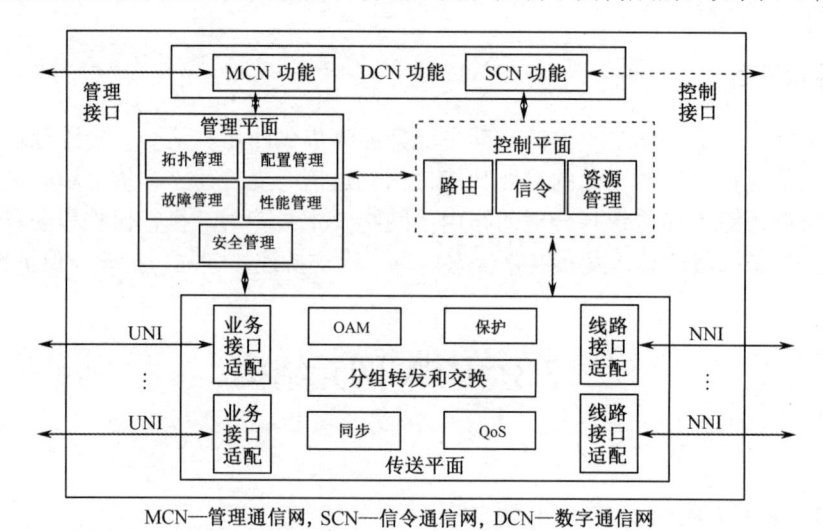

MCN—管理通信网，SCN—信令通信网，DCN—数字通信网

图 7-6 PTN 网元的功能模块示意图

（1）传送平面接口

包括客户网络接口（UNI）和网络单元接口（NNI）两类。

① UNI 接口：用于连接 PTN 网元和客户设备的接口，其中的客户设备接口可以是 FE/GE/10GE 等以太网接口，也可以是通道化的 STM-1（VC-12）接口或 STM-1（VC-4）接口（可选）或者 PDH E1 或 IMA（ATM 反向复用）E1 接口（可选）。

② NNI 接口：用于连接两个 PTN 网元的接口，分为域内接口（IaDI）和域外接口（IrDI），具体可使用 GE/10GE 接口，也可使用 SDH 或 OTN 接口（可选）。

（2）控制接口

控制平面由提供路由和信令等特定功能的一组控制元件组成，并用信令网作为支撑。通过控制接口可完成控制平面元件之间的互操作及元件之间的通信信息流传递。

（3）管理接口

PTN 管理系统能够提供端到端、在管理域内或域间的故障管理、配置管理和性能管理。通过管理接口可完成用于实现网元级和子网级管理的信息流传送。

7.3.3 PTN 的业务承载与数据转发

PTN 强调分组传送，实施传统的传送网 IP 化，且面向连接的多业务传送。PTN 采用多业务全 IP 化统一传送过程，如图 7-7 所示。

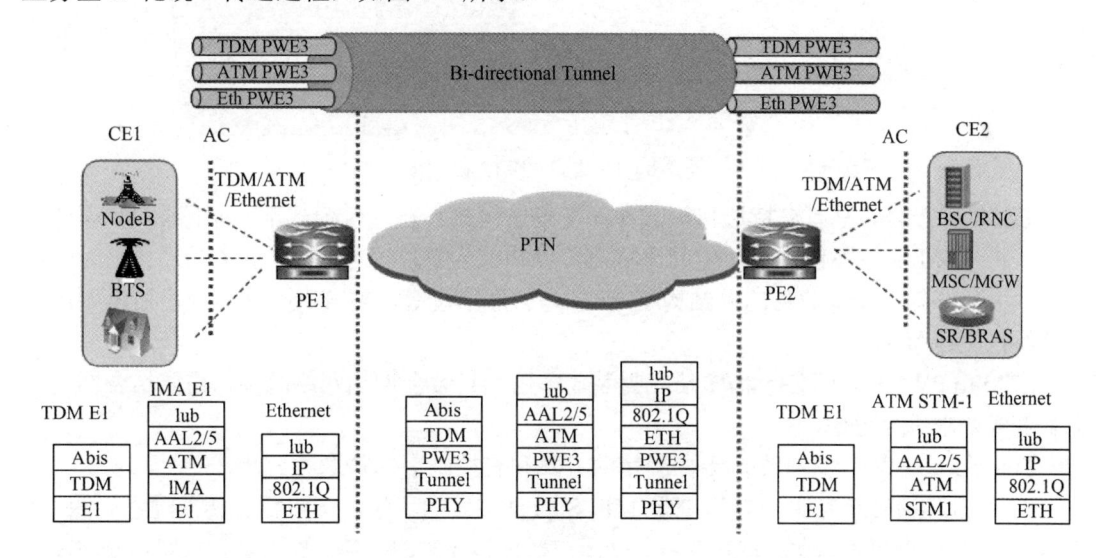

图 7-7 PTN 多业务全 IP 化统一传送原理图

PTN 具有支持 TDM E1/ IMA E1/ POS STM-*N*/ STM-*N*/FE/GE/10GE 等多种接口。

接入链路（AC），AC 定义为 CE 到 PE 之间的虚链路。

PWE3 是一种端到端的业务伪线仿真技术，是一种业务仿真机制。PWE3 是在 IP 或 MPLS 包交换网络（PSN）上模拟（仿真）如以太网、ATM、TDM 等电信业务的本质特性，对要传输的原始业务提供封装，在封装时尽可能忠实地模拟业务的行为和特征，管理时延和顺序，并在 MPLS 网络中构建起标签交换路径（LSP）隧道，实现透明传递客户边缘设备的各种二层业务。通过 PWE3 实现 TDM/ATM/IMA 灵活的协议处理、业务感知和按需配置。在接收端，再对接收到的业务进行解封装、帧校验、重新排序等处理后还原成原始业务。

为了使两个客户网络边缘设备（CE）能够在包交换网络上进行通信，两个边缘路由器设备（PE1、PE2）之间需要提供一个或者多个伪线通道（PW）。PW 实际表示端到端的连接，通过隧道（Tunnel）承载，在 PTN 内部网络不可见伪线 PW。就像是一条本地 AC 到对端 AC 之间一条直连通道，对于 CE 设备来说，核心网络也是透明的。原始数据单元（如比特、信元、数据报文等）通过接入链路 AC（AC 是 CE 到 PE 之间的虚链路）传送而到达 PE，并且被封装进 PW 报文，然后通过下层包交换网络承载。PE 设备的功能是对 PW 报文进行封装、解封装，以及其他像报文顺序或者定时等 PW 伪线技术需要的功能。

在 PTN 网络中，客户数据被分配两类标签，即业务类别的伪线（PW）标签和交换路径隧道（Tunnel）标签，如图 7-8 所示。

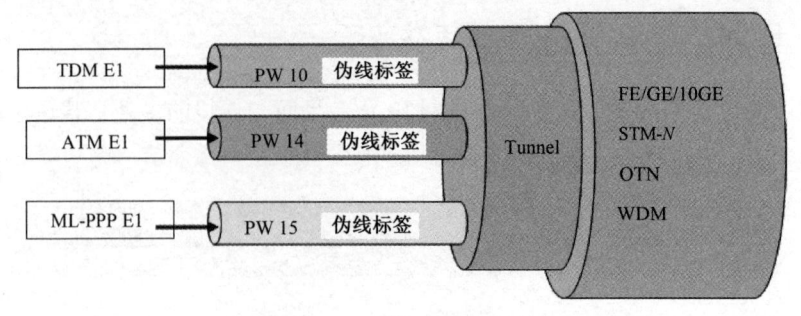

图 7-8　PTN 的两类标签示例

TDM to PWE3 具有支持透传模式和净荷提取模式。在透传模式下，不感知 TDM 业务结构，将 TDM 业务视作速率恒定的比特流，以字节为单位进行 TDM 业务的透传；对于净荷提取模式感知 TDM 业务的帧结构/定帧方式/时隙信息等，将 TDM 净荷取出后再顺序装入分组报文净荷传送。

ATM to PWE3 具有支持单/多信元封装，多信元封装会增加网络时延，需要结合网络环境和业务要求综合考虑。

Ethernet to PWE3 具有支持无控制字的方式和有控制字的传送方式。

PTN 的 T-MPLS 数据转发机制是 MPLS 数据转发的子集，用户数据转发过程如图 7-9 所示。用户数据转发过程分为三步，一是用户数据在 PTN 网络标签边缘交换路由器 PE 节点，被封装进 PW 报文，并加上业务类别的伪线 PW 标签号（PW_L）和交换路径的隧道标签号（tunnel_Lx）；二是在 MPLS 网络中 PW 报文每经过标签交换路由器 P 节点时，保留伪线 PW 标签号（PW_L）转发隧道标签号；三是当 PW 报文到达 PTN 网络的 PE 节点时，剥离标签还原成用户数据。

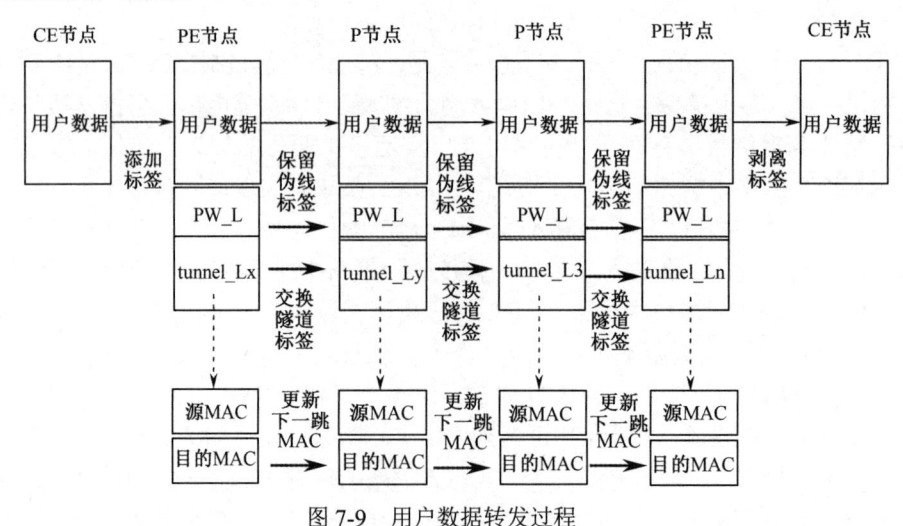

图 7-9　用户数据转发过程

7.4　PTN 组网应用及保护机制

传送网从 MSTP 到 PTN 是大势所趋。在网络向全 IP 化演进的大背景下，在终端如手机、

PC 已经以 IP 为基础实现各种各样的业务接入，PTN 出现是必然的。

7.4.1 PTN 组网应用

基于 PTN 网元设备，PTN 的具体组网策略已成为各移动运营商关注的焦点。PTN 在城域网中的定位相比 MSTP 网络，其劣势在于 TDM 业务的接入网技术。虽然 PTN 也可以通过仿真支持 TDM 业务，但接入能力有限，只能作为 TDM 业务承载的补充手段，所以用于承载高 QoS 需求的 IP 化业务，才能真正发挥 PTN 的优势。

城域网一般分为城域核心层/汇聚层以及城域接入层。对于骨干网的干线传输一般采用 SDH 设备、OTN 设备或 DWDM 设备，PTN 技术不适合在核心层以上的骨干网应用；汇聚层一般采用大容量的 10 Gbit/s/2.5 Gbit/s SDH 或 10GE PTN 设备；接入层一般采用小容量的 155 Mbit/s/622 Mbit/s SDH 设备或 GE PTN 设备。PTN 的优势非常适用于城域网的汇聚层、接入层 IP 化业务量大、突发性强的特点，如图 7-10 和图 7-11 所示。

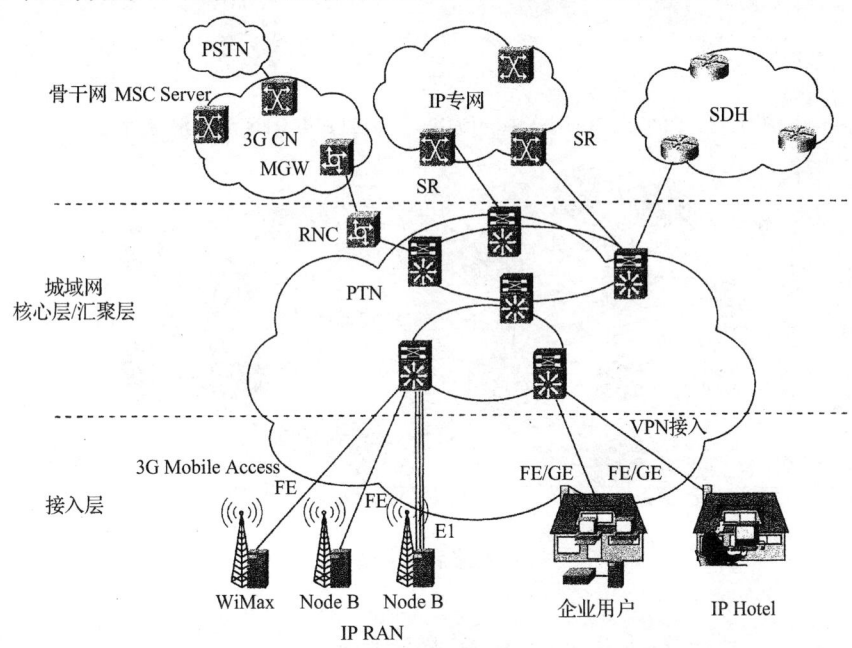

CN—核心网络，MGW—媒体网关，RNC—无线网络控制器

图 7-10 PTN 在网络中的应用定位

随着 LTE 的规模部署，PTN 网络带宽将面临巨大的挑战，如何进行网络平滑演进和带宽提速，将关系到全业务能否顺利开展。核心层/汇聚层引入 PTN 40GE 组网，满足了 LTE 带宽需求，避免了 $N\times 10$ GE 环路的大量叠加，不需要 OTN 下沉至汇聚，降低了网络成本和运维难度。城域 PTN 网络主要承载基站回传业务、大客户专线等，其最大的带宽压力表现在 LTE 业务的承载上。

PTN 是一种分组传输技术，可以承载以太网业务、IP/MPLS 业务和 TDM 业务。PTN 网络主要为移动通信组网而设计，故大多用于移动通信系统的基站与基站控制器之间的回传信号（见图 7-12）。PTN 分组传输网络同样可以应用在其他电信传送网络中，作为省会城市核心层网络或地市核心层或长途干线网传输，目前正在研究新型 PTN 技术在省内核心层干线组网的使用方案，如图 7-13 和图 7-14 所示。

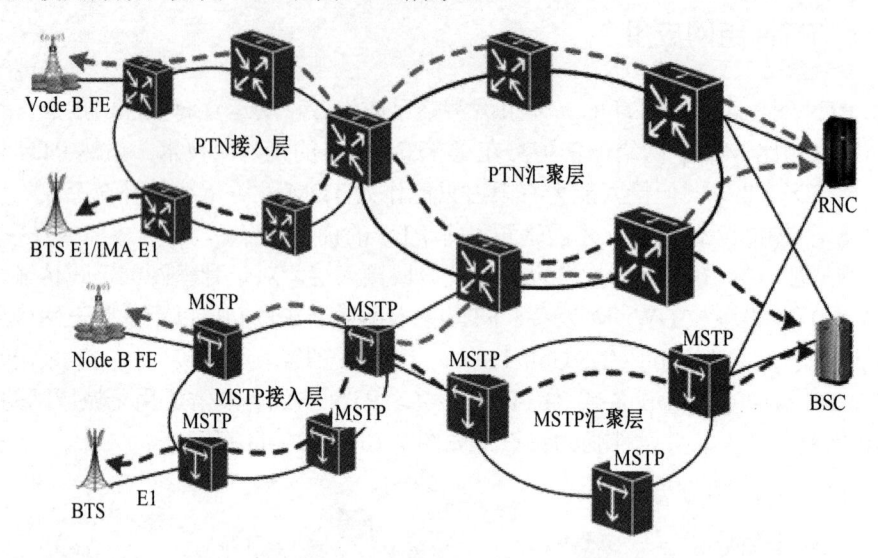

图 7-11 PTN 在 3G 网络中的应用——MSTP 与 PTN 局部混合组网

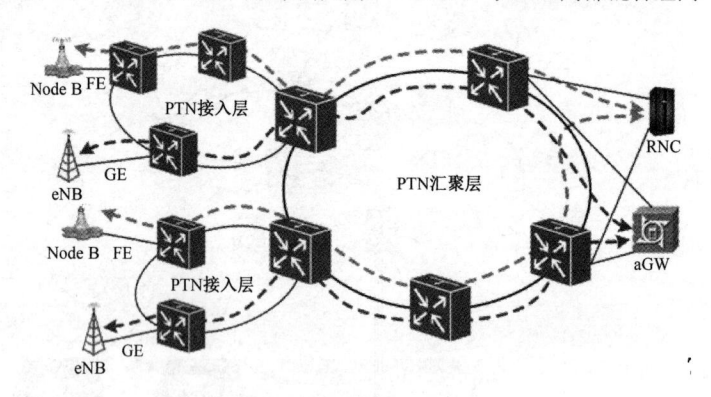

图 7-12 3G 网络后期应用 PTN 组网

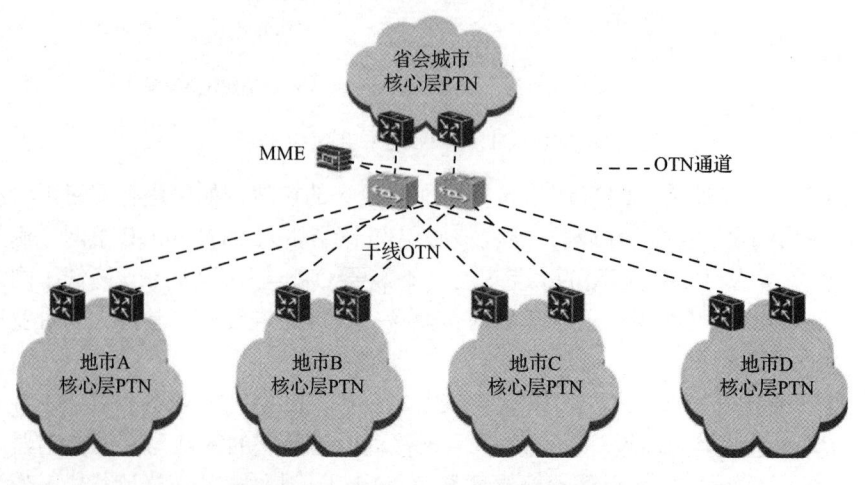

图 7-13 新型 PTN 核心层组网方案 1

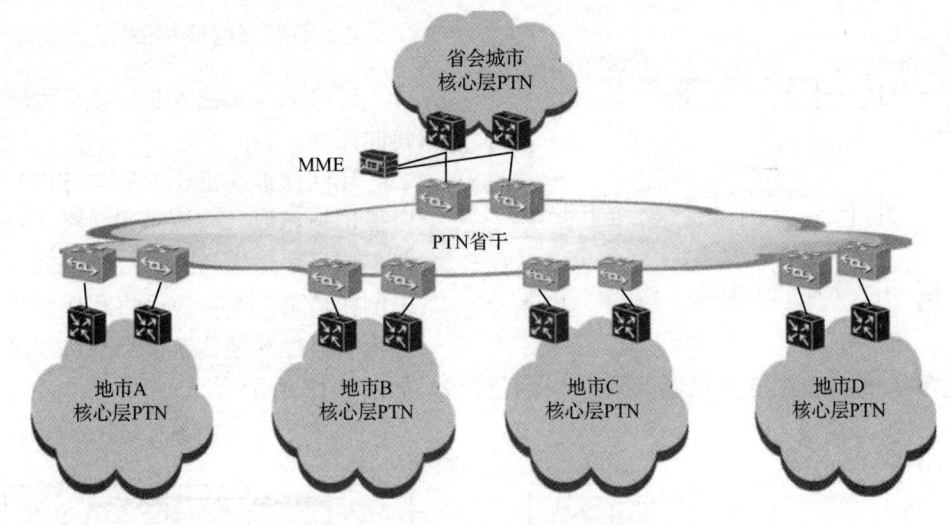

图 7-14 新型 PTN 核心层组网方案 2

7.4.2 PTN 网络保护机制

PTN 网络拓扑结构有点到点组网、链形组网、环形组网、星形组网、网孔形组网和混合组网。对于任何传送系统而言，其保护系统是其重要组成部分，PTN 网络也不例外，其保护机制与 SDH 网络相似。这里只对 PTN 链形网络、环形网络和双归属保护进行简介。

1. 链形网络保护倒换

PTN 链形网络保护倒换分为单向 1+1 T-MPLS 路径保护和双向 1:1 T-MPLS 路径保护两种。这种保护在某种程度上类似于 SDH 的 1+1 和 1:1，均采用主备路由，但由于使用 APS 协议，因而使倒换时间增加。这种模式可应用于如基站回传及大客户专线等重大业务中，以保障端到端的质量。

在单向 1+1 T-MPLS 路径保护倒换中，通常情况下，发端业务同时输入到工作和保护传送实体中，同时传输到接收端，接收端接收工作传送实体传送的业务信号。当工作传送实体发生重大故障后，接收端接收保护传送实体传送的业务信号即双发选收，如图 7-15 所示。

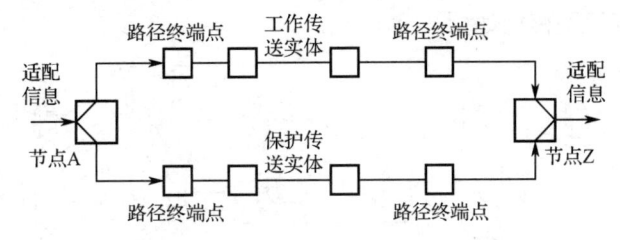

图 7-15 单向 1+1 T-MPLS 路径保护倒换

在双向 1:1 T-MPLS 路径保护倒换中，保护传送实体专门保护工作传送实体。正常情况下，业务信号利用工作传送实体传送，保护传送实体无业务信号，工作传送实体发生重大故障后，业务信号利用保护传送实体传送，接收端选择接收业务信号，如图 7-16 所示。

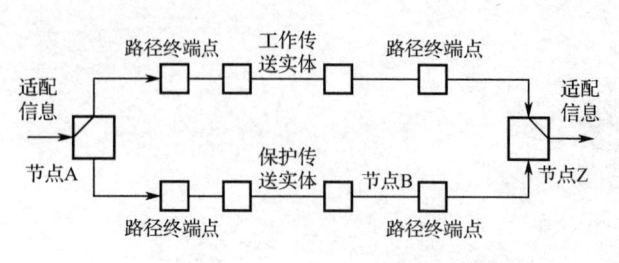

图 7-16 双向 1∶1 T-MPLS 路径保护倒换

2. 环形网络保护倒换

PTN 环形网络保护倒换分为环回和转向两种。

环回保护的工作原理与 SDH 复用段保护很相似。当检测到网络故障导致业务信号传送失效时，故障两侧节点发出倒换请求，业务信号将利用倒换开关重构的路径继续传送，当网络故障清除时，业务信号依据 APS 协议返回原工作路径传送，如图 7-17 所示。

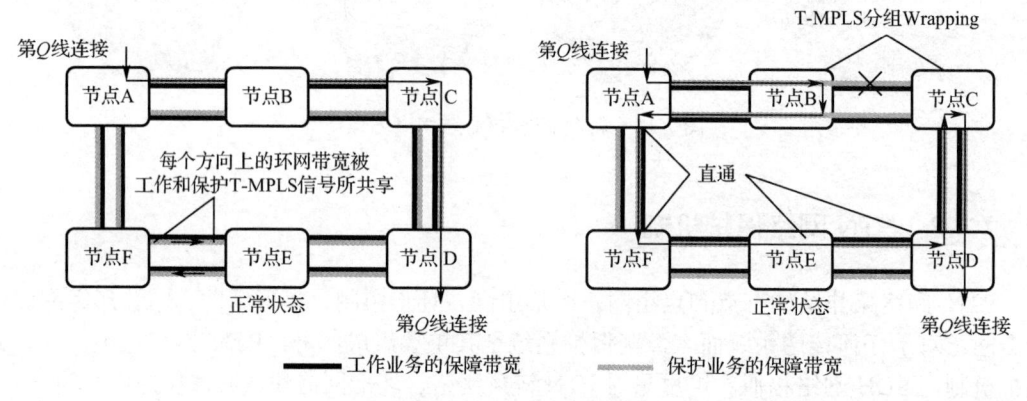

图 7-17 环形保护倒换

转向保护是当检测到网络故障导致业务信号传送失效时，环形网所有节点发生倒换，业务信号利用倒换重构的与原路径完全相反的路径传送信号，当网络故障清除时，业务信号依据 APS 协议重返原工作路径传送。

3. 网络边缘保护机制

网络边缘保护机制即双归属保护机制，其工作原理是：PTN 接入环与汇聚环相连时，如果接入环挂在两个汇聚节点下就叫归属。PTN 在与 RNC 接入连接过程中采用双归属保护，这样当主用路径失效时，可将业务切换到保护路径进行传送（类似选发选收），在此过程中保证业务不中断，其组网模型如图 7-18 所示。

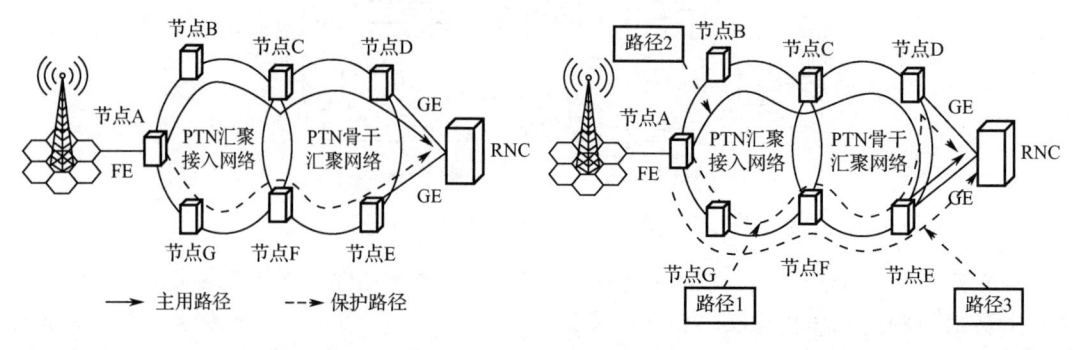

图 7-18 双归属保护倒换

习 题 7

1. PTN 的特点有哪些？其主流技术有哪些？各自的特点是什么？
2. 在 PTN 中，业务如何封装？分组是如何转发的？
3. PTN 按功能分层可分为几层？各层作用是什么？
4. 解释 PWE3 含义。
5. 简述 PTN（T-MPLS）的业务承载与数据转发过程。

第 8 章 城域与接入光网络

按照规模或地域划分，以电信网络的传统划分为接入网、本地网、长途骨干网。以计算机网络方式划分为局域网（也称接入网），其可覆盖范围为一幢楼或一个园区，仅 1 km 左右；城域网（也称本地网），其可覆盖范围为一个城市及郊区或地区；广域网（也称长途骨干网），其可覆盖范围为各城市间、一个省、一个国家或全世界，它的传输距离达到几千千米。

8.1 城域光网络

8.1.1 城域光网络的结构

按照地域来划分，计算机通信光网络可以分为广域网、城域网和局域网，如图 8-1 所示。

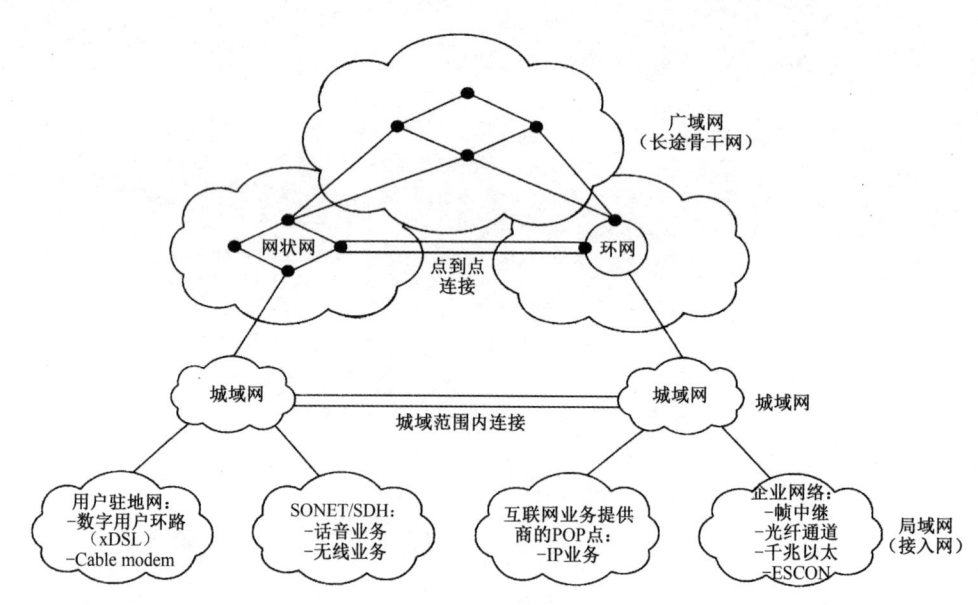

图 8-1 光网络按地域来划分的结构

广域网（WAN）是指跨越国界、运营商网络边界或者广大的地理距离（达到几千千米）的网络。广域网与城域网相连接，形成区域之间互通的桥梁。随着 DWDM 技术的发展，使得广域网能够更经济、更强壮、更灵活地提供端到端业务。

城域网（MAN）泛指在地理上覆盖城市管辖区域，为城域多业务提供综合传送平台的网络,能用来连接广域网和局域网(LAN),能提供话音、数据、图像、多媒体、IP等不同业务的接入、汇聚和传输等功能。城域网是宽带IP骨干网在城市范围内的延伸,并承担集团用户、商用大楼和智能小区的多种业务接入、信息传送和电路出租服务等功能,形成多种技术融合的局面。

接入网是本地交换机和用户之间的实施系统,具有复用、交叉连接和传输等功能,为了支持各种用户类型和各种不同业务的接入,接入网必须覆盖多种协议的应用(IP、ATM、SDH、Ethernet/FE/GE等),复用话音、数据、数字电视多种业务信号。

按现有城域网的体系结构来分,城域网可分为核心层、汇聚层和接入层,其网络结构如图 8-2 所示。核心层主要是为各业务汇聚层节点提供高速的承载和传输通道,同时实现与骨干网络的互连。汇聚层主要完成本地业务的区域汇接,进行业务汇聚、管理与分发处理。核心层和汇聚层为全路由架构,通过 IP+MPLS 实现路由和流量通道合理部署,有效利用网路资源,实现网络节点之间的信息传送和安全保护。接入层则主要利用各种接入技术和线路资源实现对用户的最后一千米的信息覆盖。

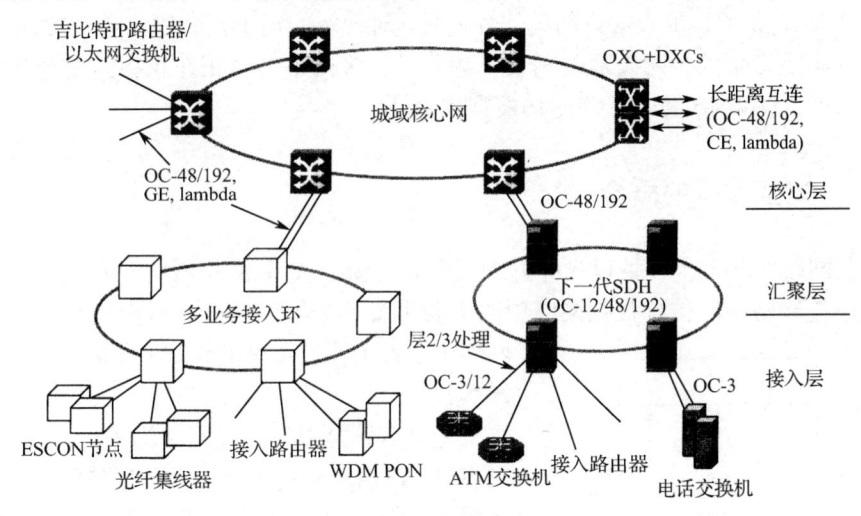

注:OC-3 对应 STM-1,OC-12 对应 STM-4,OC-48 对应 STM-16,OC-192 对应 STM-64。

图 8-2 多业务城域网的网络结构

从目前的发展方向上看,城域网主要以宽带光传输为开放平台,通过各类网关实现话音、数据、图像、多媒体和 IP 等业务的接入,支持各种增值业务及智能业务。城域光网络的技术选择包括 PTN、基于 SDH 的 MSTP、基于数据的弹性分组环(RPR)、基于 WDM 技术的城域光网络和智能城域光网络。

8.1.2 城域光网络的特点

城域网位于长途骨干网与接入网的交汇处,是通信网中最复杂的应用环境,各种业务和各种协议都在此汇聚、分流和进出骨干网。下面简述城域网的主要特点。

城域网业务具有多样性,以数据业务为主,多种交换技术和业务网络并存。在单一平台上能够处理多种协议、支持多种业务是城域网具有竞争优势的主要因素。为了支持多种业务类型，需要提供多种标准且容易使用的接口，透明处理各种协议。以数据为主的城域网业务的流量具有不确定性和突发性，流向容易改变，网络的灵活性十分重要，城域网更需要具有动态带宽分配能力，有良好的扩展性。

城域网的电路调度多，需要有较强的调度和电路配置能力，多样化的生存能力，是具有高可靠性和可管理性的业务承载网。

8.2 光互联网络

因特网是目前国际上规模最大的计算机网络，世界上任何一个地方的因特网用户都可从因特网中获取所需的信息，如自然、社会、历史、科技、教育、卫生、医疗、娱乐、政治、经济、文化、金融、商业、军事、环境和地理等，因特网可谓全球最大的信息库和最大的图书馆。

因特网 Web 业务和用户数量的爆炸性增长，对带宽的需求正急剧增长，PDH/SDH 传输网络已难以满足未来因特网发展的需要。为此，很多网络公司正在积极开发全光网络技术的产品，其中，DWDM 和光互联网络最具代表性。

8.2.1 光互联网的概念

光互联网络实际上是一种以光纤为物理介质的新一代 IP 数据网络，其底层采用光传输网作为物理传输网络。传统数据网络中的主要设备是分组交换机、路由器等；而在光传输网络中，其主要设备是 DWDM 设备、光放大器和光纤等。

光互联网是以宽带光网络为平台，由高性能分组交换机、路由器实现连接的数据通信网，其分层模型如图 8-3 所示，它包括数据网络层，光网络层及层间适配和管理功能。

数据网络层提供数据的传输和处理。数据网络层的组成设备主要是分组交换机、路由器等。

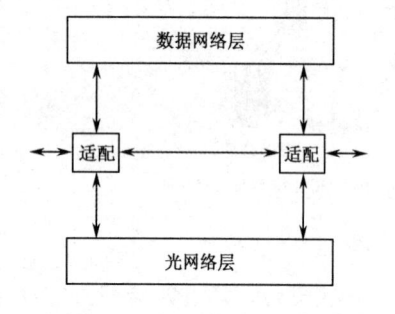

图 8-3 光互联网分层模型

光网络层负责提供通道，光纤网络层的组成设备主要有 DWDM 终端、光放大器、光纤（G.652、G.653、G.655、G.656）等。

层间适配和管理功能用于适配数据网络和光纤网络，使它们相互独立。

在光互联网中高性能的节点（如交换机、路由器）可直接连接到光纤上，也可连接在向各类客户（如 ATM、SDH 设备、路由器）提供光波长路由的光网络层上。数据网络层采用 IP 已是不争的事实，物理层采用 DWDM 的基础的 OTN 也无可争议。中间适配层（数据链路层）究竟如何实现还在讨论中。光互联网论坛推荐的光互联网多协议栈及功能分层模型，如图 8-4 所示。考虑到 ATM、SDH 技术上的兼容性，在 DWDM 全光网上传输数据为主的 IP 业务有以下 4 种适配方案。

第8章 城域与接入光网络

IP				
ATM	IP	IP	IP	
SDH	ATM	SDH	DWDM	IP
光纤网络	光纤网络	光纤网络	光纤网络	光纤网络
IP Over B-ISDN	IP Over ATM	IP Over SDH	IP Over DWDM	IP Over Optical

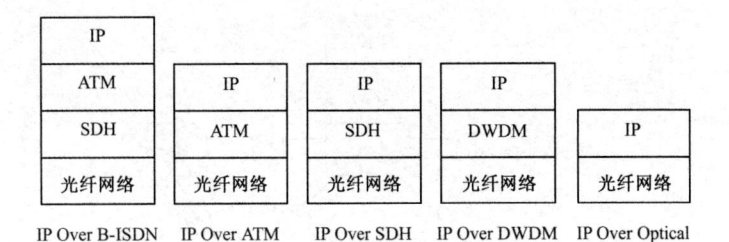

图 8-4 光互联网协议栈

1. IP Over ATM

使用 ATM 技术来承载 IP，这是目前国内外许多传统电信公司采用的方法。这种方法的优点是可综合利用 ATM 速度快、容量大和支撑多业务的能力。缺点是由于 ATM 信元仅为 53 字节，需要来回转换 IP 包，因此效率较低。

IP 与 ATM 技术相结合的难点在于，ATM 是面向连接的技术，而 IP 是面向非连接的技术。IP 协议有自己的寻址方式和相应的选路功能，而 ATM 技术也存在相应的信令、选路规程和地址结构。从 IP 协议与 ATM 协议的关系划分看，IP 与 ATM 相结合的技术存在两种模型，即重叠模型和集成模型。

近来，多协议标签交换（Multi-Protocol Label Switching，MPLS）越来越引起人们的关注，大家普遍看好的 MPLS 将作为 ATM 与 IP 相结合技术的一种解决方案而应用于广域网。MPLS 属于集成模型，它基于标签交换机制，在 ATM 层上直接承载 IP 业务，当 ATM 网络设备引入 MPLS 功能后，将同时支持 IP 业务和其他 ATM 业务。

2. IP Over SDH

IP Over SDH（也称为 POS）技术以 SDH 网络作为 IP 数据网络的物理传输网络，它使用链路协议及点到点协议 PPP 对 IP 数据包进行封装，把 IP 数据包按规范插入 PPP 帧中的信息段，然后再映射到 SDH 帧上，最后到达光层，在光纤中传输。IP Over SDH 方式的主要优点是网络体系结构简单，传输效率高，技术较为成熟。

3. IP Over DWDM

如果说 IP Over ATM 和 IP Over SDH 是为充分发掘现有的 ATM 网络和 SDH 网络潜力的话，那么，IP Over DWDM 则好像完全是在一张白纸上描绘最新最美的蓝图。IP Over DWDM 在光纤上直接传输 IP 业务，是一种经济有效的方法，由于吉比特以太网技术的广泛应用，这种方法越来越被人们所接受和采用。

IP Over DWDM 的应用结构如图 8-5 所示，高速主干网路由器之间通过 OADM 系统和 DWDM 终端复用器相连，OADM 允许不同光网络的不同波长信号在不同的地点分叉复用，越来越多的实时业务，如话音业务，也将在 IP 网络中传输；QoS 和快速恢复将成为未来 IP 网络的核心问题，随着光网络中复用设备和交叉连接设备的发展和应用，实现在光层的短时间内恢复将成为可能，IP 路由器可以集中处理服务质量和多业务等问题，在 IP Over SDH 中这些问题是很难实现的。

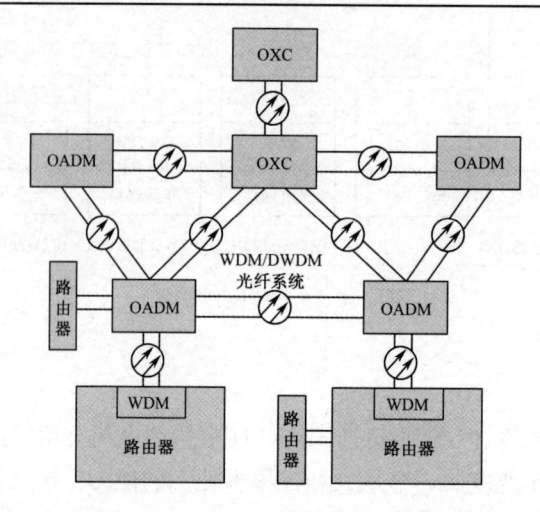

图 8-5　IP over DWDM 的应用结构

IP Over DWDM 是目前最有发展前途的宽带 IP 网络技术，采用密集波分复用技术（DWDM）能极大地提高网络的带宽。许多专家认为 IP Over DWDM 代表了未来信息高速公路的发展方向，与万兆比特以太网相结合，将会对现有的网络技术产生难以估量的冲击。

8.2.2　光互联网的体系结构

光互联网论坛（OIF）描绘了光互联网的体系结构，如图 8-6 所示。图中 OADM 或 OXC 构成的环网（DWDM 环网）表示 OTN 为核心网；ADM 环网表示 SDH 光传输网为次核心网，次核心网由 ADM 或 DXC、太位路由器、吉位路由器、ATM 交换机组成，ATM 交换机可以直接或通过光纤和 SDH 环、OTN 环相连。DWDM 光网络和 SDH 光同步网络前面已进行了介绍，这里就不再介绍。

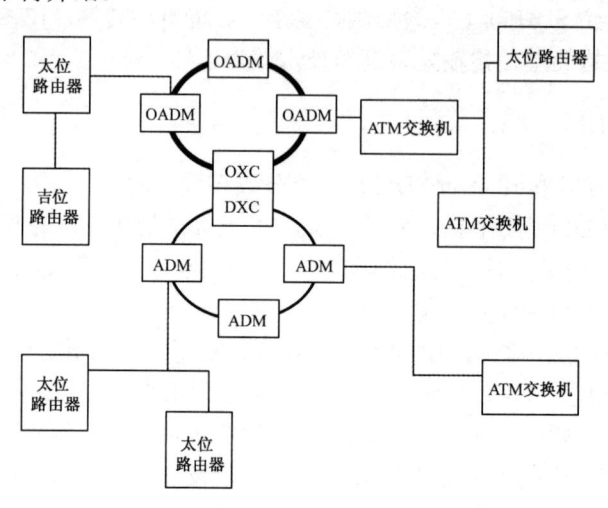

图 8-6　光互联网的体系结构

8.3 接入光网络

接入网（Access Network，AN）是宽带核心网络的网络边缘，是交换端局到用户之间最后一段路程的传输网络。TU-T 关于接入网的框架建议 G.902，对接入网定义为接入网由用户网络接口（User-to-Network Interface，UNI）和业务节点接口（SNI）之间的一系列传输实体（如线路设施和传输设备）组成，为传输电信业务而提供所需传输承载能力的实施系统，如图 8-7 所示。简单来说，接入网就是把用户接入到核心网的网络。

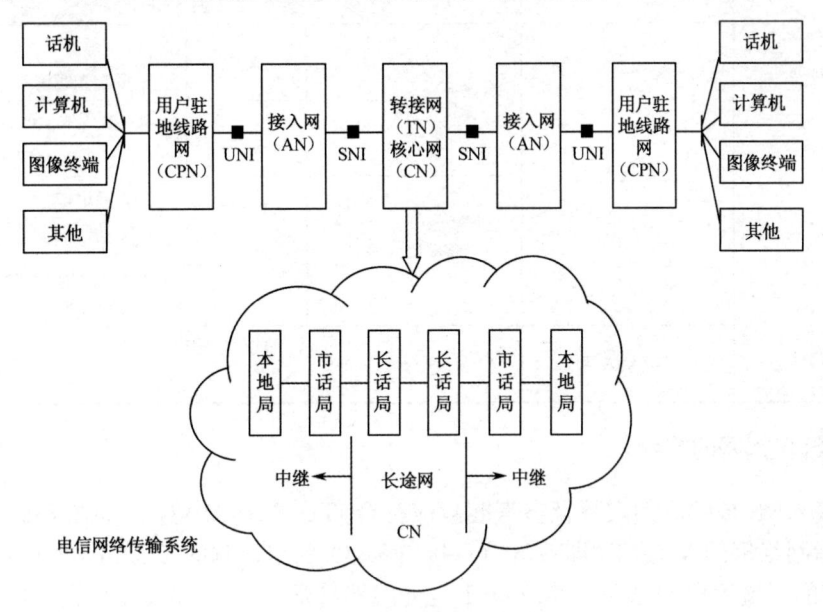

图 8-7 接入网在整个通信网中的位置

近年来核心网络的带宽高速拓展，已经远远超过了接入网的承载能力，使得核心网的带宽和过去的接入网的带宽严重不匹配，接入网已成为宽带业务进入用户的最后瓶颈。光纤接入网的迅猛发展，使解决这一瓶颈问题有了技术依靠，最后接入网的发展趋势是 All over IP。为此先后出现了模拟的光纤/同轴混合接入网（Hybrid Fiber Coaxial，HFC），数字的无源光网络（Passive Optical Network，PON），其中包括 APON（ATM-PON）、EPON（Ethernet-PON）和 GPON（Gigabit-PON），以及有源光网络（Active Optical Network，AON）等。

8.3.1 光纤接入网的界定

1. 接入网的类型

根据传输方式接入网可分为有线接入网、无线接入网和综合接入网，如表 8.1 所示。有线接入网分为铜线接入网、光纤接入网、混合接入网；无线接入网又分为固定接入网（用户设备的地理位置保持不变）和移动接入网（用户设备能够以车速移动时进行网络通信）。本章重点介绍光纤接入网组网及其工作原理。

表 8.1　接入网的类型

接入网				
	有线接入网	铜线接入网		数字线对增益（DPG）
				高比特数字用户线（HDSL）
				不对称数字用户线（ADSL）
		光纤接入网		光纤到路边（FTTC）
				光纤到大楼（FTTB）
				光纤到户（FTTH）
		混合接入网（HFC）		
	无线接入网	固定接入网	微波	一点多址（DRMA）
				固定无线接入（FWA）
			卫星	甚小型无线地球站（VSAT）
				直播卫星
		移动接入网		无绳电话
				移动通信
				WLAN（如 Wi-Fi，ad hoc network）
				集群调度
	综合接入网			交互式数字图像（SDV）
				有线+无线

2. 光纤接入网的定界

光纤接入网（OAN）的定界及参考配置应符合 ITU-T G.982 建议，如图 8-8 所示。OAN 实际上是指网络侧的 V 接口（即业务节点接口 SNI）到用户侧的 T 接口（即用户网络接口 UNI）之间的传输手段的总和。其中 OLT 是光线路终端，ODN 是光配线网，ONU 是光网络单元，AF 是适配设施，OAM 是系统管理单元，ODN 是用光无源器件和光纤构成的光配线网。

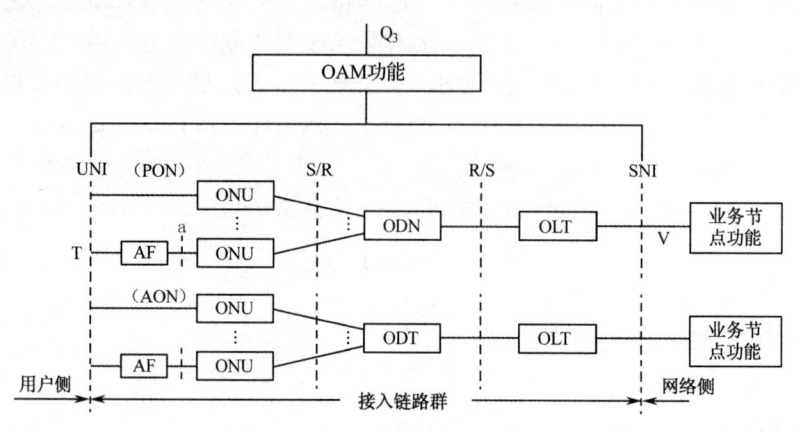

图 8-8　OAN 的定界及功能参考配置

根据光纤接入网的室外传输设施中是否含有有源设备，光纤接入网分为无源光网络（PON）和有源光网络（AON）。图 8-8 的上下两部分分别代表不同光纤接入网，图的上部分为 PON 功能参考配置，图的下部分为 AON 功能参考配置，PON 和 AON 的区别在于 AON

中用电的复用器（ODT）来完成分路，而 PON 中用无源光分配网（ODN）来完成分路。本节重点介绍 PON 接入技术。

光纤接入网的业务有：2 Mbit/s 以下速率的窄带业务，其基本业务主要包括：普通电话业务，租用线业务，分组数据，ISDN 基本速率接入（BRA），ISDN 一次群速率接入（PRA）等。此外还支持宽带业务，如单向广播式业务（CATV）、IPTV、视频点播（VOD 或数据通信）双向交互式业务、有线广播电视的数据接入和计算机局域网接入等。

8.3.2 光纤接入网基本网元设备

OAN 基本网元设备按用途可分为：光线路终端设备（OLT）、光配线网（ODN）和光网络单元/光网络终端（ONU/ONT）3 种类型。

1．OLT

OLT 为光纤接入网提供网络侧与光配线网（ODN）之间的光接口，并经一个或多个 ODN 与用户侧的 ONU 进行通信，OLT 与 ONU 的关系是主从通信关系。OLT 可以位于本地交换机的接口处，也可以安装在远端。OLT 提供必要的手段来传递不同的业务给 ONU，其功能块如图 8-9 所示。

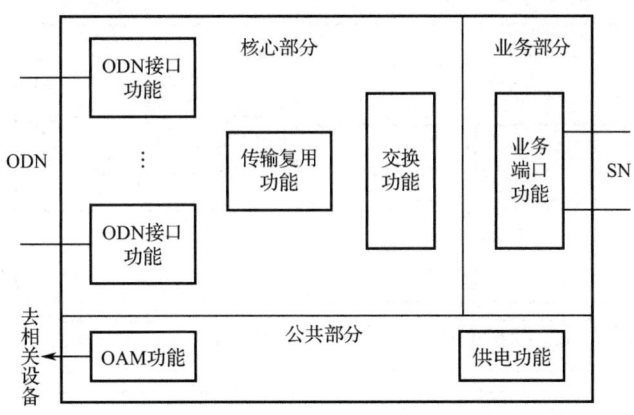

图 8-9　OLT 功能结构

OLT 功能结构由 3 部分组成，即核心部分、业务部分和公共部分。

（1）OLT 的核心部分功能包括交换功能（二层交换或路由器）功能，即为 OLT 的 ODN 侧和网络侧的可用带宽提供交换能力；传输复用功能提供 ODN 上的发送和接收业务通路和必要的复用和解复用功能；ODN 接口功能为各种光纤类型提供一系列物理光接口，并实现光电和电光转换。

（2）OLT 业务部分功能主要实现业务端口功能，能配置成至少提供一种业务或同时支持多种不同业务，提供 GE 或 10GE。

（3）OLT 公共部分功能包括供电和操作管理与维护（OAM）功能。其中，供电功能将外部电源转换为 OLT 所需的各种电压；OAM 功能类别包括配置、性能、故障、安全和计费管理。它可通过 Q3 接口与电信管理网（TMN）相连。

2. ODN

光配线网（ODN）位于 ONU 和 OLT 之间，为 ONU 和 OLT 提供光纤物理连接，包括光分路器（OBD）、光衰减器和光纤连接器件等，如图 8-10 所示。

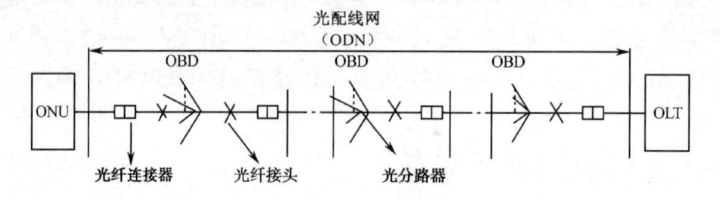

图 8-10 ODN 的组成

ODN 的结构一般为点到多点连接，即多个 ONU 通过 ODN 与一个 OLT 相连。ODN 通常采用树状结构。

3. ONU

ONU 位于 ODN 和用户终端之间，它提供与 ODN 之间的光接口和与用户终端之间的电接口，因此需要具有光电转换功能，并能实现对各种电信号的处理与维护功能。

ONU 的功能结构也由核心部分、业务部分与公共部分组成，如图 8-11 所示。

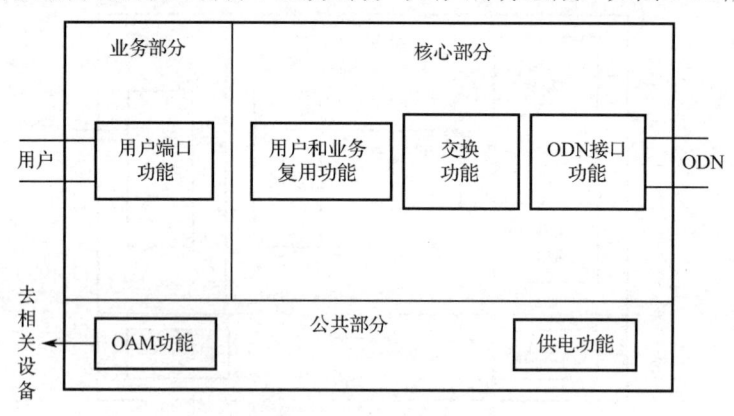

图 8-11 ONU 的功能结构

（1）ONU 核心部分功能包括：用户和业务复用功能、交换功能、ODN 接口功能。其中，用户和业务复用功能对来自和送给不同用户的信息进行组装与拆卸，并与不同的业务接口功能相连接；交换功能为来自用户的信号评估与分配给 ODN 接口，提取与输出和 ONU 相关的信息；ODN 接口功能则提供一系列物理光接口，与 ODN 相连的一系列光纤连接，并实现光电与电光转换。

（2）业务部分功能主要提供用户端口功能，即提供用户业务接口并将其适配到 64 kbit/s 或 $N×64$ kbit/s。这一功能可以提供给单个用户，也可以提供给一群用户。另外，用户端口功能还能按照物理接口来提供信令转换功能，如信令的 A/D 与 D/A 转换等。

（3）ONU 公共部分功能包括供电功能和 OAM 功能，这一点与 OLT 公共部分功能相同。

ONU 的主要任务是终结来自 ODN 的光纤，并能处理光信号，为多个单位用户和居民住宅用户提供业务接口。ONU 的用户侧是电接口，而网络侧是光接口，因此 ONU 具有光/

电和电/光转换功能，还要完成对话音信号的数字化处理，复用、信令处理及维护管理功能。其位置具有很大灵活性。根据 ONU 在光纤接入网中所处的不同位置，可以将 OAN 划分为几种不同的基本应用类型，即光纤到区段（FTTZ），光纤到路边（FTTC），光纤到大楼（FTTB），光纤到办公室（FTTO），以及光纤到户（FTTH），如图 8-12 所示。

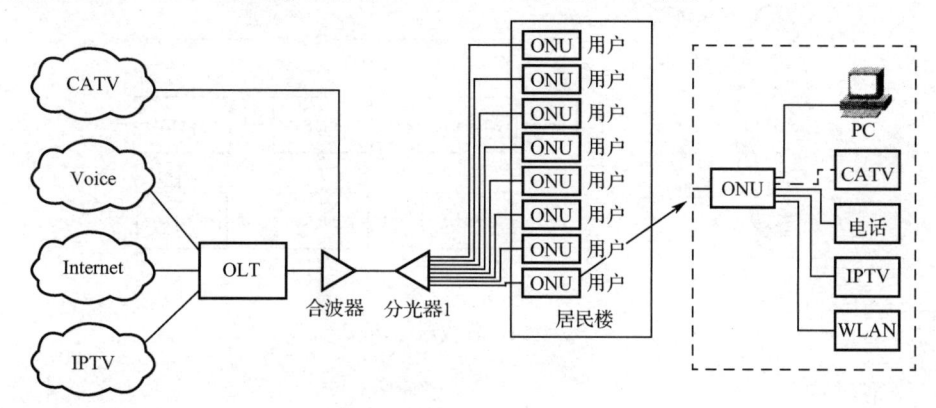

图 8-12 FTTH 的应用

8.3.3 光纤接入网的拓扑结构

PON 的拓扑结构主要有星形（树形）、总线形和环形，由此又可以派生出其他形式的结构。

1. 星形（树形）结构

图 8-13 所示为光纤接入网中的无源多星形（树形）结构，这种结构是既适用于传统的 CATV 网，又适用于其他业务的双向通信的结构，它特别适合于单向广播业务。

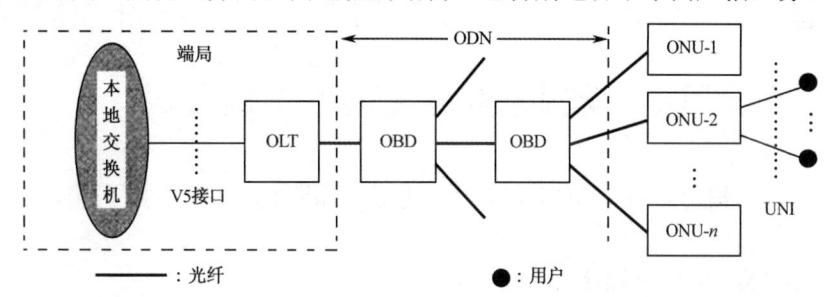

图 8-13 星形（树形）结构

无源光分路器（OBD）的作用是，对从 OLT 到 ONU 的下行光信号进行分路，对从 ONU 到 OLT 的上行光信号进行合路。来自 OLT 的光信号通过 OBD 向多个 ONU 广播，而由多个 ONU 发来的光信号由同一个 OLT 接收，从而形成了双向一点到多点的传输系统。

无源多星状结构又被称为树状结构，OLT 是树根，OLT 到 OBD 的光纤连接是树干，一个 OBD 到多个 ONU 的光纤连接是树枝。到达一个树干连接的所有 ONU 的光能量，都是由 OLT 的光源提供的，因此，光源的光功率预算要限制其连接的 ONU 的数量及传输距离。

2. 总线形结构

图 8-14 所示为光纤接入网的总线形结构，这也是一种点到多点传输系统的配置结构。这种结构的特点是，所有 ONU 通过非平衡光分路器（NB-OBD）使用同一光纤馈线。

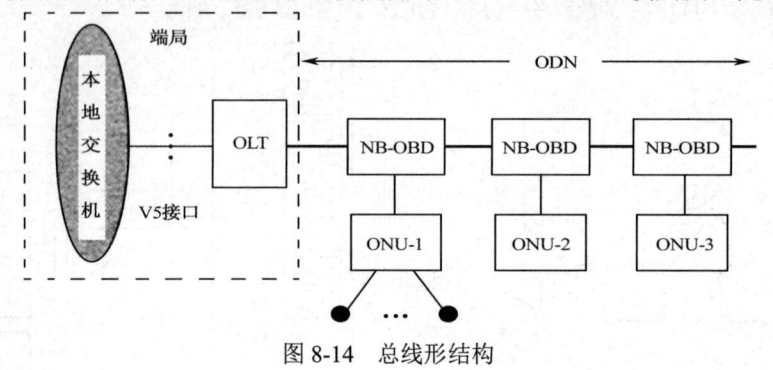

图 8-14 总线形结构

3. 环形结构

图 8-15 所示为光纤接入网的环形结构，它可以看成封闭的总线形结构，与总线形结构相比，其可靠性大大提高。

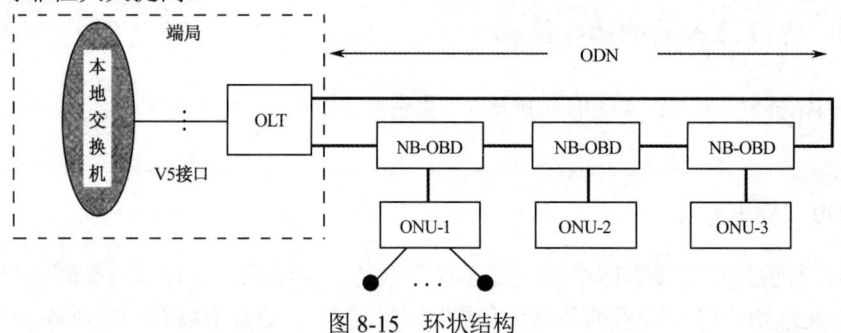

图 8-15 环状结构

8.4 无源光网络（PON）接入网

PON 的功能结构由 OLT、ODN 和 ONU 组成，如图 8-13～图 8-15 所示。

8.4.1 PON 的技术种类

PON 是实现宽带光接入的一种常用网络形式。按承载的内容来分类，PON 主要包括基于 ATM 的无源光网络（APON）/宽带无源光网络（BPON），基于 Ethernet（以太网）无源光网络（EPON），基于 GFP（通用成帧规程）的吉比特无源光网络（GPON）等。它们的主要差异在于采用了不同的二层交换技术，APON 二层交换采用的是 ATM 技术，最高速率为 622 Mbit/s；EPON 二层交换采用的是 Ethernet 技术，可以支持 1.25Gbit/s 的速率，将来速率还能升级到 10 Gbit/s；GPON 二层交换则采用 GFP（通用成帧规程）对 Ethernet、TDM 和 ATM 等多种业务进行封装映射技术。下面将分别加以介绍。

1. APON 技术

APON，即基于 ATM 的 PON 接入网，是 20 世纪 90 年代中期由 FSAN（全业务接入网联盟）开发完成的，并提交给 ITU-T，形成了 G.983.x 标准系列。

APON 系统结构中，从 OLT 往 ONU 传送下行信号时采用时分复用（TDM）技术，ONU 传送到 OLT 的上行信号采用时分多址接入（TDMA）技术。

APON 上、下行信道都由连续的时隙流组成。下行每时隙宽为发送一个信元的时间，上行每时隙宽为发送 56 字节（一个信元再加 3 字节开销）的时间。按 G.983.1 建议，APON 可采用两种速率结构，即上下行均为 155.520 Mbit/s 的对称帧结构和下行 622.080 Mbit/s、上行 155.520 Mbit/s 的不对称帧结构，传输距离最大 20 km。带宽被 32～64 个 ONU 所分享，每个 ONU 只能得到 5～20 Mbit/s。由于采用了 ATM 技术，因此可承载 64 kbit/s 话音业务、ATM 业务和 IP 业务等各种业务类型，并可提供强有力的 QoS 保证。

APON 经过多年的发展，并没有很好地占领市场，主要原因是 ATM 协议复杂，使 APON 的推广受到很大阻碍，另外其设备价格较高，相对于接入网市场来说还较昂贵。但 APON 可提供丰富的业务类型，能够较容易地满足 FTTH 的最高业务需求 Triple Play，并能提供业务质量保证。从设备成熟度看，APON 设备也是目前最成熟的 PON 设备，在业务承载能力、性能稳定性和管理维护功能方面都比较成熟。作为业界最早出现的宽带 PON 技术，APON 拥有 Terawave 和 Optical Solution 等众多厂商的支持，烽火通信、华为等国内厂商也都推出了实用化的 APON 产品。

2. EPON 技术

EPON，即基于 Ethernet 的 PON 接入网，在 2004 年的 IEEE 802.3ah 标准中正式进行规范，它在 PON 层上以 Ethernet 为载体，上行以突发的 Ethernet 包方式发送数据流。EPON 可提供上下行对称的 1.25 Gbit/s 传输速率及下行可达到 10 Gbit/s 的传输速率。

在多种基于 PON 的技术中，EPON 由于其技术和价格方面的优势已逐渐成为最受欢迎的 FTTH 技术。由于采用 Ethernet 封装方式，因此非常适于承载 IP 业务，符合 IP 网络迅猛发展的趋势，这也是 EPON 技术能够获得业界青睐的重要原因。

3. GPON 技术

GPON，即基于 Gigabit 的 PON 接入网。ITU-T 提出 GPON 技术的最大原因，是由于网络 IP 化进程加速和 ATM 技术的逐步萎缩，导致基于 ATM 技术的 APON/BPON 技术在商用化和实用化方面严重受阻，迫切需要一种高传输速度、适宜 IP 业务承载同时具有综合业务接入能力的光接入技术。在这样的背景下，ITU-T 以 APON 标准为基本框架，重新设计了新的物理层传输速率和传输汇聚（Transmission Convergence，TC）层，推出了 GPON 技术和相关标准。GPON 保留了 APON 的优点，与 APON 有很多的共同之处；同时 GPON 具备了比 APON 更加高效高速的优势，它为用户提供从 622.080 Mbit/s 到 2.4 Gbit/s 的可升级框架结构，且支持上下行不对称速率，支持多业务，具有电信级的网络监测和业务管理能力，提供明确的服务质量保证和服务级别。ITU-T 制定的 GPON 系列标准相当完善，但同时也相当复杂，标准正式发布至今，全球只有屈指可数的几家公司如 Flex Light、Broad Light、Optical Solution 等宣布推出符合 G.984 标准的 GPON 产品，并且多采用 GEM 封装模式。由此带来的是 GPON 产品的价格相对较高，在现阶段将 GPON 应用到 FTTH 中有很大的价格压力。

8.4.2 APON、GPON、EPON 接入技术比较

1. APON、GPON、EPON 在分层上的区别

各种 PON 在分层的区别如图 8-16 所示。

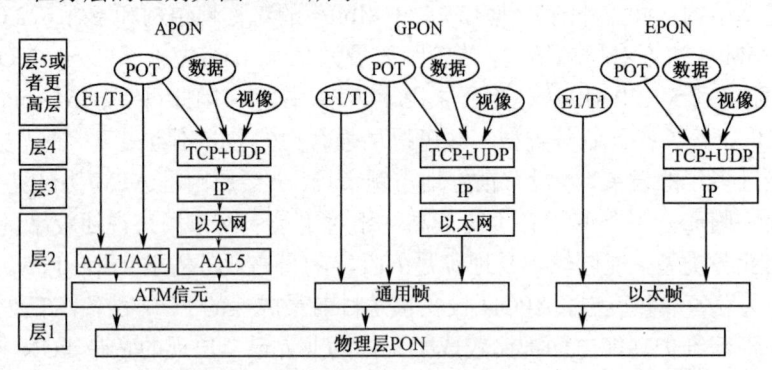

图 8-16 APON、GPON、EPON 3 种接入技术在分层上的区别

从图 8-16 可以看出各种 PON 由于层 2 的不同，导致数据封装帧差别，当然各种 PON 支持的协议标准也就不同。

2. APON、GPON、EPON 的特点

（1）APON 是全业务网络联盟（FSAN）开发完成的，并提交给 ITU-T 形成了 G.983 标准化，以 ATM 格式封装数据，是目前标准化最完善的，但没有得到市场认可。

APON 技术具备综合业务接入、QoS 服务质量保证等独有的特点；其标准化时间较早，已有成熟商用化产品等。当然 APON 技术也存在利用 ATM 信元造成的传输效率较低，带宽受限，系统相对复杂、价格较贵，需要进行协议之间的转换等缺点。

APON 适用于对带宽要求不高、对业务质量要求高或者需要运行混合业务的企事业单位的接入。

（2）EPON 于 2004 年在 IEEE 802.3ah 标准中正式进行规范，它采用以太网封装。在 EPON 中，根据 IEEE802.3 以太网协议，传送的是可变长度的数据包。由于以太网适合携带 IP 业务，与 APON 相比，极大地减少了传输开销。国内标准已经制定完成，产品开始在市场上迅速应用。

EPON 能够提供高达 1 Gbit/s 的上下行带宽，传输距离可达 20 km。支持的光分路比大于 16。EPON 融合了 PON 和以太网的优点，系统结构更简化，标准宽松，成本更低。EPON 技术目前仍难以支持实时业务的服务质量，在安全性、可靠性等方面与电信级的服务相比仍有差距。

EPON 主要面向对带宽要求高、对业务质量和网络安全要求不是太高、对成本敏感的以太网业务为主的中小型企事业单位的接入，如果成本进一步下降，也将作为 FTTH 的主要

手段直接面向高端个人用户。

（3）GPON 是在 2002 年 9 月由 FSAN 提出的，具有前所未有的高比特速率，能以原有格式（透传）和极高效率传输多种业务。并于 2003 年 1 月由 ITU-T 颁布 GPON 新标准 G.984。其以 ATM、GEM 封装，尽管标准已经完成，但支持厂家极少。

GPON 技术针对 1 Gbit/s 以上的 PON 标准，除了对更高速率的支持外，还是一种更佳、支持全业务、效率更高的解决方案。引入通用成帧协议（GFP），能将任何类型和任何速率的业务进行原有格式封装后经由 PON 传输，而且 GFP 帧头包含帧长度指示字节，可用于可变长度数据包的传递，大大提高了传输效率。因此能更简单、通用、高效地支持全业务。GPON 提供 1.244 Gbit/s 和 2.488 Gbit/s 的下行速率和所有标准的上行速率。传输距离可达 20 km（逻辑 60 km），支持的光分路比在 64~128 之间。

GPON 适合于少数对带宽要求高、需要提供电信级服务质量，且对成本不敏感的多业务需求的企事业单位的接入。

将上述 APON、GPON、EPON 标准及主要参数比较归纳，如表 8.2 所示。下面重点对目前广泛应用的 EPON 系统结构、工作原理、帧结构和关键技术等进行介绍。

表 8.2 APON、GPON、EPON 的标准及主要参数比较

技 术		APON	EPON	GPON
相关标准组织		TIU-T G.983	IEEE802.3ah	TIU-TG.984
支持速率等级	下行	622. Mbit/s 或 155 Mbit/s	1.25 Gbit/s	1.25 Gbit/s 或 2.5 Gbit/s
	上行	155. Mbit/s	1.25 Gbit/s	155 Mbit/s、622 Mbit/s 1.25 Gbit/s 或 2.5 Gbit/s
最长传输距离		10~20 km	10~20 km	10~60 km
协议及封装格式		ATM 封装	以太网封装	ATM 或 GFP
光分路比		32~64	16~32	64~128
业务能力		TDM、ATM	Ethernet、TDM	Ethernet、ATM、TDM
技术标准化程度		非常完善	完善	一般
OAM 能力		具备	具备	具备
市场推广		没有得到市场认可	市场上迅速应用	支持厂家极少

8.5 EPON 系统结构及原理

以太网无源光网络（EPON）是一种采用点到多点（P2MP）结构的单纤双向光纤接入网络，其典型拓扑结构为树形。

8.5.1 EPON 系统结构

EPON 系统由局侧的光线路终端（OLT）、用户侧的光网络单元（ONU）和光分配网络（ODN）组成，为单纤双向系统，EPON 系统的结构如图 8-17 所示。

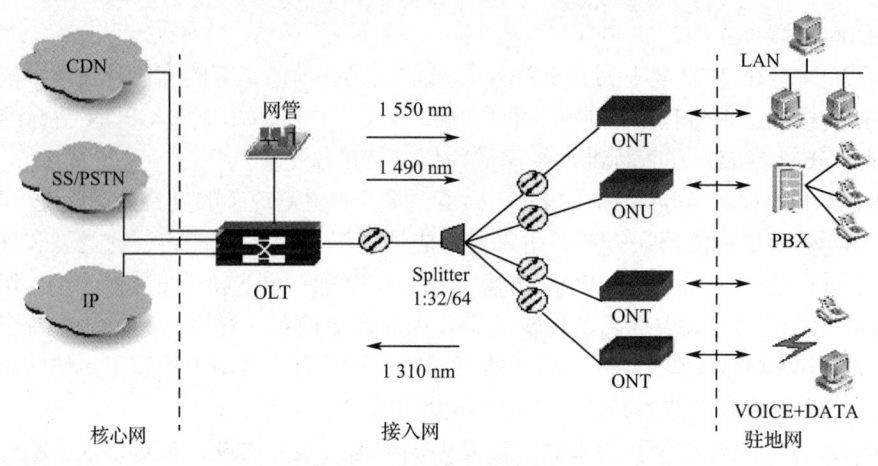

图 8-17 EPON 的系统结构

在 EPON 系统中，OLT 位于网络侧，放在中心局端，既是一个二层交换机或路由器，又是一个多业务提供平台（MSPP），它提供网络集中和接入，能完成光电转换、带宽分配和控制各信道的连接，并有实时监控、管理及维护功能。根据以太网向城域和广域发展的趋势，OLT 将提供多个 1 Gbit/s 和 10 Gbit/s 的以太接口，支持 WDM 传输。OLT 还支持 ATM 的连接，若需要支持传统的 TDM 话音、普通电话线（POTS）和其他类型的 TDM 通信（T1/E1），OLT 可以连接到 PSTN。OLT 根据需要可以配置多块光线路板，通过光分路器 OBD 分线率为 1∶8、1∶16 或 1∶32 与多个 ONU 连接。

在 EPON 中，从 OLT 到 ONU 的距离最大可达 20 km，若使用光纤放大器，传输距离还可以扩展。

EPON 中的 ONU 位于用户侧，采用以太网协议，实现了成本低廉的以太网第二层第三层交换功能。此类 ONU 可以通过层叠来为多个最终用户提供共享高带宽。在通信过程中，不需要协议转换，就可实现 ONU 对用户数据透明传送。ONU 也支持其他传统的 TDM 协议，在带宽更高的 ONU 中，将提供大量的以太接口和多个 T1/E1 接口。对于光纤到户（FTTH）的接入方式，ONU 和 UNI 可以被集成在一个简单设备中，不需要交换功能，用极低的成本给终端用户分配所需的带宽。

EPON 采用 WDM 技术实现单纤双向传输。上下行分别采用 TDMA（时分多址）和 TDM（时分复用）技术，使用一条光纤就可以实现双向的接入，明显节约了光纤的用量和管理上的费用。它是上行波长为 1 310 nm、下行波长为 1 490 nm、上下行速率为 1.25 Gbit/s 的双向 PON。这种机制实现了在一根光纤上同时传输上下行数据流而相互不影响，可便捷地为用户提供分配数据、话音和 IP 交换式数字视频（SDV）等业务。如果增加 1 550 nm 的波长就可以用来传输电视信号，从而为用户提供话音、视频和数据的多业务的一线接入。其传输示意图如图 8-17 所示。

8.5.2　EPON 系统的工作原理

在 EPON 中，OLT 传送下行数据到多个 ONU，完全不同于从多个 ONU 上行传送数据到 OLT。下行采用 TDM 传输方式，上行采用 TDMA 传输方式。

EPON 在单根光纤上采用 WDM 技术全双工双向通信,实现下行 1 550 nm 和上行 1 310 nm 波长的组合传输。

上行方向（ONU 至 OLT）是点到点通信方式,即 ONU 发送的信号只会到达 OLT,而不会到达其他 ONU。在上行方向,各自 ONU 收集来自用户的信息,按照 OLT 的授权和分配的资源,采用突发模式发送数据。所谓 OLT 的授权是指上行方向采用 TDMA 多址接入方式,TDMA 按照严格的时间顺序,把时隙分配给相应 ONU。每个 ONU 的上行信息填充在指定的时隙里,只有时隙是同步的,才能保证从各个 ONU 的上行的信息不发生重叠或碰撞,以此保证在 OLT 中正确接收,最终成为一个 TDM 信息流传送到 OLT。如图 8-18 所示,ONU_3 在第 1 时隙发送包 3,ONU_2 在第 2 时隙发送包 2,ONU_1 在第 3 时隙发送包 1。

下行方向（OLT 至 ONU）将数据以可变长度数据包通过广播传输给所有在 ODN 上的各个 ONU。每个包携带一个具有传输到目的地 ONU 标识的信头。当数据到达 ONU 时,由 ONU 的 MAC 层进行地址解析,提取出属于自己的数据包,丢弃其他数据包,再传送给用户终端,如图 8-18 所示。

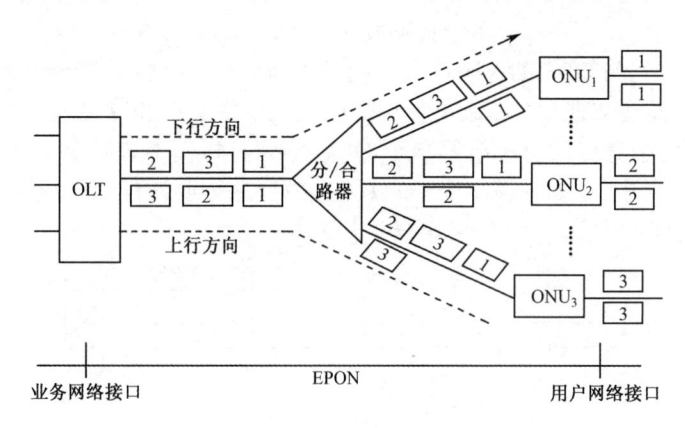

图 8-18　EPON 上下行信息流的分发

EPON 系统采用全双工方式,上/下行信息通过波分复用（WDM）在同一根光纤上传输。EPON 可以支持 1.25 Gbit/s 对称速率,将来速率还能升级到 10 Gbit/s。

8.5.3　EPON 帧结构

EPON 帧分为下行帧和上行帧,均为定时长帧,帧时长都是 2 ms。EPON 的上行接入采用中央控制按需分配的 MAC 协议,使用标准的以太网帧结构。

（1）EPON 下行帧结构

EPON 下行信息流是符合 IEEE802.3 帧格式的变长数据包,其传输速率为 1.25 Gbit/s。图 8-19 所示为 EPON 从 OLT 到 ONU 的下行传送数据信息流的帧的结构,下行帧周期为 2 ms,每一帧都有多个可变长度的数据包,每个数据包里又包括信头、可变长度的载荷、误码检测域和同步标识符,以太组的最大长度为 1518 字节。其中,同步标识符占用一个字节的编码,含有时钟信息,用作同步标记,每隔 2 ms 一次,以便使 ONU 与 OLT 同步。图中 1,2,N 表示该数据包发送到 ONU 的编号,也就是编号为 1 的数据包发送给编号为 1 的 ONU,编号为 N 的数据包发送给编号为 N 的 ONU,以此类推。

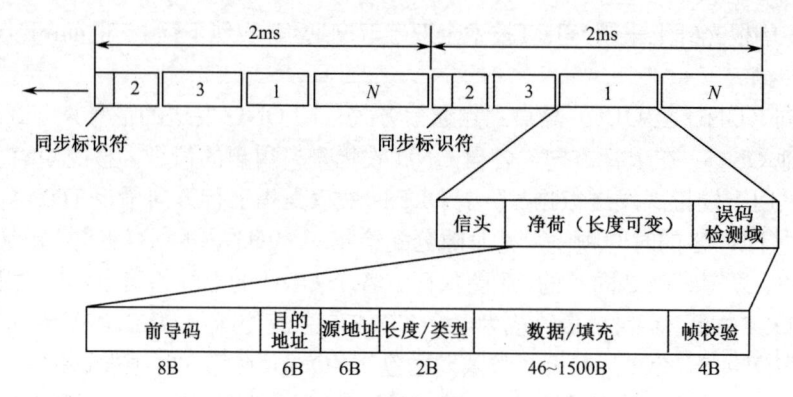

图 8-19 EPON 的下行帧结构

（2）EPON 上行帧结构

EPON 的上行帧结构如图 8-20（a）所示，帧长度也为 2 ms，每帧都有一个帧头，表示该帧的开始。每帧再进一步分割成长度可变的时隙，如分成 N 个时隙，并进行 1 到 N 的编号，每个时隙分配给一个 ONU，用于传输发送给 OLT 的上行 TDM 数据流。每个 ONU 有一个 TDM 控制器，它与 OLT 的定时信息一起，控制上行数据包的发送时刻。每个 ONU 在授权给定的时隙内发送数据帧，以避免复合时相互间发生碰撞和冲突。按图 8-18 所示例子，则图 8-20（a）中时隙 3 专门分配给第 1 个 ONU 使用，本例中该时隙包含了 2 个可变长度的数据包和一些时隙开销。如果第 1 个 ONU 无有效信息需要发送，那么将此填充空闲字节。EPON 的上行帧组成示意图，如图 8-20（b）所示。

（a）EPON的上行帧结构

（b）EPON的上行帧组成示意图

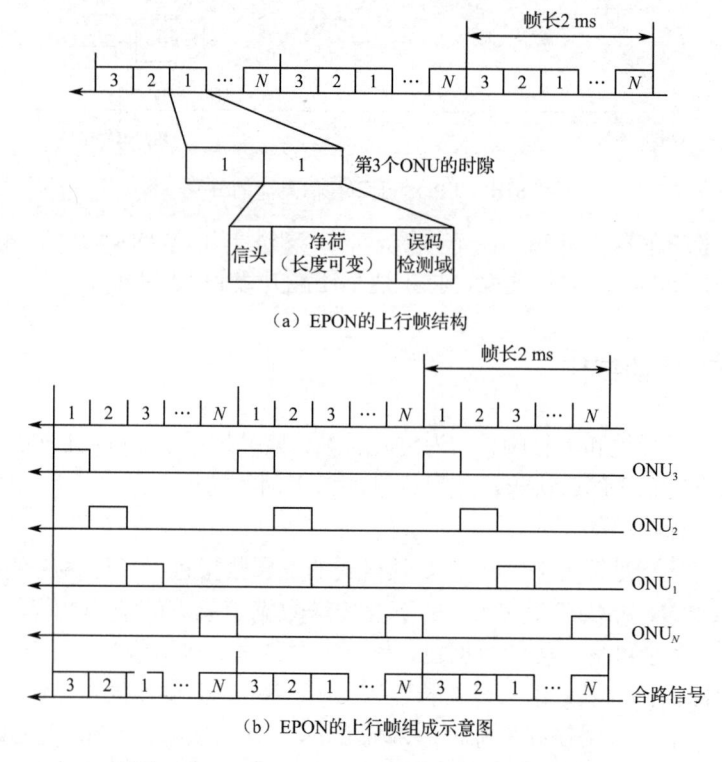

图 8-20　EPON 的上行帧结构及帧组成示意图

8.5.4 EPON 关键技术

实现 EPON 有许多关键技术有待解决,其中已经解决的关键技术如下。

1. 上行信道复用技术

上行信道复用技术是 EPON 技术的核心,其中上行信道的带宽利用率问题、如何使时延和时延抖动等指标达到要求等是关键技术问题。其中上行信道带宽的分配方法、ONU 发送窗口是固定的还是可变的、最大的 ONU 发送窗口应为多大、ONU 发送窗口的间隔、以太网帧是否切割等问题都有待进一步研究。

2. 测距和时延补偿技术

EPON 的上行帧包括众多的 ONU 发出的信息包,为了使各 ONU 发出的信息包不碰撞、不重叠,EPON 技术中采用了精密测距技术,并调整各 ONU 的时延,使其 ONU 上行信息精确地进入指定的时隙里,以保证严格的帧结构和正确地接收。测距过程应充分考虑整个 EPON 的配置情况。

由于光信号来自远近不同的 ONU,所以在时间上可能产生信号冲突,通过测距技术就可以消除这种冲突。EPON 上行传输采用 TDMA 方式接入,一个 OLT 可以连接 16~64 个 ONU,ONU 至 OLT 之间的距离最短的可以是几米,最长的可达 20 km。实现 TDMA 接入,必须使每一个 ONU 的上行信号在公用光纤汇合后,进入指定的时隙里,彼此间既不发生碰撞,也不要间隙太大,OLT 要不断地对每一个 ONU 与 OLT 的距离进行精确测定,以便控制每个 ONU 发送上行信号的时刻,要求测距精度为±1 bit。

测距过程是:OLT 发出一个测距信息,此信息经过 OLT 内的电子电路和光电转换延时后,光信号进入光纤传输并产生延时到达 ONU,经过 ONU 内的光电转换和电子电路延时后,又发送光信号到光纤并再次产生延时,最后到达 OLT,OLT 把收到的传输延时信号和它发出去的信号相位进行比较,从而获得传输延时值。OLT 以距离最远的 ONU 的延时为基准,算出每个 ONU 的延时补偿值,并通知 ONU。该 ONU 在收到 OLT 允许它发送信息的授权后,延时 t_d 补偿值后再发送自己的信息,这样各个 ONU 采用不同的 t_d 补偿时延调整自己的发送时刻,以便使所有 ONU 到达 OLT 的时间都相同(基本与 APON 测距相似)。

3. 动态带宽分配

Ethernet 的帧结构并不是固定的,根据 IEEE802.3 协议,在不包括 8 个字节的帧头时,每帧中数据包最长的为 1518 字节,最短的为 64 字节。不同长度的帧填入相同长度的时隙,就给带宽分配带来了问题,怎么才能最高效率地分配带宽?国内对这方面的研究非常热门,目前大致有两种方法:一种是采取轮询的方式来进行带宽分配;另一种是采取请求-授权的方式进行实时带宽分配。感兴趣的读者可参见有关文献。

4. 突发信号的快速同步

OLT 接收到的信号为突发信号,原因是 EPON 上各个 ONU 到 OLT 的距离各不相同,所以各个 ONU 到 OLT 的路径传输损耗也互不相同,当各个 ONU 发送光功率相同时,到达

OLT 后的光功率互不相同。因此，OLT 的上行光接收机要用突发模式接收技术来保证能够接收大动态范围光功率。

由于突发模式的光信号来自不同的端点，所以可能导致光信号相位的偏差，消除这种微小偏差的措施是采用突发同步技术。只有 OLT 的上行方向采用突发光接收机，才能从接收到的突发脉冲串中的前几个比特快速地提取出同步时钟，进行突发同步。

5. 实时业务传输质量

传输实时话音和视频业务要求传输延迟时间既恒定又很小，时延抖动也要小。由于以太网技术的固有机制，不提供端到端的包延时、包丢失率及带宽控制能力，因此难以支持实时业务的服务质量。如何确保实时话音和 IP 视频业务，在 EPON 传输平台上以与 ATM 和 SDH 的 QoS 相同的性能分送到每个用户，是亟待解决的问题。目前 EPON 厂商正在着手解决这个问题，一种技术是对于不同的业务采用不同的优先权等级，对实时的业务优先传送；另一种技术是带宽预留技术，提供一个开放的高速通道，不传输数据，而专门用来传输话音业务，以便确保 POTS 业务的质量。

6. 安全性和可靠性

EPON 下行信号以广播的方式发送给所有 ONU，每个 ONU 可以接收 OLT 发送给所有 ONU 的信息，这就必须对发送给每个 ONU 的下行信号单独进行加密。OLT 可以定时地发出命令，要求 ONU 更新自己的密钥，OLT 就利用每个 ONU 发送来的新密钥对发送给该 ONU 的数据信元进行加密，保证每个 ONU 从接收所有 ONU 的信息中，按照自己的密钥译出属于自己的信息，使下行信息安全地到达目的地，确保每个用户（ONU）的隐私。

为了防止有的用户对不属于自己的信息采用逐个试探的办法进行解密，需要对密钥定期更新。

8.5.5　EPON 基本网络单元设备

EPON 基本网络单元设备有 OLT 设备、ONU 设备、光纤无源器件（包括光分路耦合器等）及光纤光缆等。在此重点介绍 OLT 设备和 ONU 设备的基本构成及原理。

1. OLT 硬/软件结构及原理

1) OLT 硬件结构及功能

OLT 设备结构主要由交换控制板、上行以太网接口板、上行窄带业务接口板、下行 EPON 接口板、环境监控板、IP 总线、TDM 总线、控制总线和电源线等组成，其硬件结构如图 8-21 所示。各类板通过总线互相连接，相互协调工作完成所有 OLT 的功能。

交换控制板的主要功能负责业务管理、组播业务管理、IP（以太）和 TDM 交换功能。

上行以太网接口板由数据上行接口模块、相关光接口模块组成。

窄带业务接口板功能是将实现 IP 话音到 TDM 话音之间的转换，以及窄带话音信令的处理（如 PRI 等）功能。

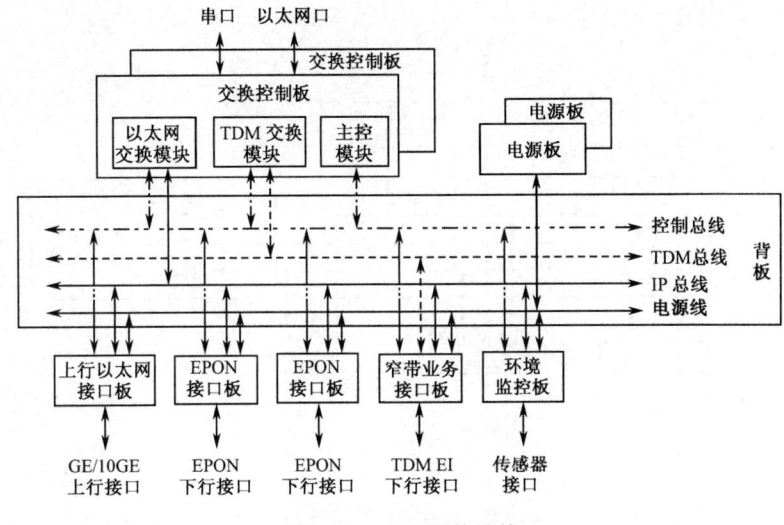

```
                    串口   以太网口
                     ↕     ↕
              ┌──────────────────┐
              │    交换控制板     │
             ┌┴──────────────────┴┐      ┌─────────┐
             │    交换控制板       │      │ 电源板  │
            ┌┴───────┬──────┬─────┴┐    ┌┴────────┴┐
            │ 以太网 │TDM交换│ 主控 │    │  电源板   │
            │交换模块│ 模块 │ 模块 │    │          │
            └───┬────┴──┬───┴──┬───┘    └────┬─────┘
                ↕       ↕      ↕             ↕
    ════════════╪═══════╪══════╪═════════════╪═══→ 控制总线  ┐
    ────────────┼───────┼──────┼─────────────┼──→ TDM总线   │背
    ────────────┼───────┼──────┼─────────────┼──→ IP总线    │板
    ════════════╪═══════╪══════╪═════════════╪══→ 电源线     ┘
         ↕         ↕       ↕       ↕         ↕
    ┌─────────┐┌────────┐┌────────┐┌────────┐┌────────┐
    │上行以太网││ EPON  ││ EPON  ││窄带业务││环境    │
    │ 接口板  ││ 接口板 ││ 接口板 ││ 接口板 ││监控板  │
    └────┬────┘└───┬────┘└───┬────┘└───┬────┘└───┬────┘
         ↕         ↕         ↕         ↕         ↕
      GE/10GE    EPON      EPON      TDM EI    传感器
      上行接口  下行接口   下行接口   下行接口   接口
```

图 8-21 OLT 硬件结构

EPON 接口板（EPON 业务接入板）由 EPON 系列单板和光接口单板组成，提供 P2P FE 光接口和 EPON 接入业务。

2) OLT 的工作原理

OLT 的工作原理可根据信息流程进行描述。当上行数据从 ONU 经过 PON 接口进入 EPON 接口，经过该板进行 EPON 协议处理后，将 EPON 数据流恢复成以太网数据流，再经过 IP 总线到以太网交换模块处理后传到上行以太网接口卡上，完成上行数据业务的处理。

下行数据由上行以太网接口板进入 OLT 系统，传到以太网交换模块后，根据目的 MAC 地址确定相应的输出端口，并将数据转发至对应的 EPON 接口板上，再由 EPON 接口板经过 EPON 协议处理后向 ONU 转发。

系统对不同业务的处理流程有所不同，但过程基本类似，只是对于来自远端 ONU 的不同业务通过不同接口板进入设备而已。

3) OLT 软件结构

OLT 软件结构即软件系统由主机软件和单板软件构成。主机软件运行在主控板上，完成硬件系统驱动，提供设备和业务管理的手段，其基本功能模块就是操作系统。单板软件运行在业务板、接口板、监控测试板及部分电源板上，为其单板提供管理、驱动和诊断等。

2. ONU 硬件结构及原理

1) ONU 硬件结构

ONU 硬件设备通常由主控模块、交换模块、总线、上行 EPON 接口模块、各种下行业务接口模块及电源模块构成，各种模块通过背板总线进行互连，如图 8-22 所示。

主控模块是 ONU 的控制和管理核心，一般为嵌入式操作系统（Linux/VxWorks 等）的硬件平台。主控模块一般可以实现对交换模块及其他接口模块的控制、配置和正常运行。

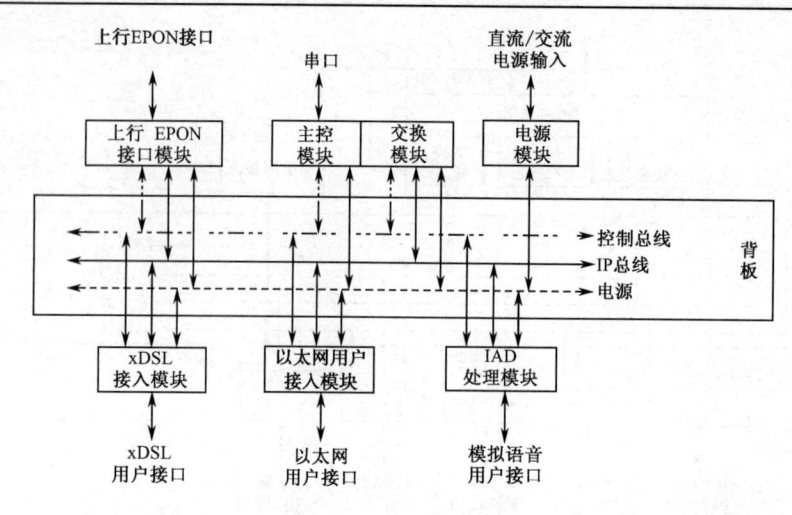

图 8-22 ONU 硬件结构

交换模块提供以太网帧的交换与转发功能，主控模块通过背板控制总线与交换模块进行通信、访问和管理。

2) ONU 工作原理

ONU 的工作原理可根据信息流程进行描述。上行 EPON 接口模块采用一个千兆位口作为 EPON 的接收端口，接收 OLT 广播发送的数据分组；另一个千兆位口作为 EPON 的发送端口，向 OLT 发送数据，该端口发射的是特殊波长的光，通过特殊的交换机制来实现 ONU 与 OLT 的连接。

xDSL 接入模块主要为用户提供 DSL 接入，将用户数据转换为标准以太网帧结构后，通过背板 IP 总线传送到交换模块，交换模块利用内部交换功能将用户数据转发到 ONU 上行接口。下行业务数据从 ONU 上行接口进入设备后，通过 IP 总线到达交换模块，经过内部交换将数据转发到 xDSL 模块，最后 xDSL 模块将信号进行调制等处理后发送给 xDSL 用户。

以太网用户接入模块主要为用户提供以太网接入，业务数据转发流程与 xDSL 模块相同。

IAD 处理模块主要向用户提供模拟话音业务。用户模拟话音经 POTS 接口到达 IAD 处理模块后，IAD 模块将用户话音转换成 VoIP 数据包，通过 IP 总线、交换模块等之后转发到 ONU 的上行接口。下行话音 VoIP 数据分组到达 IAD 处理模块后，由 IAD 处理模块将其转换成用户模拟话音信号，通过 POTS 接口发送给用户。

8.6 光纤接入网的应用

8.6.1 xPON 接入网应用

FTTB+xDSL 建设模式基于 xPON 技术实现光纤到大楼，在楼房设置可以为多用户使用的光网络单元 ONU，光网络单元通过双绞线 DSL 最终接入用户。ONU 光网络单元内置 xDSL 局端设备功能。在典型应用的情况下，光网络单元 ONU 和最终用户采用铜缆的接入，距离在 100 m 至 500 m 之间。网络结构如图 8-23 所示。

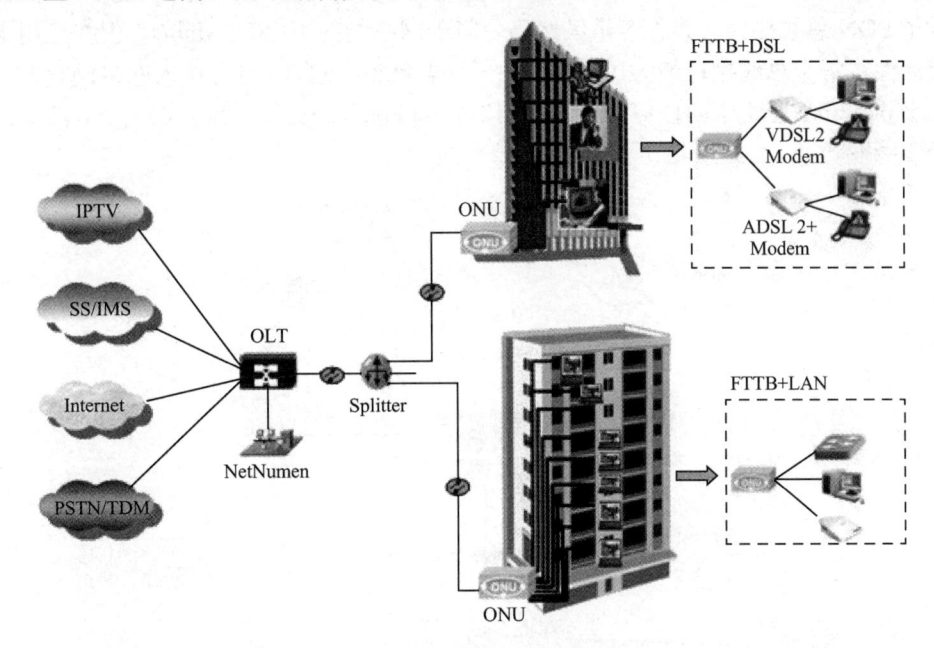

图 8-23　FTTB+xDSL 的 xPON 的 OAN 模型

FTTB+LAN 宽带接入网组网模型基于 EPON 的光纤接入网技术，实现光纤接入到楼层或楼道单元内，在楼房设置多用户可以共同使用的光网络单元 ONU，光网络单元通过五类线，实现到用户的最终接入。用户只需要终端，配置以太网卡，开机就可接入网络，无须购买其他的网络设备。用户可以得到提供的数据、话音电话和视频 TV 业务。这种模型下 ONU 具备 LAN 交换机的功能。在典型的应用情况下，光网络单元 ONU 和最终用户之间采用双绞铜缆的接入，距离应控制在 100 m 以内。网络结构如图 8-24 所示。

由图 8-24 可知，只要将 ONU 设置到户或办公室，其结构成了光纤到户（FTTH）或光纤到办公室（FTTO）的 xPON 的 OAN 模型。FTTH 为用户提供各种综合宽带业务，它的经济结构是点到多点方式。这种模型实现了每个住宅小区用户家都部署一个 ONU，每个家庭都通过 ONU 得到数据、话音或视频业务。FTTH 实现了全透明的传输，对传输制式、带宽、波长等都没有限制，非常适合引入新业务。可以说这是目前一种比较理想的接入网模型。

8.6.2　TDD+TDM+TDMA 的 PON 的 OAN

美国 LT 公司的光本地网 OLN-2000 系统，采用 TDD 双工方式进行单纤双向通信；下行信号采用 TDM 复用方式进行广播发送；上行信号采用 TDMA 方式进行多址接入。

图 8-25 所示为该系统的原理框图。它由 3 部分组成，即 OLT、ODN 和 ONU。该系统支持交互式与分配式两种业务。这两种业务分别工作于 1 310 nm 和 1 550 nm 波长。利用 WDM 器件完成合波与分波任务。图中，OLT-IS 和 ONU-IS 用交互式业务；OLT-DS 和 ONU-DS

用分配式业务。分配式业务主要用于电视，交互式业务主要用于电话。OLN-2000 的 OLT 与交换机的接口采用 V5.1 协议接口，这给系统的业务配置带来了灵活性。利用新的软件版本该接口还能升级到 V5.2 协议接口，进一步改进系统的经济性。在网络一侧，一个 OLT 可提供 6 个 PON 总线接口，其总容量虽然仍受限于网络侧的 16 个 2 Mbit/s，但在应用上具有较大灵活性。每个总线接口最大可支持 192 个 64 kbit/s 通路，且可接入网络侧宽带通路总线 512 个 64 kbit/s 通路中的任何一个。在 512 个 64 kbit/s 通路中，其中 480 个 64 kbit/s 通路可用于实际业务通路。

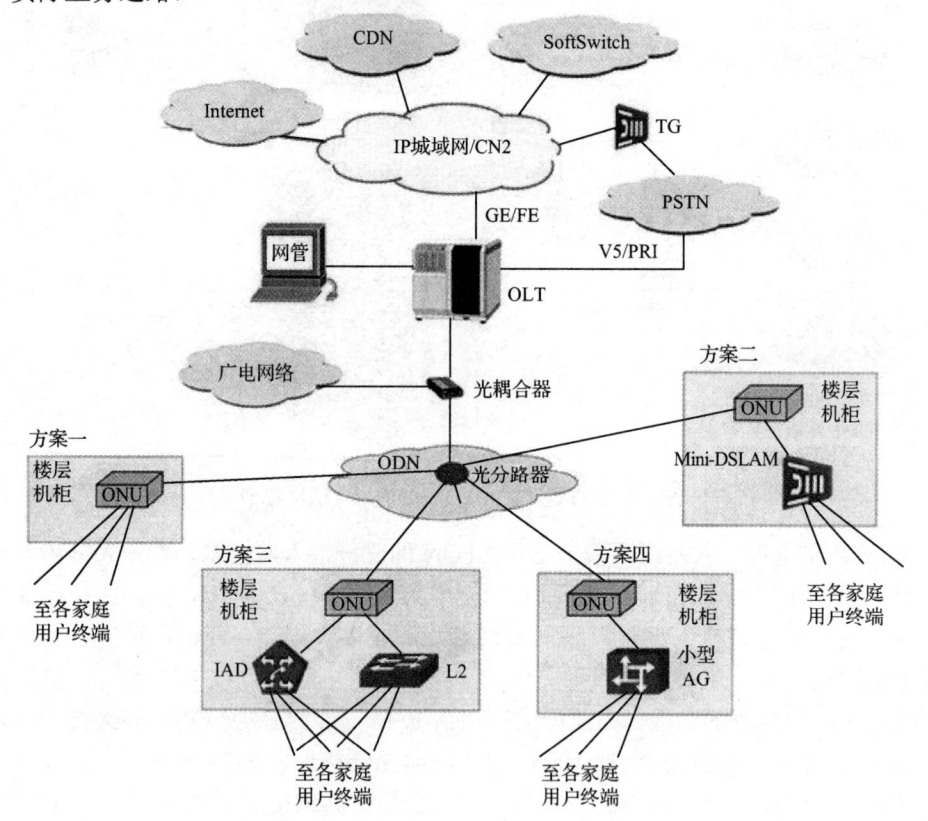

图 8-24　FTTB+LAN 的 EPON 的 OAN 模型

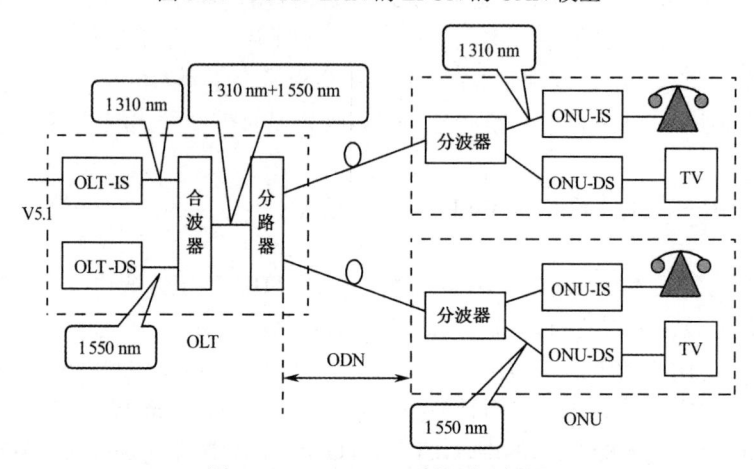

图 8-25　OLN-2000 系统原理框图

OLT 的定时可来自网络侧任何 2 Mbit/s 支路接口、局内时钟或内部设备时钟。

OLT 与 ODN 的光接口速率为 28.8 Mbit/s。每个光分路器最大可带 16 个 ONU。光路回波损耗大于 35 dB，光功率预算值为 11～26.5 dBm，光工作波长窗口为 1 270～1 350 nm 交互式业务。

习 题 8

1. 简述接入网在通信网中的位置和作用。
2. 画出接入网分层模型，并简述各层的功能。
3. 简述光纤接入网中 OLT、ODN 和 ONU 各部分的作用。
4. 简述实用的 OLT 和 ONU 基本组成及其各部分的作用。
5. 简述光纤接入网的几种拓扑结构，说明各有何特点。
6. 说明 EPON 工作过程，并画出其帧结构。
7. 请分析 APON、GPON、EPON 接入技术特点及区别。

第9章 现代光通信系统

9.1 相干光通信系统

迄今为止，所有实用化的光纤通信系统都采用 IM-DD 方式，这类系统成熟、原理简单、成本低、性能优良，已经在光通信网中获得了广泛应用。然而，IM-DD 方式存在频带利用率低、接收机灵敏度差、中继距离短等不足，而且没有利用光载波的相位和频率信息，无法像无线通信那样实现外差检测。随着光通信技术的日益发展，采用单一频率的相干光作为光源（光载波），将无线电技术中相干通信方式应用于光纤通信，实现一种新型的光通信方式，弥补 IM-DD 方式的补足。在光纤通信系统中采用外差或零差检测方式可以显著提高接收机的灵敏度和选择性，这就是相干光通信的好处。

9.1.1 相干光通信系统的基本原理

相干光通信系统的基本组成如图 9-1 所示。在发送端，采用直接调制或外调制（振幅、频率、相位或偏振方向）方式，将输入信号调制到光载波上，送入光纤中传输。在接收端，本地振荡器的光波信号通过耦合器叠加到接收信号上进行相干混合，在光检测器的输出端，外差检测时产生一个适当的中频 IF 信号；零差检测时直接得到基带电信号。其中，偏振控制器用于调节信号光与本征光间的偏振态匹配。

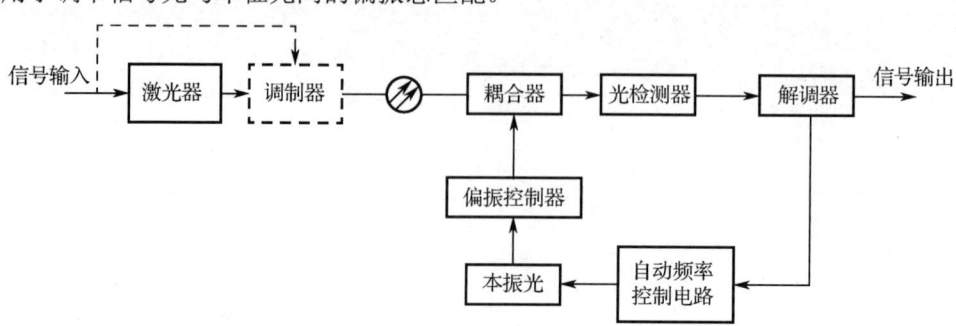

图 9-1 相干光通信系统的基本组成

在相干光通信系统中，输入信号可以是模拟信号，也可以是数字信号，无论是什么信号，光调制工作原理与 4.2 节的 IM 或外调制原理是一致的。光解调的工作原理可用图 9-2 加以说明。光接收机接收的信号光 ω_S 和本振光 ω_L 经相干混频后，由光电检测器检测，获得中频为 $\omega_{IF}=\omega_S-\omega_L$ 的输出基带电信号。

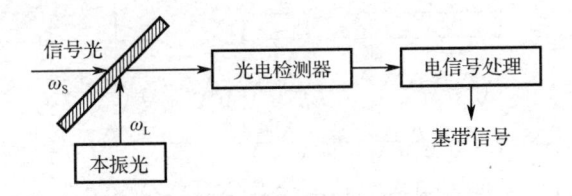

图 9-2 相干检测原理框图

设接收的信号光和本振光的电场分别为

$$E_S(t) = E_S \cos(\omega_S t + \phi_S) \tag{9.1a}$$

$$E_L(t) = E_L \cos(\omega_L t + \phi_L) \tag{9.1b}$$

式中，E_S、ω_S、ϕ_S 分别为信号光幅度、频率和相位；E_L、ω_L、ϕ_L 分别为本振光幅度、频率和相位。假设信号光与本振光的偏振方向相同，投射至光电检测器的光强度 $P(t) \propto |E_S(t) + E_L(t)|^2$，检测到的功率为 $P(t) = K|E_S(t) + E_L(t)|^2$，$K$ 为比例常数，根据式（9.1），$P(t)$ 可以写成：

$$P(t) = K[E_S^2 + E_L^2 + 2E_S E_L \cos(\omega_{IF} t + \phi_S - \phi_L)] \tag{9.2}$$

式中，ω_{IF} 为中频信号的频率；本振光的中心角频率 $\omega_L = \omega_S \pm \omega_{IF}$。

1. 相干系统光解调（相干检测）

当 $\omega_S = \omega_L$ 时（$\omega_{IF} = 0$），称零差检测，可以把接收到的光信号直接转变成基带信号，这种方式称为零差检测。光电检测器输出的光电流 $i(t)$ 正比于入射光功率 $P(t)$，近似为：

$$i(t) = RP(t) = R[E_S^2 + E_L^2 + 2E_S E_L \cos(\phi_S - \phi_L)] \tag{9.3}$$

式中，R 为光电检测器的响应度，通常 $E_L^2 \gg E_S^2$，故 $E_S^2 + E_L^2 \approx E_L^2$ 为常数。式（9.3）的最后一项包含要传送的信息。根据功率与电场强度的关系，可以写为 $E_L^2 = P_L$，$E_S^2 = P_S$，考虑到本振光相位被锁定在信号光相位上，故 $\phi_S = \phi_L$。此时，零差检测产生的信号电流为：

$$i(t) = RP(t) = 2R\sqrt{P_S P_L} \cos(\phi_S - \phi_L) \approx 2R\sqrt{P_S P_L} \tag{9.4}$$

当 $\omega_S \neq \omega_L$ 时，称为外差检测。要想恢复基带信号，接收光信号载波频率先转变为中频 f_{IF}（典型值为 0.1~5 GHz）信号，然后再把该中频信号转变成基带信号，这种相干检测方式称为**外差检测**。光电检测器输出的光电流 $i(t)$ 正比于入射光功率 $P(t)$，近似为：

$$i(t) = RP(t) = R[E_S^2 + E_L^2 + 2E_S E_L \cos(\omega_{IF} t + \phi_S - \varphi_L)] \tag{9.5}$$

与零差检测类同，式（9.5）也可以改写为

$$i(t) = RP(t) = 2R\sqrt{P_S P_L} \cos(\omega_{IF} t + \phi_S - \phi_L) \tag{9.6}$$

外差检测方式也可以通过增大本振光功率的方式提高接收灵敏度；在相干检测中，由于要求 $\omega_S - \omega_L$ 随时保持常数（ω_{IF} 或 0），因而系统光源具备非常高的频率稳定性、非常窄的光源谱宽及一定的频率调谐范围；无论是外差检测还是零差检测，检测的根据都来源于接收光信号与本振光信号之间的干涉，因而必须保持它们之间的相位和偏振方向匹配。

2. 相干系统光调制

相干光通信中可以采用 IM 调制和外调制方式，对光载波进行调幅度、频率和相位调制。对于数字调制，一般采用幅移键控（ASK）、频移键控（FSK）和相移键控（PSK）等调制方式，如图 9-3 所示。

图 9-3 数字调制几种基本方式

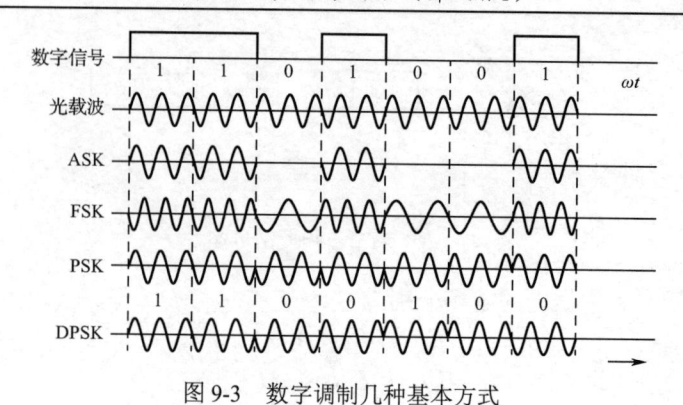

幅移键控（ASK）是用数字信号控制光载波的幅度大小，如"1"码时发送光载波，"0"码时不发送光载波。

频移键控（FSK）是用数字信号调制光载波的频率大小，如"1"码时发送光载波频率为 f_1，"0"码时发送光载波频率为 f_0。

相移键控（PSK）是用数字信号对光载波的相位大小进行控制，如"1"码时发送光载波相位 0，"0"码时发送光载波相位为 π。

9.1.2 相干光通信系统的关键技术

与 IM-DD 系统相比，实现相干光通信系统必须解决下面 3 个关键技术问题。

（1）光间接（外）调制

光间接（外）调制的关键器件是光调制器件，其将电信号的电压加在光调制器的电极上，使光调制器的电压或声压或磁场等物理参数发生相应变化。具体调制原理请参看第 4 章 4.2 节 光源间接调制部分。

光调制器件可根据电光、声光和磁光效应把光波传输特性随电压或声压或磁场等外界因素的变化而变化的物理现象。请参看第 4 章 4.2 节 光源间接调制部分。

（2）匹配技术

相干光检测要求信号光和本振光混频时偏振态相匹配，此时才能获得高混频效率。

（3）频率稳定技术

只有保证信号光载波振荡器和光本振振荡器频率高度稳定性和高频谱纯度（频谱宽度要窄），才能保证相干光通信系统正常工作。在相干光通信系统中，中频一般选择为 $2\times10^8 \sim 2\times10^9$ Hz，而信号光波长为 1 550 nm 时，其光载频为 2×10^{14} Hz，则中频是光载频的 $2\times10^{-6} \sim 2\times10^{-5}$ 倍，因此要求光源频率稳定度优于 10^{-8}。激光器一般达不到要求，必须研究稳定技术，如优质 DFB-LD 的频谱宽度可达几千赫兹。1 550 nm 的光载频为 2×10^{14} Hz，

9.1.3 相干光通信系统的优点及前景

相干光通信充分利用了相干方式具有的混频增益，出色的信道选择性等特点。与直接检测（DD）相比，具有以下优点。

1. 接收灵敏度高

相干检测能通过提高本振光功率有效地抑制噪声，改善接收灵敏度，增加光信号的传输距离。

2. 频率选择性好

外差接收时中频落在微波波段，采用非常窄的带通滤波器，可实现信道间隔小于 $1\sim 10\,\text{GHz}$ 的密集频分复用，从而实现超高容量的信息传输。

3. 具有多种调制方式

相干光通信系统除了对光波进行幅度调制外，还可以进行频率调制、相位调制。

相干光通信系统已在野外进行了许多成功试验，但相干光发送机和接收机的结构复杂，可靠性差，另外，光纤放大器的实用化放慢了相干光通信实用化的研究，相干光通信技术仍有应用前景。

9.2 光孤子通信系统

损耗和色散是制约光纤通信系统传输距离和容量的主要因素。利用光孤子传输信息的新一代光纤通信系统，可以真正做到全光通信，无须光电-电光转换的中继器，就可在超长距离、超大容量传输中大显身手。光孤子通信是光通信技术上的一场革命。

光孤子是一种特殊形态短脉冲波，是非线性波动方程一种特殊的不弥散解。这种波经光纤长距离传输后能保持其初始形状不变，即幅度和宽度都保持不变。1980 年实验证实了光孤子脉冲可以在光纤中长距离传输。1992 年，在传输速率 10 Gbit/s 的条件下成功地进行了 $10\times10^6\,\text{km}$ 的光孤子传输试验。由于光孤子在传输过程中可以保持形状不变，若采用光孤子作为载波，则可以从根本上克服色散对通信容量的限制，所以对光孤子传输的研究一直是光通信领域的热点。

9.2.1 光孤子通信系统的基本原理

光孤子通信系统基本组成如图 9-4 所示。光孤子通信系统由光孤子源、调制器、孤子能量补偿放大器 EDFA、发送端隔离器、光纤传输系统、接收端隔离器与孤子脉冲信号检测接收单元组成。光孤子通信系统的调制属于间接（外）调制。

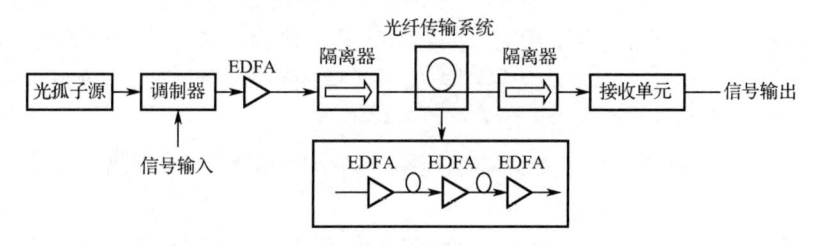

图 9-4 光孤子通信系统基本组成

光孤子通信系统的基本工作原理是，由光孤子源提供光孤子脉冲流作为信息载体进入光调制器，信息通过光调制器对光孤子脉冲流进行调制。已调信息的光孤子脉冲流经 EDFA 放大和光隔离器后耦合进入传输光纤进行传输。借助于光纤线路周期性接入的 EDFA 对光孤子进行能量补偿，避免因光纤损耗而导致光孤子脉冲展宽，实现光孤子的稳定传输。最后利用光检测接收单元将光孤子承载的信息分离出来。

光孤子源是光孤子通信系统的关键。要求光孤子脉冲宽度为皮秒数量级，有规定幅度峰值。光孤子源主要由掺铒光纤孤子激光器、锁模半导体激光器等。

9.2.2 光孤子通信系统的关键技术

光孤子通信系统的关键技术是光孤子源的形成。光孤子源形成如第 2.2.4 节光纤的非线性所述，在强光作用下光纤自相位调制（SPM），即传输过程中光脉冲自身相位变化，导致脉冲频谱展宽的现象，脉冲保持初始形状传输，形成基本光孤子。自相位调制与"自聚焦"有密切联系。如果十分严重，那么在密集波分复用系统中，光谱展宽会重叠进入邻近的信道。

光脉冲在光纤传输过程中相位变化为：

$$\phi = (n_0 + n_2|E|^2)k_0 L = \phi_0 + \phi_{NL}$$

式中，$k_0 = 2\pi/\lambda$；L 是光纤长度；$\phi_0 = n_0 k_0 L$ 是相位变化的线性部分；$\phi_{NL} = n_2 k_0 L |E|^2$ 为自相位调制。从原理上说，SPM 可用来实现调相，可在光纤中产生光孤子，形成光孤子源。

根据理论分析，形成的孤子源有着严格要求，一是光脉冲为双曲正割分布脉冲，二是孤子的振幅不是任意的，而是唯一地由非线性系数、色散值及脉冲宽度所确定，即一定量的能量峰值。当唯一确定的基本孤子注入无损耗光纤后，将沿光纤无失真、无限稳定地传输下去。但实际上，光纤损耗导致孤子幅度随着传输距离的增加而下降，当能量不满足光孤子形成的条件时，脉冲丧失光孤子特性而展宽，即光孤子幅度的变化导致脉冲展宽，且光孤子幅度与脉宽之积为常数。只有通过光纤放大器给光孤子补充能量，才能让光孤子自动整形。利用光孤子这一特性，每一段距离补充脉冲损失的能量，可以使脉宽恢复到初始状态。如此一来就可以增加传输级数，极大地延长传输距离，可进行全光中继传输。

光调制器、传输光纤、孤子脉冲信号检测接收单元与常规光纤通信系统中的作用类似。

9.2.3 光孤子通信系统的优点及前景

光孤子通信是新一代超长距离、超高速率的光纤通信系统，更被公认为是光纤通信中最有发展前途、最具开拓性的前沿课题。光孤子通信和线性光纤通信比较有一系列显著的优点。如孤子脉冲的不变性决定了高速、大容量通信，传输速率可达 20 Gbit/s～100 Gbit/s；利用光纤放大器补偿损耗实现全光传输；光孤子通信的系统误码率低，抗干扰强，适用长距离传输。光孤子系统调制优于 IM-DD 方式和相干光通信。

目前，孤子通信系统实验可以达到传输速率 10～20 Gbit/s，传输距离 13 000～20 000 km 的水平。

正因为光孤子通信技术的这些优点和潜在发展前景，国际国内这几年都在大力研究开发这一技术。当然，实际的光孤子通信仍存在许多技术难题。从已取得的突破性进展使人们相信，光孤子通信在超长距离、高速、大容量的全光通信中，尤其在海底光通信系统中，有着光明的发展前景。

9.3 自由空间光通信系统

自由空间光（Free Space Optics，FSO）通信又称无线光通信或大气光通信，它是指以光波为载波，在真空或大气中传输信息的通信技术。FSO 通信按应用环境不同又可分为大气光通信（水平方向）、卫星间光通信和星地光通信（垂直方向）。FSO 通信的思想提出较早，但光通信的研究重点转移到光纤通信上，20 世纪末随着相关技术的突破，FSO 通信重新得到了重视，已经开始在短距离、中等传输速率室外 FSO 通信中应用，比如传输速率 100Mbit/s~2.5Gbit/s、传输距离 0.5km~4km、激光波长 850 nm ~1550nm 之间。

9.3.1 FSO 通信系统的基本原理

自由空间光通信系统的基本构成如图 9-5 所示。完整的数字自由空间光通信系统由线路编码、光调制、光学发送天线、光学接收天线、光解调、线路解码等基本单元组成。FSO 通信系统比光纤通信系统主要多了光学收/发天线部分。

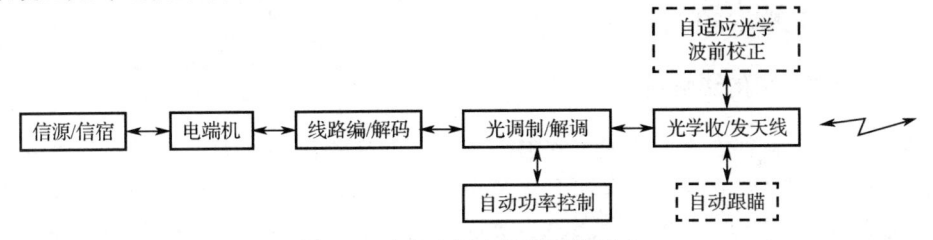

图 9-5 自由空间光通信系统组成

（1）线路编/解码

线路编码主要为了不稳定的误码较为严重的自由空间信道而设计。其目的是通过使用线路编码来实现前向纠错功能。自由空间光通信与长距离光纤通信不同，自由空间光通信的误码主要表现为突发误码，例如在一段时间内激光束传播受大气湍流影响或移动物体短时间遮挡，导致接收机误码率突发上升，因此在不中断通信的情况下需检测误码，并且还要及时纠错。解码是编码的逆过程。

（2）光调制/解调

用于实现电光/光电变换。在早期，自由空间光通信系统使用大功率气体激光器，光电倍增管作为光电检测器。随着光电技术和器件的不断成熟，有源半导体激光器可靠性好、效率高、体积小、质量轻、功率得到很大提升，因此目前大多数系统使用半导体激光器作为光源，PIN 或 APD 作为光检测器。其调制方式多采用 IM-DD 方式。采用的线路编码多为开关键控（OOK）、曼切斯特编码等方式。

（3）光学收/发天线

接收光学天线的任务是将一定面积内的信号光汇聚到光检测器上，目的是增大接收信号功率；发送光学天线的任务是压缩光束发散角，降低激光束在大气中传播时的发散损耗。自由空间光通信系统多采用折射式光学天线。

构成光学天线的主要方式为收/发分离式和收/发合一式。收/发分离式光学天线如图 9-6（a）所示，收/发合一式光学天线如图 9-6（b）所示。

(a) 收/发分离式光学天线

(b) 收/发合一式光学天线

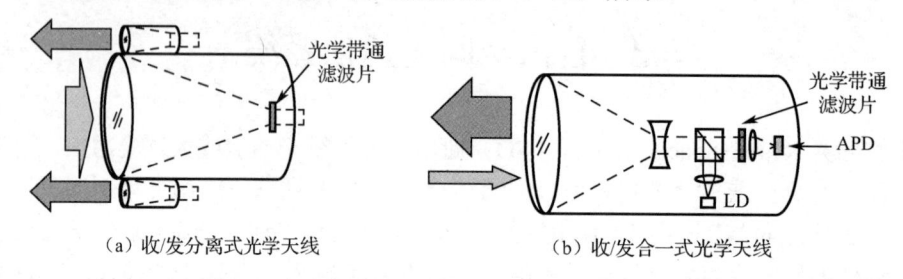

图 9-6　收/发分离式和收/发合一式光学天线示意图

收/发分离式光学天线的发送天线口径不宜过大，在毫米数量级，对应的光束发散角约在毫弧度数量级；对于接收天线，则口径尽可能大一些。收/发分离式光学天线实际应用效果较好。收/发合一式光学天线成本较高，很少被自由空间光通信系统采用。

9.3.2　FSO 通信系统的关键技术

影响 FSO 通信系统性能的关键因素包括大气湍流、建筑物晃动、空中障碍物的影响，以及瞄准、捕获和跟踪技术等。

1. 大气层对光束的影响

光束在空气信道中传播，场能量容易受到附加的功率损耗和大气折射率随机性变化造成的光束闪烁、扩散和弯曲。还存在大气各点密度不规则的微小起伏的湍流影响、引起场扰动可能的涡流。这些影响会造成激光光束通过时偏离原来方向，发生不稳定的偏折，光束偏折角度一般为几度到几十度，由于接收点固定不变，收到的光信号强度就会起伏变化，而大气湍流又带来强烈干扰。解决办法是用几个不同位置的激光发射器同时发送同样的信号，接收机采用多个独立大口径透镜结合接收，类似分集接收。

2. 建筑物晃动和空中障碍物的影响

建筑物晃动将影响两个点之间的激光对准，解决办法是要求链路两端设备都必须具备自动捕获和跟踪能力。空中障碍物阻挡信号传播途径时，大气光通信会受到干扰，如飞行的小鸟和空中其他能阻断光束的障碍物等。解决办法一是设备安装避开附近大型的飞行物，二是技术上采用散光法和阵列多点发射降低飞行物影响。

3. 波长选择

光无线通信所采用的激光波长也应选用信道损耗最小波长，这点与光纤通信一样。

激光波长选择考虑因素有，大气和地面对太阳光的散射形成了对光大气通信的接收器一个强大的背景辐射噪声源，大气各种微粒引起的透过率对光波直接起衰减作用，大气对光谱的吸收也会对光波形成衰减作用，大气散射对光束造成的反射或折射改变了光能的分配方向等。因此选择波长时，应避开背景辐射光谱400～700 nm，可选对象为红外光或紫外光。避开大气吸收光谱，常用红外波段810～860 nm、980～1 060 nm 和1 550～1 600 nm 都是良好的大气光通信窗口。实验证明，紫外不利于大气光通信。综合考虑，810～860 nm 和1 550～1 600 nm 都是无线光通信的可选波长。

4．瞄准、捕获和跟踪技术

大气光通信系统在进行数据传送之前，首先调整发送机发出的光场功率确实达到接收机的探测器上，即使发送光正确地对准接收机。同样，接收机也必须按照发送光场到达角度进行调节。使发送机对准一个恰当的操作方向称为瞄准，确定入射光束到达方向的接收机操作称为空间捕获，整个通信期间和捕获操作称为空间跟踪。

FSO 通信是一种视距宽带通信技术，传输距离与信号质量的矛盾非常突出，当传输超过一定距离时波束就会变宽，导致难以被接收点正确接收。目前，在1 km 以下才能获得最佳的效果和质量，最远只能达到4 km。多种因素影响其达不到99.999%的稳定性。

FSO 通信系统性能对天气非常敏感是 FSO 通信的另一个主要问题。晴天对 FSO 通信质量的影响最小，而雨、雪和雾对通信质量的影响则较大。据测试，FSO 通信受天气影响的衰减经验值分别为：晴天，5～15 dB/km；雨，20～50 dB/km；雪，50～150 dB/km；雾，50～300 dB/km。国外为解决这个难题，一般会采用更高功率的激光器二极管、更先进的光学器件和多光束来解决。城市内，由于建筑物的阻隔、晃动将影响两个点之间的激光对准。

9.3.3 FSO 通信系统的优点及前景

自由空间光通信与微波技术相比，它具有调制速率高、频带宽、不占用频谱资源等特点；与有线和光纤通信相比，它具有机动灵活、对市政建设影响较小、运行成本低、易于推广等优点。自由空间光通信可以在一定程度弥补光纤和微波的不足。它的容量与光纤相近，但价格却低得多。

传统的射频无线通信传输速率受限，频谱资源紧张；而空间光通信具有频谱不受限、传输速率高、天线口径小、端机功耗低、体积小、质量轻，并且具有良好的抗干扰和抗截获性能。因此，空间光通信在许多领域有望取代无线通信，成为"最后1 km"通信的解决方案。

FSO 通信主要应用于星地、星间和地面光通信，在军事和民用领域均具有重大的战略需求与应用价值。地面空间光通信的主要应用场景有：3G、4G 无线基站与交换中心数据回传，最后1 千米接入，不便于敷设光缆的场合，应急通信保障等。激光通信将改变现有的卫星通信体制，给空间信息传输领域带来革命性的变化。

9.4 光量子通信系统

光量子通信是以光量子作为信息载体（载波）的一种先进的通信手段，即光量子通信的信息载体是光量子，运动、传输及相互作用应遵循量子电动力学原理，因此光量子通信是指利用量子纠缠效应进行信息传递的一种新型通信方式。量子通信是近二十年发展起来的新型交叉学科，是量子论和信息论相结合的新研究领域。量子通信主要涉及量子密码通信、量子隐形传态（传输）和量子密集编码等，近来这门学科已逐步从理论走向实验，并向实用化发展，成为国际上量子物理和信息科学的研究热点。

光量子也具有波粒二项性，因而量子通信可以利用光的粒子特性，使用光量子来携带数字信息，实现信息通信。从物理学的角度分析，量子是不可分的最小能量单位；从量子力学角度，这种微观粒子的运动状态被称为量子态。量子纠缠是指微观世界里有共同来源的两个微观光粒子之间存在着纠缠关系（类似"心灵感应"，非定域非经典的关联），这两个处于纠缠状态关系的粒子无论相距多远，都能感应对方状态，并且随着对方（发送方）状态。

9.4.1 光量子通信系统的基本原理

1. 光量子通信的基本原理

量子通信从浅层定义上看，有两个重要术语，即"量子纠缠态"和"信息传递（量子隐形传态）"，通过对这两个术语的理解，就可以解释量子通信的完成过程。比如量子通信主要基于量子纠缠态的理论，使用量子隐形传态（传输）的方式实现信息传递。根据实验验证，具有纠缠态的两个粒子无论相距多远，只要一个发生变化，另外一个也会瞬间发生变化。具体实施办法是事先构建一对具有纠缠态的粒子（如光量子），将两个粒子分别放在通信双方（通信距离不受限制），将具有未知量子态的粒子与发送方处于纠缠态的粒子进行联合测量（一种类似调制操作），联合测量将改变发送方的未知量子态的粒子状态，则接收方的粒子状态瞬间发生变化（坍塌），这个状态与发送方的粒子变化状态是对称的，只要将联合测量的信息通过经典信道传送给接收方，接收方根据接收到的信息对变化的粒子进行逆转变换（类似解调的幺正变换），即可得到与发送方完全相同的未知量子态，这就完成了一次量子通信（传递），如图9-7所示。

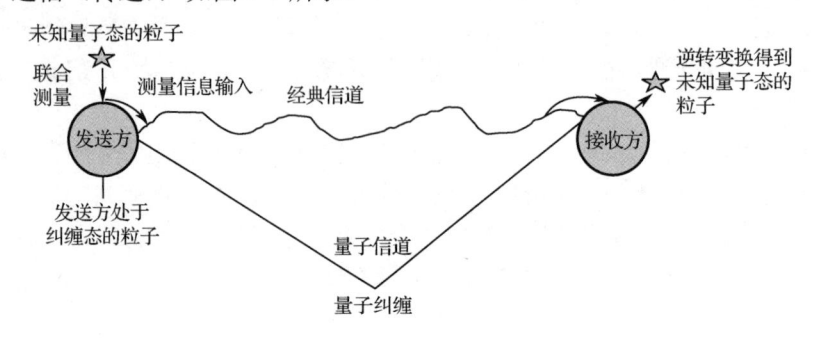

图 9-7 量子通信的过程示意图

单纯的量子通信分为光量子纠缠态的感应变化（量子隐形传态）和量子纠缠，量子通信分别以隐形传态或传送和经典信息的传输。隐形传送指的是脱离实物的一种"完全"的信息传送。从物理学角度可以想象隐形传送的过程，先提取原物的所有信息，然后将这些信息传送到接收地点，接收者依据这些信息，选取与构成原物完全相同的基本单元，制造出原物完美的复制品。对于经典信息的传输是量子通信必不可少的辅助手段，尤其量子通信的后处理必须要通过传统的通信方式传输（如光纤通信），没有后处理就无法最终生成密钥。

量子通信具有高效率和绝对安全等特点。

（1）安全性。量子通信绝不会"泄密"：其一，体现在量子加密的密钥是随机的，即使被窃取者截获，也无法得到正确的密钥，因此无法破解信息；其二，分别在通信双方手中具有纠缠态的两个粒子，其中一个粒子的量子态发生变化，另外一方的量子态就会随之立刻变化，并且根据量子理论，宏观的任何观察和干扰，都会立刻改变量子态，引起其变化，因此窃取者由于干扰而得到的信息已经破坏，并非原有信息。

（2）高效性。被传输的未知量子态在被测量之前会处于纠缠态，即同时代表多个状态，例如一个量子态可以同时表示 0 和 1 两个数字，7 个这样的量子态就可以同时表示 128 个状态或 128 个数字。光量子通信的这样一次传输，就相当于经典通信方式的 128 次。可以想象如果传输带宽是 64 位或者更高，那么效率之高将是惊人的。

由于人们对纠缠态粒子之间的相互影响一直有所怀疑，认为**量子通信解决的不是通信问题，而是加密问题**。在军事绝密信息和银行关键数据的通信方面，量子通信会有重要的应用价值。几十年来，物理学家一直试图验证这种神奇特性是否真实。

2. 光量子通信系统的基本构成

光量子通信系统与一般光纤通信系统类似，也是由发射端、信息传输通道和接收端组成的，如图 9-8 所示。

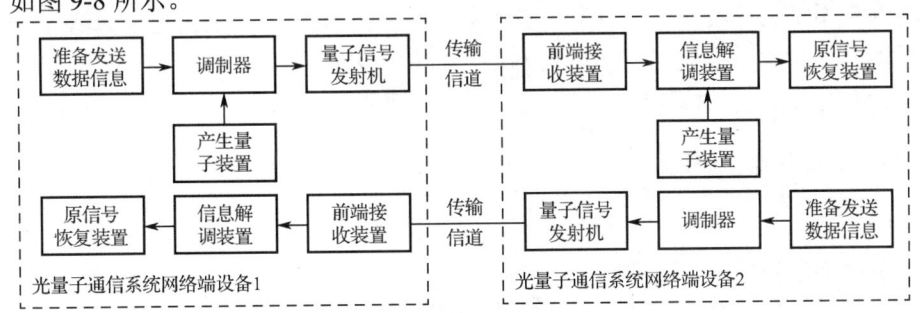

图 9-8 光量子通信系统的简单组成

发射端的主要功能包括产生信息载体的产生量子装置，将所需传送的信息加载到量子流中的调制器，将已调好的量子流通过量子传输信道进行信息传递。

接收端的主要功能包括量子信息流前端接收装置，接收来自量子信道的已调量子流，并去掉其传输中所带来的干扰和衰落，信息解调装置从所接收的调制量子流中将信号解调出来。原信号恢复装置是对解调出的信号进行整形放大恢复其在发送端信号的原貌。量子通信所采用的传输介质包括光纤、自由空间、海水等。另外还有辅助信道，是指除传输信道以外的附加信道，如经典信道，主要用于密钥协商等。

9.4.2 光量子通信系统的关键技术

光量子通信系统的关键技术涉及量子密钥分配（Quantum Key Distribution，QKD）、量子隐形传态（Quantum Teleportation，QT）、量子安全直接通信（Quantum Secure Direct Communication，QSDC）、量子机密共享（Quantum Secret Sharing，QSS）等 4 个方面。

1. 量子密钥分配（QKD）

量子密钥分配（QKD），即利用量子状态作为信息加密和解密的密钥。量子密钥分配以量子态为信息载体。在量子密码学中，采用单光子进行量子通信，通信双方的保密通信是通过量子信道和经典信道分配的密钥实现的。其通信的保密性和安全性由量子力学中不确定性原理和量子不可克隆定理来保证。通过量子信道使通信收发双方共享密钥，是密码学与量子力学相结合的产物。QKD 技术在通信中并不传输密文，只是利用量子信道传输密钥，将密钥分配到通信双方，其系统结构如图 9-9 所示。

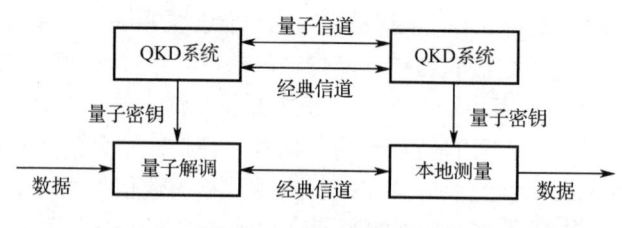

图 9-9 QKD 系统结构

目前，各国学者在理论上已经提出了几十种量子密钥分配方案，根据信号源的不同大致可分为三类：基于单量子的量子密钥分配方案、基于量子纠缠对的量子密钥分配方案和基于单量子与量子纠缠对的混合量子密钥分配方案。

现有的量子密钥分发技术可以实现实验室状态下 200 千米以上的量子通信，再辅以光开关等技术，还可以实现量子密钥分发网络。目前，开始产业化的是量子密钥分配，例如"京沪量子通信干线""沪杭量子通信干线"以及陆家嘴量子通信金融网等。

2. 量子隐形传态（QT）

量子隐形传态是量子信息领域的典型应用，又称为量子离物传态或量子远程通信。量子隐形传态技术是利用量子纠缠理论，通过一对 EPR 纠缠对实现远距离量子信息传输，不需要直接传输量子信息比特而实现量子纠缠态的转移。量子隐形传态理论在实验中得到了成功实现，并成为当前量子通信系统的重要理论基础。其系统结构如图 9-10 所示。

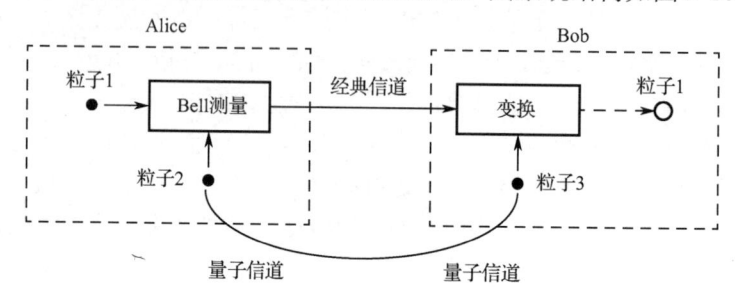

图 9-10 量子隐形传态系统结构

发送方 Alice 要将粒子 1 传递给接收者 Bob，需要分别经过经典信道和量子信道两部分的传输过程，其具体步骤如下：

① Alice 在发送端对所持有的粒子 1 和 2 进行联合 Bell 测量，使其坍塌（变化）到 4 个 Bell 基中的一个。Alice 将测量得到的结果通过经典信道传输给 Bob。当 Alice 完成测量工作后，Bob 手中的粒子 3 立刻坍塌（变化）到所对应的量子态上。

② Bob 根据所接收到的结果对手中的粒子 3 的量子态进行相对应的幺正变换，得到粒子 1 初始未知态的一个精确备份，完成了未知态的传输。从量子隐形传态的传输过程可以看出，粒子 1 在 Alice 手中已经遭到破坏，不可能通过通信信道传输到 Bob 处，Bob 只是通过相应的幺正操作利用手中已有的粒子 3 实现对未知粒子 1 的再现，而不是对粒子 1 的复制，所以量子隐形传态理论并不违背量子不可克隆定理。

量子隐形传态的工作原理使得需要传输的未知量子态不受到传输信道的影响，并且该系统能够较好地抵御外界窃听或攻击，这使得该理论在量子通信网络中得到了广泛应用，尤其是涉及量子态的转移、中转等技术上有着很好的应用前景。

3．量子安全直接通信 (QSDC)

量子安全直接通信是指通信双方以量子态为信息载体，基于量子力学相关原理及量子特性，利用量子信道，在通信收发双方之间安全地、无泄露地直接传输有效信息，特别是机密信息的通信技术。

QSDC 是量子通信技术的一个重要分支，主要用于直接传输机密信息。通信的收发双方无须事先建立安全密钥，就可以直接通过量子通道进行信息传输。QSDC 与量子密钥分发的根本区别在于在量子信道中直接传递秘密信息，安全性要求比量子密钥分配高，但总体而言，技术还不成熟。

4．量子机密共享(QSS)

量子机密共享是传统的机密共享在量子通信中的运用和发展，传统的机密共享旨在对重要的密钥进行安全保护，使即便部分或全部密钥被第三方窃取也难以恢复出真实的密钥。其主要实现思路是，将原始密钥分割成多份，然后将多份密钥分别发给多个用户，每个用户都只能获取一份或多份密钥份额，只有在多个密钥分享者合作下，才能恢复出原始的密钥，不能满足上述条件的共享者将无法得到全部的密钥。通过使用机密共享方案，可以在分享机密信息的同时，防止不诚实用户的破坏企图。

量子机密共享是多个通信方之间通过多量子纠缠态实现的量子通信，但现实应用技术难度大，还基本处在理论研究阶段。

9.4.3 光量子通信系统的优点及前景

量子通信具有传统通信方式所不具备的绝对安全特性，不但在国家安全、金融等信息安全领域有着重大的应用价值和前景，而且逐渐走进人们的日常生活。

量子通信与现有光纤通信相比具有以下优势。

量子通信的信息传输容量大，可呈多量级地超过光速率传输，特别适用于宇宙星际间的通信。

量子通信具有极好的安全保密性。量子通信有无法破译的密钥，并且采用了一次一密钥的加密方式，这样在两个人通话过程中，密钥机每秒都产生密码，从而保证话音信息的安全传输。一旦通话结束，这串密码立即失效，且下次通话绝不会被使用。

量子通信可以实现超光速通信。依据量子力学理论，量子超光速通信线路的时延可以是零，并且量子信息传递的过程中不会有任何障碍的阻隔。量子超光速通信完全环保，不存在任何电磁污染。

为了让量子通信从理论走到现实，从 20 世纪 90 年代开始国内外科学家做了大量的研究工作。自 1993 年美国 IBM 的研究人员提出量子通信理论以来，美国国家科学基金会和国防高级研究计划局都对此项目进行了深入的研究，欧盟在 1999 年集中国际力量致力于量子通信的研究，研究项目多达 12 个，日本邮政省把量子通信作为 21 世纪的战略项目。我国从 20 世纪 90 年代开始从事量子光学领域的研究，近几年来，中国科学技术大学的量子研究小组在量子通信方面取得了突出的成绩。

2008 年年底，潘建伟的科研团队成功研制了基于诱骗态的光纤量子通信原型系统，在合肥成功组建了世界上首个 3 节点链状光量子电话网，成为国际上报道的绝对安全的实用化量子通信网络实验研究的两个团队之一（另一小组为欧洲联合实验团队）。

截至到 2009 年，点对点的两方量子通信技术已经比较成熟，科学家和技术人员利用光量子态已经能够实现几十千米到百千米级的两方量子密钥分发系统。为了与现有通信系统兼容以减少成本，量子通信网还将充分利用现有的光纤网络。2016 年 8 月 16 日，中国发射全世界首颗量子科学实验卫星。截至 2017 年 8 月，已完成了包括千千米级的量子纠缠分发、星地的高速量子秘钥分发，以及地球的量子隐形传态等预定的科学目标。

2017 年 9 月 29 日，世界首条量子保密通信干线"京沪干线"正式开通。当日结合京沪干线与"墨子号"量子卫星，成功实现人类首次洲际距离且天地链路的量子保密通信。干线连接北京、上海，贯穿济南和合肥全长 2000 余千米，全线路密钥率大于 20 千比特/秒，可同时供上万用户密钥分发。

习 题 9

1. 简述相干光通信特点，实现相干光通信需要哪些关键技术？
2. 相干光通信的优势有哪些？
3. 光孤子是如何形成的？简述光孤子通信特点。
4. 比较 FOS 与其他无线接入技术的优缺点。
5. 简述 FOS 技术应用优势及应用场合。
6. 简述 OXC 和 DXC 在功能上的区别。
7. 简述光量子通信的定义？光量子通信的过程？
8. 简述量子光通信实现的技术难点。

第 10 章　现代全光网络

10.1　全光网络概述

随着 Internet 业务和多媒体应用的快速发展，网络的业务量正在以指数级的速度迅速膨胀，这就要求网络整体资源能力（传输能力、处理能力和存储能力）的增强，如图 10-1 所示。光纤通信技术出现以后，光技术开始渗透于整个通信网，光纤通信有向全光网推进的趋势。

全光通信的概念是 20 世纪 90 年代后期提出的，基于 WDM 技术的全光通信网引起众多的关注。全光通信网是光纤通信技术发展的最高阶段，其本意是信号以光的形式在光层实现信号穿过整个网络，直接在光域进行信号的传输、复用、交换和选路功能，中间不经过任何光电转换，构成灵活、全光透明性、可动态重构、具有高度生存性、宽带通信网的理想目标的光网络。全光通信网被 ITU-T 定名为光传送网（OTN）。

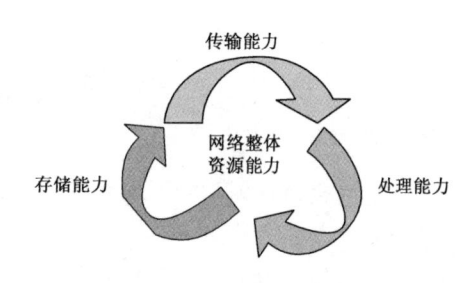

图 10-1　网络整体资源能力

10.1.1　全光网络的基本概念及特点

全光通信网也简称全光网络。全光网络是指网中端到端用户节点之间的信号传输与交换全部保持着光的形式，即端到端的全光路，中间没有光电转换器。数据从源节点到目的节点的传输过程都在光域内进行，而其在各网络节点的交换则使用高可靠、大容量和高度灵活的光交叉连接设备（OXC）。这样，网内光信号的流动没有用光电转换的障碍，信息传递过程无须面对电子器件处理信息速率难以提高的困难。另外，由于没有电的处理，故允许存在各种不同的协议和编码形式，使信号传输具有透明性。与电方式相比，减少了转换设备的开销，也使整个网络的管理趋于简化。

全光网络的两大组成部分是传输和节点。传输部分已大量采用大容量光纤。节点部分采用光交换使到达光信号只是经过这个节点，不需要进行光电转换，消除光电转换中的"电子瓶颈"，大大提高交换单元的吞吐量，还可以省去很多节点处的电子交换设备，降低节点上的成本。全光网络的基本结构如图 10-2 所示，图中 OLS 为光标记交换技术，Client 为客户端。目前实际的全光网络仅在于子网内部，子网之间连接的边界处仍采用光电转换设备来完成整个通信网的组成。

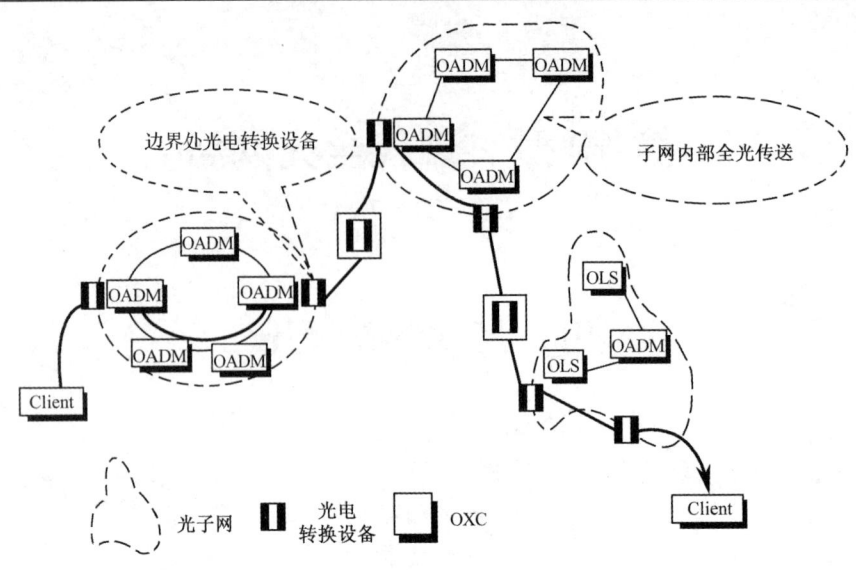

图 10-2　全光网络的基本结构

全光网络包括光传输、光放大、光再生、光选路、光交换和光信息处理等先进的全光技术，其特点如下。

(1) 波长路由

全光网络以波长选择器实现路由选择，各个连接是通过承载信息的波长来识别的，是目前全光网络的主要方式。

(2) 透明性

由于全光网络中的信号传输全部在光域内进行，不再有电中继，因此全光网络具有对信号传输的透明性。透明性有两个含义：信号速率透明和信号格式透明。

(3) 网络结构的扩展性

全光网络应当具有扩展性，而且是在尽量不影响已有通信的同时扩展用户数量、速率容量、信号种类等。因此，目前全光网络结构和网络单元都强调模块化的扩展能力，即无须改动原有结构，只要升级网络连接，就能够增添网络单元。

(4) 可重构性

全光网络的可重构性是指在光波长层次上的重构，网络中使用了 OXC，加入新的网络节点时，不影响原有的网络结构和设备，从而可降低成本。当用户通信量增加或网络出现故障时，可以改变 OXC 的连接方式，对网络进行可靠重构。

(5) 可操作性

由于全光网络比现有的网络多了一个光路层，因此其管理表现出一些独有的特征。允许在各个不同管理层次上控制和管理全光网络。

全光网主要由核心网、城域网和接入网三者组成，三者的基本结构相类似，由 DWDM 系统、光放大器、OADM 和 OXC 等设备组成。

10.1.2　全光网络中的关键技术

全光网络实现的进展取决于光路由技术和光交换技术、光交叉连接技术、光中继技术、光分插复用技术、管理控制和操作技术、智能光网络（Automatic Switched Optical Network，ASON）等发展，以及全光器件的开发和网络管理的实现。

1. 光路由和光交换技术

在全光网络中，由于用光节点取代了电节点，节点间的路由选择必须在光域上完成。光节点的波长路由算法选择有两种：波长通道（WP）和虚波长通道（VWP）。

光交换技术可以分为光电路交换和光分组交换。在光交换节点不经过 O/E/O 转换，不受检测器、调制器等光电器件响应速度的限制，对比特率和调制方式透明，可实现宽带的信号交换。

2. 光交叉连接技术

光交叉连接设备（OXC）是用于光纤网络节点的设备，通过对光信号进行交叉连接，能够灵活有效地管理光纤传输网络，是实现可靠的网络保护/恢复及自动配线和监控的重要手段。

OXC 有空分、时分和波分三种类型，目前比较成熟的技术是波分复用和空分技术，时分技术还不成熟。OXC 除了提供光路由选择外，还允许光信号插入或分离出电网络层，它好像 SDH 中的 DXC。这部分内容参看第 6 章第 6.2 节的介绍。

3. 光中继技术

实现点对点全光通信的关键技术之一是要以光放大器取代传统的光/电/光再生中继器。现已开发半导体光放大器 SOA 和光纤放大器有 EDFA、PDFA、NDFA。EDFA 是目前光放大技术的主流，应用在 1 550 nm 波段，它可以对波长在 1 530～1 570 nm 的光信号同时放大，增益可达 30～40 dB。这部分内容参看第 3 章第 3.3 节的介绍。

4. 管理控制与操作技术

全光网络对管理和控制提出了新的问题。从现阶段的 DWDM 全光网发展来看，网络的控制和管理要比网络的实现技术更具挑战性，网络的配置管理、波长的分配管理、管理控制协议、网络的性能测试等都是网络管理方面需解决的技术。

10.1.3 全光网络的结构

目前大多数全光网络是以 DWDM 为基础的全光传送网，即在点到点光纤传输系统中，全程不需要任何光电转换，涉及全光中继、光的上下复用技术和波分等关键技术。而未来全光网络一定是全光网加 IP 业务网的格局，完成用户全程的光传送、交换和处理，涉及全光交换、光交叉连接、光插分复用、波长转换及信道争夺和同步等关键技术。全光网基本结构可以分为光网络层和电网络层。光网络层（光链路相连的部分）采用 DWDM 技术，可在一个光网络中传输几个波长的光信号，并在网络节点之间采用 OADM(或 OXC)，通过对光信号进行交叉连接，能够灵活有效地管理光纤传输网络，如图 10-2 所示。

10.2 智能光网络（ASON）

全光网络寄托了人们简化网络结构、增加通信容量、延长通信距离的美好理想。考虑到具体因素，ITU-T 倾向于暂时放弃或搁置全光网的概念，转向更为现实的光传输网概念，从半透明开始逐渐向全透明演进，由此产生 ASON。因此目前所说的"光网络"是由高性能的光电转换设备连接众多的全光透明子网的集合，ASON 不限定网络的透明性，也不排除光电转换。ASON 中的"智能"主要指在 ASON 网络中高度智能化的控制平面根据网络运行的种种需要，遵循标准化的协议所引起的交叉或交换。

10.2.1 ASON 的概念及体系结构

ASON 是指在 ASON 信令网控制之下动态完成光传输网内链路的连接/释放、交换、传输等一系列功能的网络。传统的传输网只有两个平面，即管理平面和传输平面，而 ASON 在光传输网络中引入控制平面以实现自动交换和连接控制的光传送网智能化。

ITU-T 的 G.8080 和 G.807 定义了一个与具体实现技术无关的 ASON 的体系结构，整个网络包括三个独立逻辑功能平面，即传送平面（Transport Plane，TP）、控制平面（Control Plane，CP）和管理平面（Management Plane，MP），如图 10-3 所示。与现有的光网络相比，ASON 增加了一个控制平面，可以认为控制平面是整个 ASON 的核心部分，由分布于 ASON 各个节点设备中的控制单元组成。

PI—物理接口
UNI—用户网络接口　　　　I-NNI—内部网络单元接口　　　E-NNI—外部网络单元接口
CCI—连接控制接口　　　　NMI-A—网络管理接口A　　　　NMI-T—网络管理接口T

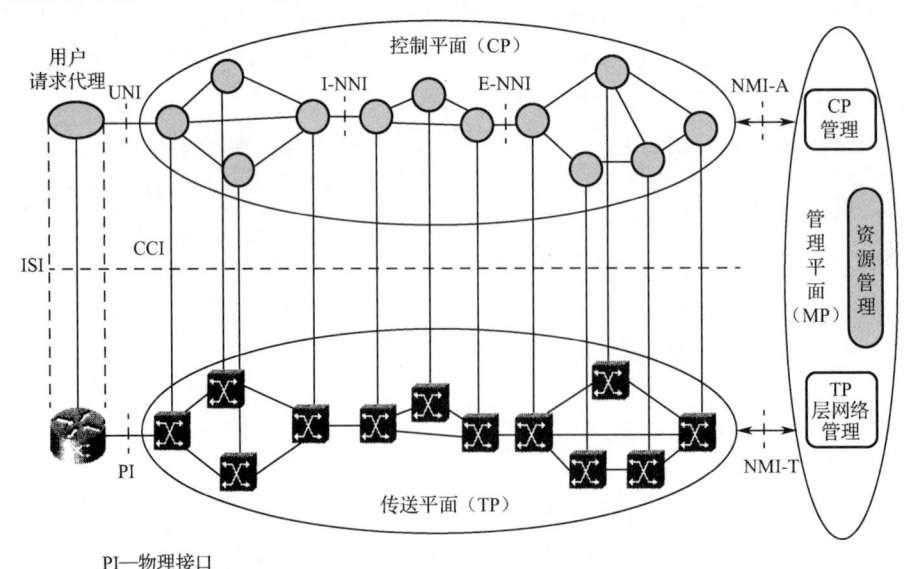

图 10-3　ASON 的三个逻辑功能平面

1. 传送平面

传送平面由一系列的传送实体组成，是业务传送的通道，为用户提供从一个端点到另一个端点双向或单向信息传输，同时，还要传送部分网络控制和管理信息。ASON 传送网络基于网格状结构，光传送节点主要有光交叉连接或交换（选路）实体和传输设备。按 ITU-T G.805 建议进行分层，有两种承载方式，可以通过 ITU-T G.803 规范的 SDH 来承载，也适用于 G.872 定义的光传输网（OTN）。为了能够实现 ASON 的各项功能，传送平面要具有较强的信号质量检测功能及多粒度光交叉连接功能。

2. 控制平面

控制平面（自动交换）是 ASON 的核心，它由路由选择、信令转发及资源管理等功能模块组成。各个控制单元相互联系共同构成信令网络，以传送控制信息。

ASON 通过引入控制平面，使用接口、协议及信令系统，可以动态地交换光网络的拓扑信息、路由信息及其他控制信令，实现光通道动态的建立和拆除，以及网络资源的动态分配，还能在连接出现故障时进行恢复。控制平面的关键技术主要涉及网络接口、功能模块和信令协议三方面的内容。此外，控制平面的信令传送网拓扑与传送平面传送网拓扑结构可以不相同，一般而言，信令网连通度更大，生存型要求更高。

3. 管理平面

管理平面的重要特征就是管理功能的分布式和智能化。传统的光传送网管理体系被基于传送平面、控制平面和信令网络的新型多层面管理结构所替代，构成了一个集中管理与分布智能（网元智能化）相结合、面向运营者（管理平面）的维护管理需求与面向用户（控制平面）的动态服务需求相结合的综合化的光网络管理方案。ASON 的管理平面与控制平面技术互为补充，可以实现对网络资源的动态配置、性能监测、故障管理及路由规划等功能。

10.2.2 ASON 的特点及连接类型

1. ASON 的特点

ASON 在 ITU-T 的文献中定义为："通过能够提供自动发现和动态连接建立功能的分布式（或部分分布式）控制平面，在 OTN 或 SDH 网络之上，可实现动态的、基于信令和策略驱动控制的一种网络。"与现有的光传输网技术相比，ASON 最主要的新特点有以下几点。

（1）呼叫和连接过程的分离

ASON 中连接的建立是通过信令的交互自动完成的。在 ITU-T 的建议中把呼叫和连接过程分开来处理，这样可以减少在中间连接控制节点上冗余呼叫控制信息的传输，减少对消息和参数进行解码和翻译的时间。一般呼叫控制可以在网络接入点或网关及网络边界处进行。这样中间的节点就只需支持连接功能了。

（2）自动资源发现

自动资源发现技术是 ASON 的一大特色，它是指网络能够通过信令协议实现网络资源（包括拓扑资源和服务资源）的自动识别。资源发现过程的自动化对于目前网络中各节点的光纤数量成倍增长的情况相当重要，它可避免手工配置可能发生的错误，并能帮助诊断是否有错误的连接存在。

(3) 网络生存技术的新特征

网络生存方面，第一，ASON 是一种网状拓扑结构，提供了可靠的业务生存能力；第二，ASON 的控制平面中使用的多协议标准交换（MPLS）协议经过拓展，可快速、灵活地实现多种粒度的、多种类型的网络保护/恢复功能；第三，由于控制平面主要由各种软件功能模块和信令传输网络构成，需要采取相应的策略以保证控制平面的生存性；第四，ASON 中多层网络的保护/恢复也是一个主要内容。

2. ASON 的连接类型

根据不同的连接需求及连接请求对象的不同，在 ASON 中定义的连接类型有 3 种：永久连接、交换连接和软永久连接。在不同的条件下提供不同的连接选择，如图 10-4 所示。

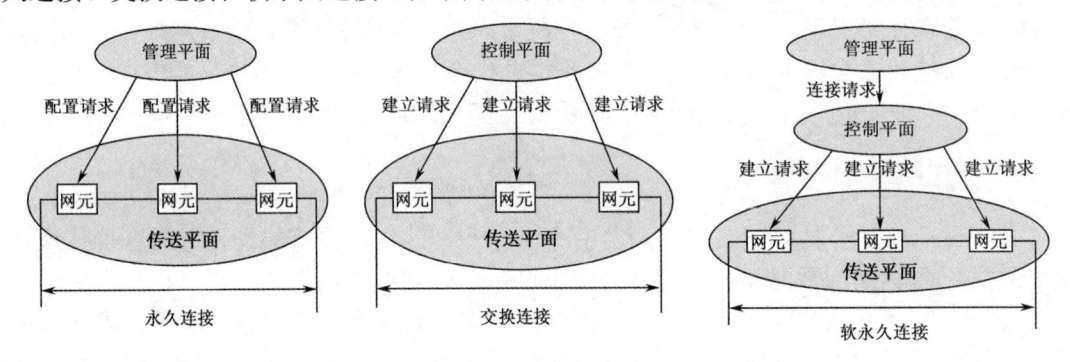

图 10-4　ASON 支持的 3 种连接

(1) 永久连接

永久连接是由管理系统指配的连接类型，这种连接由用户网络通过 UNI 直接向管理平面提出请求，通过网管系统对端到端连接通道上的每个网元进行配置，一旦建立连接，在没有管理平面的相应拆除命令情况下连接就一直存在。

(2) 交换连接

和永久性连接相反，交换连接的建立由用户网络通过 UNI 向控制平面发出连接请求，对传送平面资源的配置也是由控制平面来完成的。这种连接是由源端用户发起呼叫请求而建立的，一旦用户撤销请求，那么这条连接就在控制平面的控制下自动拆除。

交换连接的引入是整个 ASON 的核心所在，可以根据用户的要求自动提供所需的光通道，交换连接的发起和维护都是由控制平面完成的。

(3) 软永久连接

软永久连接建立由管理平面和控制平面共同完成。这种连接建立的请求也是从管理平面发出的，但对传送网资源的配置却是由控制平面完成的。该连接的拆除也是在管理平面的命令下完成的。

10.2.3　ASON 的结构

根据底层光传输网络与电子交换设备相互关系的不同，ASON 中定义了两种网络模型，分别是层叠模型和对等模型，如图 10-5 所示。

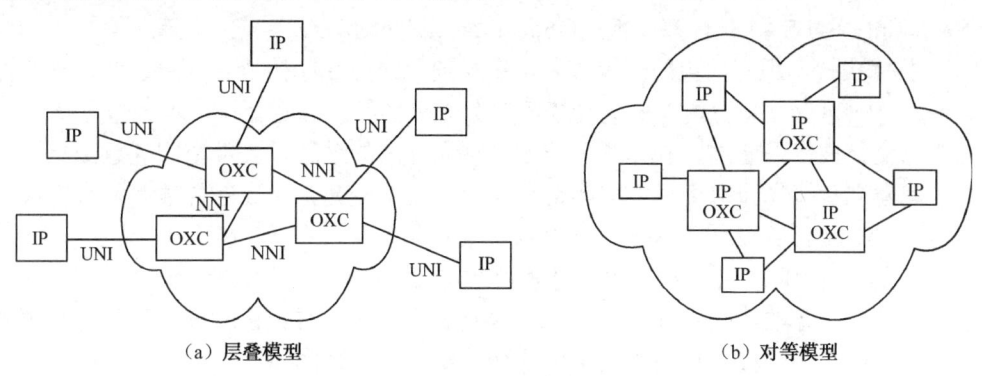

图 10-5 层叠模型和对等模型

1. 层叠模型

层叠模型被称作客户—服务者模型。在这个模型中，底层 OXC 光传输网络作为一个独立的"智能"网络层，起到一个服务者的作用。而电交换或 IP 路由器设备被看作客户。光网络层和客户层被 UNI 接口明确地区分开来，它们相互独立，分别选用不同的路由、信令方案及地址空间。客户层和光网络层之间只能通过 UNI 交换非常有限的控制信息。光网络内部的拓扑状态信息对客户层是不可见的。对于更高层的网络服务来说，底层光传输网络就好比一个有着若干 UNI 接口的黑箱子。通过这些接口，多种业务接入设备（如 IP 路由器、ATM 交换设备和 SDH 数字交叉设备等）可以动态地向光网络申请带宽资源。

从本质上说，目前很多对客户—服务者模型所做的工作就是要确定一个在光网络层和客户层之间的接口协议，为多种业务接入设备提供数据传输服务。

客户—服务者模型的建立要求 UNI 与 NNI 分开。其典型的光通道带宽通常可以提供 2.5 Gbit/s 以上的传输容量，这个带宽足够在 WDM 上进行 IP 数据传输。客户—服务者模型的主要优势使网络运营商可以拥有自己的 UNI 和 NNI，参与市场竞争。

2. 对等模型

在对等模型中，IP、ATM、SDH 等电层设备和 OXC 光层设备的地位是平等的，电层设备和光层设备之间不存在明显的界限。产生这个想法的原因是希望将现有在 Internet 网络中使用的成熟的电层控制平面技术扩展到光层控制平面中。同时这个扩展需体现光层控制平面的特有特性。因此层叠模型中的 UNI 接口在对等模型中没有存在的必要。

对于对等模型来说，实现它最大的困难就是光网络服务和 IP 服务不同，它需要支持诸如"线路出租"之类的服务。除此之外，在对等模型中，每个电层设备都需要维护一个巨大的链路状态数据库。而在层叠模型中光层的拓扑信息对电层设备来说是没有任何意义的。

10.3 光分组交换网络

光网络的核心技术是光域上的光交换技术。光交换技术可分为光电路交换（Optical

Circuit Switching，OCS)、光分组交换（Optical Packet Switching，OPS)、光突发交换（Optical Burst Switching，OBS)、光标签交换（Optical Label Switch，OLS）技术等。

OCS 技术类似于现有的电路交换技术，交换过程共分 3 个阶段：光路建立、光路保持和光路释放。OCS 又可以分为空分光交换、时分光交换、波分光交换、码分光交换。

光空分交换技术是通过控制光开关或波导型光开关的通断，实现空间任意两点或一点到多点之间建立直接光通道物理连接。信息交换通过改变光开关通断传输路径来完成。如图 10-6 所示是由 4 个 1×2 光开关组成的 2×2 光交换模块。

光时分交换由空间光开关和一组光纤延迟线构成，如图 10-7 所示。光时分交换是把时分复用帧中各个时隙的信号作互换位置，完成时隙光交换。首先让时分复用信号经过分接器，在同一时间内，分接器每条出线上依次传输某一个时隙的信号，然后使这些信号分别经过不同的光延迟器件，获得不同的延迟时间，最后用复接器把这些信号重新组合起来。

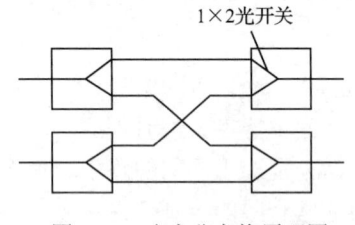

图 10-6 光空分交换原理图

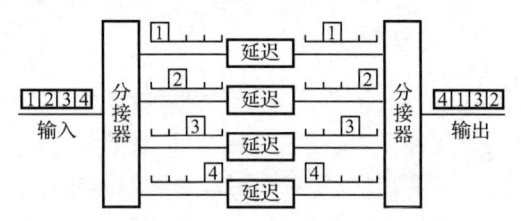

图 10-7 光时分交换原理

光波分交换技术是利用波长选择或波长变换的方法实现光交换功能的，如图 10-8 所示。

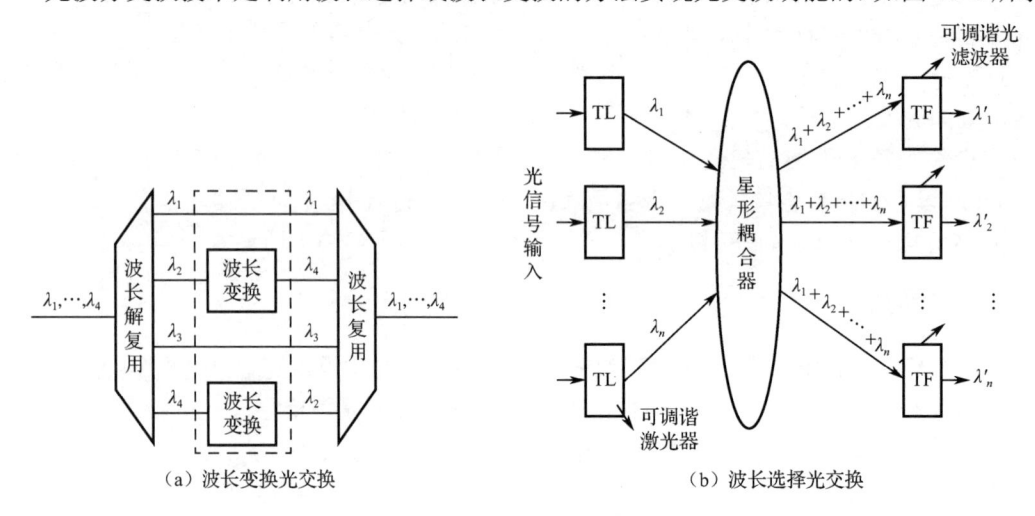

(a) 波长变换光交换

(b) 波长选择光交换

图 10-8 光波分交换的原理图

光码分交换技术是将某个正交码上的光信号交换到另一个正交码上，实现不同码字的光交换，如图 10-9 所示。

OCS 讨论的都是颗粒较大的波长交换。有人认为，光分组交换（OPS）是未来全光网的核心。在 OPS 的全光网中，IP 数据包直接映射在光域分组上，由光域的光路由器或光交换把光分组从任一输入端口交换到任一输出端口。OPS 视作网络长期发展的一种候选技术。

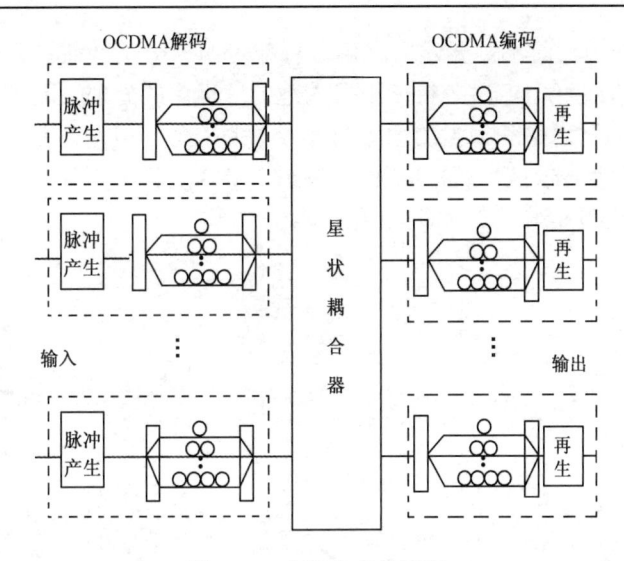

图 10-9 光码分交换原理

10.3.1 光分组交换的概念

IP 思想与光网络的结合产生了另一类光交换技术，即光分组交换 OPS 技术。光分组交换借鉴电域分组交换的思想在光域上的延伸。OPS 在灵活性和带宽利用率方面表现出独有的优势，而且能够在光层上以非常细小的交换粒度（速率等级）按需共享可用带宽资源，适用于传输 IP 那样突发数据。因此，OPS 是一种前途非常被看好的技术。

未来的光网络要求支持多粒度的业务，其中小粒度的业务是运营商的主要业务，业务的多样性使得用户对带宽有不同的需求，OCS 在光子层面的最小交换单元是整条波长通道上数吉比特的流量，很难按照用户的需求灵活地进行带宽的动态分配和资源的统计复用，所以光分组交换应运而生。

10.3.2 光分组交换技术的原理

OPS 直接在光域中完成 IP 分组的封装与复用、传送与交换，对波长通道实施统计复用，资源利用率高。在 OPS 中，业务数据和分组头一起放置在固定长度时隙中，但是传输和存储都采用光的形式。当多个光分组交换节点组成网络时，各节点每个输入端口上的分组到达时间是随机的，交换节点内部对分组进行重新排队，然后对光分组转发。OPS 交换原理如图 10-10 所示。

OPS 以光分组作为最小的交换颗粒，数据包的格式为固定长度的光分组头、净荷和保护时间 3 部分。在交换系统的输入接口完成光分组读取和同步功能，同时用光纤分路器将一小部分光功率分出送入控制单元，用于完成光分组头识别、恢复和净荷定位等功能。光交换矩阵为经过同步的光分组选择路由，并解决输出端口竞争。最后输出接口通过输出同步和再生模块，降低光分组的相位抖动，同时完成光分组头的重写和光分组再生。从长远来看，全光的 OPS 是光交换的发展方向。OPS 是一种非面向连接的交换方式，采用单向预约机制，在进行数据传输前不需要建立路由、分配资源。分组净荷紧跟分组头在相同光路中传输，网络节点需要缓存净荷，等待分组目的地的分组头的处理，以确定路由。相比 OCS，OPS 有着很高的资源利用率和很强的适应突发数据的能力。但是也存在着两个近期内难以克服的障碍：一是光缓存器技术还不成熟，二是在 OPS 交换节点处，多个输入分组的精确同步难以实现，因此 OPS 难以在短时间内实现。

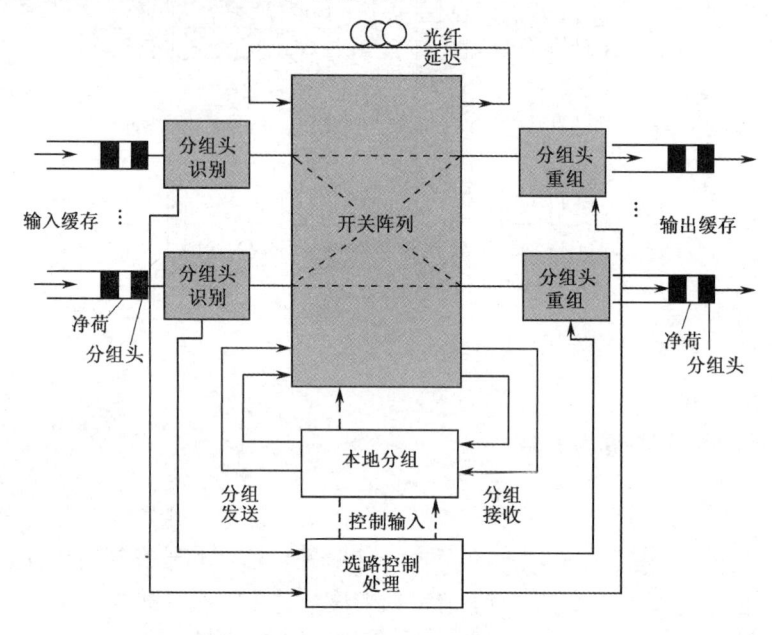

图 10-10　OPS 交换原理

10.3.3　光分组交换网络的结构

OPS 交换网络结构示意图如图 10-11 所示。

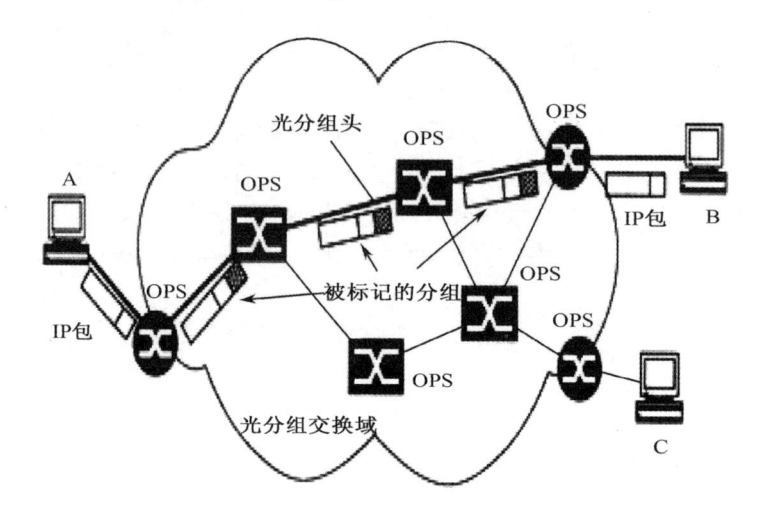

图 10-11　OPS 交换网络示意图

10.4 光突发交换网络

10.4.1 光突发交换的概念

对 OPS 技术的研究主要集中在定长分组的处理上，鉴于目前光信号处理技术尚未足够成熟，1997 年出现了一种新的光交换技术即光突发交换（OBS），OBS 是兼顾电路交换与分组交换优点的折中方案。

OBS 克服了 OPS 的缺点，对光开关和光缓存的要求降低，并能够很好地支持突发性的分组业务，同时与 OCS 相比，它又大大提高了资源分配的灵活性和资源的利用率，被认为很有可能在未来互联网中扮演关键角色。

10.4.2 光突发交换技术的原理

"突发"的最初定义就是一串突发性的话音流或数字化的消息。在 OBS 中交换的颗粒为"突发"（Burst），光突发交换中的"突发"可以看成是由一些较小的，具有相同出口边缘节点地址和相同 QoS 要求的，数据分组组成的超长数据分组，这些数据分组可以来自于传统 IP 网中的 IP 包。在电路交换中，每次呼叫都由多个突发数据串组成，而在包交换中，一串突发数据要分在几个数据包中传输。OBS 的交换粒度介于电路交换和分组交换两者之间，是多个分组的组合。由于 OBS 的交换颗粒较粗，因而处理开销大为减少。

光突发的分组为可变长度，突发数据包含两种光分组：承载路由信息的控制分组和承载业务的数据分组，两者在时间上和信道上分离传输与处理。

在 OBS 中，在网络的边缘处抵达的 IP 包将被封装成突发数据，然后首先在控制波长上发送（连接建立）控制分组，而在另一个不同波长上发送数据分组，如图 10-12 所示，在 OBS 网络中，突发数据从源节点到目的节点始终在光域内传输，而控制信息在每个节点都需要进行光-电-光的变换及电处理。控制信道与突发数据信道的速率可以相同，也可以不同。

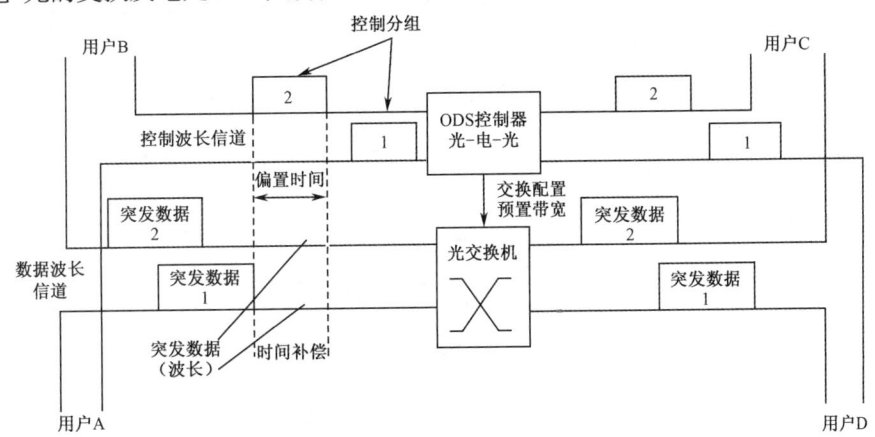

图 10-12 光突发交换原理示意图

光突发交换结合了较大粒度的波长（电路）交换和较细粒度的光分组交换两者的优点，

能有效地支持上层协议或高层用户产生的突发业务。在 OBS 中，首先在控制波长上发送控制（连接建立）分组，然后在另一个不同的波长上发送突发数据。每一个突发数据分组对应于一个控制分组，并且控制分组先于数据分组传送。先一步传输的控制分组在中间节点为其对应的突发数据分组预定必要的网络资源，并在不等待目的节点的确认信息的情况下就立即发送该突发数据分组。

数据信道与控制信道的隔离简化了突发数据交换的处理，而且控制分组长度十分短，因此可以实现高速处理。OCS、OBS、OPS 之间的特性比较如表 10.1 所示。

表 10.1　OCS、OBS、OPS 之间的特性比较

交换方式	带宽效率	系统延迟	流量自适应性	复杂度
OCS	低	高	低	低
OBS	高	中	高	低
OPS	高	低	高	高

10.4.3　光突发交换网络的结构

OBS 的基本结构如图 10-13 所示，OBS 核心网络主要由波分复用（WDM）链路、边缘节点（也称边缘路由器）、核心节点（也称核心路由器）构成。其中，边缘节点主要提供面向各种类型业务的接口（如 Ethernet、IP over SDH 和 ATM 等），为各种协议提供服务，同时边缘节点的入口主要负责将相同目的地址和 QoS 要求的业务包放入同一个分组中进行排队缓存，并按一定的汇聚机制组成突发包（BDP），与此同时还要产生包含 BDP 信息的突发控制包（BCP），然后根据链路使用情况等信息选择转发策略，发送时 BCP 先于 BDP 发送到核心路节点。出口边缘路由器根据 BCP 中所包含的 BDP 信息对 BDP 进行解突发包，然后将生成的 IP 发送到子网中。核心路由器主要负责对 BCP 进行光电和电光转换，对 BCP 中的信息进行处理，对通道进行预留，对 BDP 进行全光交换，以及提供各种算法和竞争处理机制等。构成 OBS 核心网络的链路是 WDM 链路。在 OBS 网络中，数据信道和控制信道是分离的。数据分组的发送是全光透明传输，而控制分组需要经过光电转换变成电信号，经过处理后再通过电光转换回复成光信号。

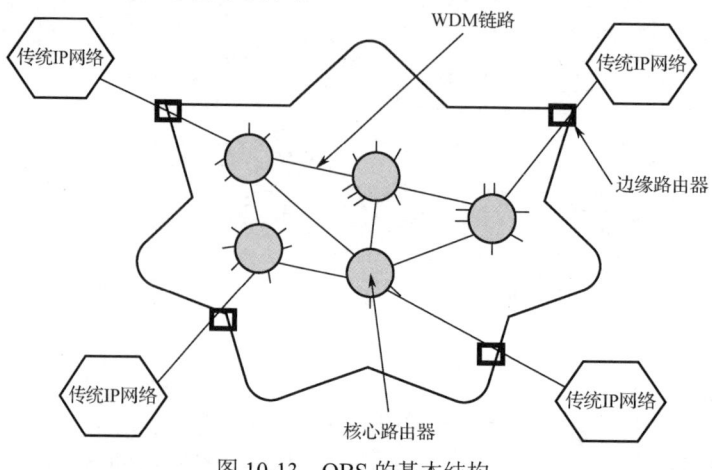

图 10-13　OBS 的基本结构

习 题 10

1. 简述全光网络的基本概念及特点。
2. 组成全光网的基本硬件设备有哪些？
3. 简述目前全光网中交换技术的主要种类及工作原理。
4. 简述智能光网络 ASON 的结构。
5. ASON 有什么样的体系结构，在光传输网络中引入控制平面的目的是什么？
6. 简述光分组交换网络的种类及特点。
7. 光的电路交换网络和光的分组交换网络各有什么特点？
8. 光突发交换的"突发"指的是什么？光突发交换的控制分组和数据分组在网络中是如何传输和处理的？

参 考 文 献

[1] Michael Bass. 胡先志，等译. 光纤通信——通信用光纤、器件和系统[M]. 北京：人民邮电出版社，2004.
[2] Walter Goralski. 胡先志，等译. 光网络与波分复用[M]. 北京：人民邮电出版社，2003.
[3] 朱勇，等. 光纤通信原理与技术（第二版）[M]. 北京：科学出版社，2011.
[4] 李玲，等. 光纤通信基础[M]. 北京：国防工业出版社，2001.
[5] 马丽华，等. 光纤通信系统（第二版）[M] 北京：北京邮电大学出版社，2015.
[6] 张中荃，等. 接入网技术[M]. 北京：人民邮电出版社，2006.
[7] 孙学康，等. 光纤通信技术基础[M]. 北京：人民邮电出版社，2017.6.
[8] 李允博. 光传送网（OTN）技术的原理与测试[M]. 北京：人民邮电出版社，2013.
[9] 何一心，等. 光传输网技术——SDH 与 DWDM[M]. 北京：人民邮电出版社，2013.
[10] 王辉，等. 光纤通信（第 3 版）[M]. 北京：电子工业出版社，2014.
[11] 李鉴增，等. 光纤传输与网络技术[M]. 北京：中国广播电视出版社，2009.
[12] 胡庆，等. 通信光缆与电缆线路工程（第 2 版）[M]. 北京：人民邮电出版社，2016.
[13] 胡庆，等. 电信传输原理（第 2 版）[M]. 北京：电子工业出版社，2012.
[14] 丁么明，等. 光波导与光纤通信基础[M]. 北京：高等教育出版社，2005.
[15] 王庆，等. 光纤接入网规划设计手册[M]. 北京：人民邮电出版社，2009.
[16] 袁建国，等. 光网络信息传输技术[M]. 北京：电子工业出版社，2012.
[17] 顾畹仪，等. 光纤通信系统（第 3 版）[M]. 北京：北京邮电大学出版社，2013.
[18] 李履信，等. 光纤通信系统（第 2 版）[M]北京：机械工业出版社，2007.
[19] 苏翼凯，等. 高速光纤传输系统[M]. 上海：上海交通大学出版社，2009.
[20] 阎德升，等. EPON 新一代宽带光接入技术与应用[M]. 北京：机械工业出版，2008.
[21] 谢希仁. 计算机通信网（第 6 版）[M]. 北京：电子工业出版社，2013.
[22] 韩一石，等. 现代光纤通信技术（第二版）[M]. 北京：科学出版社，2015.

反侵权盗版声明

电子工业出版社依法对本作品享有专有出版权。任何未经权利人书面许可,复制、销售或通过信息网络传播本作品的行为,歪曲、篡改、剽窃本作品的行为,均违反《中华人民共和国著作权法》,其行为人应承担相应的民事责任和行政责任,构成犯罪的,将被依法追究刑事责任。

为了维护市场秩序,保护权利人的合法权益,我社将依法查处和打击侵权盗版的单位和个人。欢迎社会各界人士积极举报侵权盗版行为,本社将奖励举报有功人员,并保证举报人的信息不被泄露。

举报电话:(010)88254396;(010)88258888
传　　真:(010)88254397
E-mail:　dbqq@phei.com.cn
通信地址:北京市海淀区万寿路 173 信箱
　　　　　电子工业出版社总编办公室
邮　　编:100036